Entdecken Sie Ihre Stärken jetzt!

Marcus Buckingham leitete als Vizepräsident der *Gallup Organization* das seit fast 30 Jahren laufende Forschungsprojekt zur Talentsuche und Entwicklung von Mitarbeiterpotenzial. Heute ist er selbstständiger Managementberater. Im Campus Verlag erschienen von ihm auch die Bücher *Erfolgreiche Führung gegen alle Regeln* und *Nutzen Sie Ihre Stärken jetzt!*

Donald O. Clifton war Vorsitzender der *Gallup Organization* und leitete das *Gallup Int. Research & Education Center*. Er hat den StrengthsFinder entwickelt.

Marcus Buckingham, Donald O. Clifton

Entdecken Sie
Ihre Stärken jetzt!

Das Gallup-Prinzip für individuelle Entwicklung
und erfolgreiche Führung

Aus dem Englischen
von Volkhard Matyssek

Campus Verlag
Frankfurt/New York

ISBN 978-3-593-50154-3

Limitierte Sonderausgabe 2014

Umschlaggestaltung: Thierry Wijnberg, Berlin und Amsterdam
Satz: Fotosatz L. Huhn, Linsengericht
Gesetzt aus der Bembo und der Syntax
Druck und Bindung: Beltz Bad Langensalza
Printed in Germany

www.campus.de

Für meine Frau Jane,
die stark genug ist für drei

Marcus

Für die, die mir geholfen haben,
meine Stärken zu entdecken –
meine Frau Shirley und unsere Familie

Don

Inhalt

Teil II
Entdecken Sie den Ursprung Ihrer Stärken

Analytisch 85 · Anpassungsfähigkeit 87 · Arrangeur 89 · Autorität 90 · Bedeutsamkeit 92 · Behutsamkeit 93 · Bindungsfähigkeit 95 · Disziplin 97 · Einfühlungsvermögen 99 · Einzelwahrnehmung 100 · Entwicklung 102 · Fokus 103 · Gleichbehandlung 105 · Harmoniestreben 107 · Höchstleistung 108 · Ideensammler 110 · Integrationsbestreben 111 · Intellekt 113 · Kommunikationsfähigkeit 114 · Kontaktfreudigkeit 116 · Kontext 118 · Leistungsorientierung 119 · Positive Einstellung 121 · Selbstbewusstsein 122 · Strategie 124 · Tatkraft 126 · Überzeugung 128 · Verantwortungsgefühl 129 · Verbundenheit 131 · Vorstellungskraft 132 · Wettbewerbsorientierung 134 · Wiederherstellung 135 · Wissbegierde 137 · Zukunftsorientierung 139

Teil III
Stärken umsetzen

Vorwort

»Such dir eine Arbeit, die du liebst –
dann brauchst du keinen Tag im Leben mehr zu arbeiten.«
Konfuzius

Schon vor über 2500 Jahren wussten die weisen Menschen, wie Persönlichkeitsstrukturen, Motivation und Erfolg bei der Arbeit zusammenhängen.

Doch wir sind heute nicht mehr auf das Orakel von Delphi angewiesen, das mahnte: *Erkenne dich selbst!* Wenn es um die Erkenntnis unserer Talente und Stärken geht, stehen uns zeitgemäßere Methoden zur Verfügung. Nach mehr als dreißigjähriger Forschungsarbeit und nahezu zehnjähriger praktischer Erfahrung in der Auswertung empfiehlt sich heute Führungskräften, Beratern und Personalprofis ein webbasiertes Analyseinstrument: der »StrengthsFinder®« (www.strengths finder.com). Ihren persönlichen Zugangscode dafür finden Sie auf der Innenseite des hinteren Buchdeckels. Mithilfe des StrengthsFinders® können Sie individuelle Profile aller der für den Arbeitserfolg relevanten Talente, also Denk-, Verhaltens- und Motivationsstrukturen entdecken. Die differenziertere Wahrnehmung der eigenen Talentstrukturen und die anderer ist ein erster Schritt zur Optimierung des Einsatzes der vorhandenen Potenziale. Darüber hinaus helfen Ihnen forschungsbasierte Praxistipps, die Erfolgsgeheimnisse der weltbesten Führungskräfte auch in Ihrer Praxis umzusetzen.

In unserer auf Höchstleistung ausgerichteten Arbeitswelt, in der es immer schwieriger wird, talentierte Fachkräfte zu bekommen und zu halten („War for Talents"), ist es ein entscheidender Wettbewerbsvorteil, die individuellen Stärken zu kennen und zu maximieren. Einige der besten Führungskräfte weltweit haben dies bereits erkannt. Sie wissen, dass sich Menschen in ihrem Kern weniger verändern lassen, als wir glauben und verschwenden keine Zeit in dem Versuch, etwas herauszuholen, was die Natur in ihnen nicht vorgesehen hat. Stattdessen erkennen sie, was bereits vorhanden ist und holen das hervor.

Dieses Buch kann der Einstieg in ein neues Arbeitsleben sein: Wird der spezifische Wert eines Menschen erkannt, lässt sich der individuelle Weg zum Erfolg und der Erfüllung im Tun gezielt fordern und fördern. Wird das Beste in uns angesprochen, antwortet das Beste in uns.

Es ist an der Zeit, endlich aufzuhören mit dem irrigen und Leiden schaffenden Versuch, vor allem die Schwächen ausmerzen zu wollen, um auf diese Weise möglichst vielseitig verwendbare Durchschnittsmenschen zu generieren.

Langsam setzt sich die Erkenntnis durch, dass es vor allem darauf ankommt, zu erkennen, welche Talente, welche Rohdiamanten in uns stecken. Nur dann können wir aus diesen individuellen Ressourcen im Laufe unseres Lebens ein kostbares Schmuckstück kreieren. Hierbei haben spezifische Wissens- und Fertigkeitsvermittlung, Ausbildung und Training weiterhin ihren Platz. Auch hierfür gibt das Buch konkrete Hilfen. Die darin enthaltenen Hinweise können sowohl erfahrenen Führungskräften, Personalentwicklern als auch Einsteigern dabei helfen, ein wesentliches Erfolgsprinzip umzusetzen: Führen und Entwickeln nach dem Prinzip der Ausnahme – basierend auf den individuellen Talenten der Mitarbeitenden.

Das Buch weist auch darauf hin, wie das Arbeits- und Aufgabengebiet möglichst auf den zu führenden Menschen und seine Stärken ausgerichtet werden sollte, statt zu versuchen den Menschen in fest definierte Stellenbeschreibungen pressen zu wollen.

Selbstverständlich zeigt dieses Buch auch, wie wir unsere Schwächen managen können. Hier helfen zum Beispiel Partnerschaften oder Kompensation durch Stärken. Aber dies ist nur Schadensbegrenzung. Erfolg und Erfüllung finden wir erst durch die Konzentration auf den Hauptfokus des Buches: die Entwicklung und Maximierung unserer natürlichen Stärken.

Dieser positive, individuelle Blick bedeutet für uns und viele unserer Bildungseinrichtungen, Entwicklungsbemühungen und Performance Management-Systeme einen dringend benötigten Paradigmenwechsel. Das Buch hilft, diese Evolution von der Schwächen- zur Stärkenorientierung in die Praxis zu integrieren. Vermutlich ist deshalb dieses Werk vom *Handelsblatt* zu einem der besten Managementbücher aller Zeiten gewählt worden.

Der in diesem Buch und dem Buch *Erfolgreiche Führung gegen alle Regeln* vorgestellte Ansatz ist nicht nur humaner, sondern auch wirtschaftlicher. Zeitgemäße Führung erkennt und berücksichtigt die für das Arbeitsleben relevanten Werte, Bedürfnisse, Sehnsüchte und Talente und schafft so messbare Verbesserungen der Geschäftsergebnisse.

Es ist häufig ein langer Weg, dies alles in der Unternehmenspraxis nachhaltig umzusetzen. Viele Beispiele aus unserer Gallup-Beratungspraxis zeigen aber, dass es möglich ist. Möge dieses Buch Sie motivieren und befähigen, einen ersten kraftvollen Schritt in die richtige Richtung zu gehen!

Dr. Markus Götz Junginger   David Liebnau
Gallup Partner   Gallup Senior Consultant

Einführung
Die Umsetzung der Revolution der Stärken

Ausgehend von dem Glauben, dass gut das Gegenteil von böse ist, war die Menschheit jahrhundertelang auf Fehler und Versagen fixiert. Ärzte haben Krankheiten studiert, um etwas über Gesundheit zu lernen. Psychologen haben Traurigkeit erforscht, um etwas über Freude zu lernen. Therapeuten haben die Ursachen der Scheidung untersucht, um etwas über die glückliche Ehe zu erfahren. Und in Schulen und an Arbeitsstätten auf der ganzen Welt ist jeder von uns dazu ermutigt worden, seine Schwächen zu entdecken, zu analysieren und zu korrigieren, um stark zu werden.

Dieser Rat ist gut gemeint, aber unsinnig. Fehler und Versagen müssen untersucht werden, aber sie sagen wenig über Stärken aus. Stärken haben ihre eigenen Muster.

Um auf dem von Ihnen gewählten Gebiet hervorragende Erfolge zu erzielen und dauerhafte Zufriedenheit dabei zu erlangen, werden Sie Ihre eigenen Verhaltensmuster verstehen müssen. Sie müssen zu einem Experten im Finden, Beschreiben, Anwenden und Verfeinern Ihrer Stärken werden. Deshalb verlagern Sie, wenn Sie dieses Buch lesen, Ihren Fokus. Drängen Sie jedes Interesse, das Sie an Schwäche haben könnten, zurück, und erforschen Sie stattdessen die Komplexität Ihrer Stärken. Nutzen Sie das StrengthsFinder-Profil. Lernen Sie seine Sprache. Entdecken Sie den Ursprung Ihrer Stärken.

Wenn Sie am Ende des Buches genau wissen, was Sie und Ihre Mitarbeiter *richtig* machen, wird dieses Buch seinen Zweck erfüllt haben.

Die Revolution
»Welches sind die beiden Prämissen, auf denen große Unternehmen basieren?«

Wir haben dieses Buch geschrieben, um eine Revolution zu beginnen, die Revolution der persönlichen Stärken. Im Zentrum dieser Revolution steht ein einfacher Satz: Jedes Unternehmen muss nicht nur die Tatsache klar erkennen, dass jeder Mitarbeiter verschieden ist, es *muss aus diesen Unterschieden Kapital schlagen.* Es muss nach Anhaltspunkten für die natürlichen Talente jedes einzelnen Mitarbeiters Ausschau halten und dann diesen Mitarbeiter so einsetzen und fördern, dass seine oder ihre Talente in echte Stärken umgewandelt werden. Indem es die Denkweise ändert, in der es die Karrieren seiner Mitarbeiter bestimmt, beurteilt, fördert und lenkt, muss ein solches revolutionäres Unternehmen seine gesamte Organisation um die Stärken jeder einzelnen Person herum aufbauen.

Während es dies tut, wird es in die Lage versetzt, seine Mitbewerber drastisch zu überrunden. In unserer letzten Meta-Analyse stellte *The Gallup Organization* die folgende Frage an 198 000 Mitarbeiter in 7 939 Geschäftsbereichen von 36 Unternehmen:»Haben Sie bei Ihrer Arbeit die Gelegenheit, jeden Tag das zu tun, was Sie am besten können?« Wir verglichen dann die Antworten mit der Leistung verschiedener Geschäftsbereiche und entdeckten Folgendes: Wenn die Mitarbeiter diese Frage mit»Stimme entschieden zu« beantworteten, arbeiteten sie mit 50 Prozent höherer Wahrscheinlichkeit in Abteilungen mit geringerer Personalfluktuation, um 38 Prozent wahrscheinlicher in produktiveren Geschäftsbereichen und um 34 Prozent wahrscheinlicher in Geschäftsbereichen mit höherer Kundenzufriedenheit. Und mit der Zeit erlebten jene Geschäftsbereiche, in denen sich die Anzahl der stark zustimmenden Mitarbeiter erhöhte, vergleichbare Steigerungen der Produktivität, der Kundentreue und der Mitarbeiterloyalität. Wie man auch die Daten aufschlüsselt, das Unternehmen, dessen Mitarbeiter fühlen, dass ihre Stärken jeden Tag genutzt werden, ist stärker und stabiler.

Das ist eine sehr gute Nachricht für das Unternehmen, das an der

Spitze der Revolution der persönlichen Stärken stehen möchte. Warum ist das so? Weil die meisten Unternehmen bestürzend wenig Kapital aus den Stärken ihrer Mitarbeiter schlagen. In der zentralen Datenbank der *Gallup Organization* haben wir die Frage nach der »Gelegenheit, zu tun, was ich am besten kann« an mehr als 1,7 Millionen Mitarbeiter in 101 Unternehmen aus 63 Ländern gestellt. Was glauben Sie, wie viel Prozent der Mitarbeiter eindeutig zugestimmt haben, dass sie jeden Tag die Möglichkeit haben, das zu tun, was sie am besten können? Welcher Prozentsatz wirklich glaubt, dass seine Stärken ins Spiel gebracht werden?

20 Prozent. Global gesehen haben nur 20 Prozent der Mitarbeiter der von uns untersuchten großen Unternehmen das Gefühl, dass ihre Stärken jeden Tag eingesetzt werden. Am merkwürdigsten ist, dass je länger ein Mitarbeiter bei einem Unternehmen bleibt, und je höher er auf der traditionellen Karriereleiter aufsteigt, die Wahrscheinlichkeit abnimmt, dass er entschieden zustimmt, dass seine Stärken jeden Tag genutzt werden.

Wie alarmierend es auch sein mag, zu erfahren, dass die meisten Unternehmen mit nur 20 Prozent ihrer Kapazität arbeiten, stellt diese Entdeckung tatsächlich ein enormes Potenzial für große Unternehmen dar. Um hochgradiges Wachstum zu erreichen und damit ihren Wert zu erhöhen, müssen sich die großen Unternehmen nur auf sich selbst konzentrieren, um den Reichtum der schlummernden Kapazität aufzuspüren, der in jedem einzelnen Mitarbeiter steckt. Stellen Sie sich die Steigerung der Produktivität und der Rentabilität vor, wenn Sie diese Zahl verdoppeln würden und 40 Prozent Ihrer Mitarbeiter entschieden zustimmen würden, dass sie jeden Tag die Chance hätten, ihre Stärken zu nutzen. Oder wie wäre es, die Zahl zu verdreifachen? 60 Prozent der Mitarbeiter »entschieden zustimmen« zu lassen, ist für die größten Unternehmen kein zu hoch gestecktes Ziel.

Wie können sie das erreichen? Nun, zunächst müssen sie verstehen, warum acht von zehn Mitarbeitern das Gefühl haben, dass sie für ihre Aufgabe zumindest teilweise eine Fehlbesetzung sind. Was kann diese weit verbreitete Unfähigkeit, Leute so einzusetzen, dass sie ihre Stärken umsetzen können, erklären, insbesondere langjährige Mitarbeiter, die die Chance hatten, nach interessanten Aufgaben zu suchen?

Die einfachste Erklärung ist, dass die meisten Unternehmen von grundlegenden falschen Annahmen über Menschen ausgehen. Wir wissen dies, weil *Gallup* in den letzten 30 Jahren nach der besten Methode geforscht hat, das Potenzial einer Person zu maximieren. Im Zentrum dieser Forschung stehen unsere Interviews mit 80 000 Managern, die meisten ausgezeichnete Leute, einige Durchschnitt, in Hunderten von Unternehmen auf der ganzen Welt. Hier war der Fokus, zu entdecken, was die besten Manager der Welt, sowohl in Bangalore wie in Bangor, gemeinsam hatten. Wir haben unsere Entdeckungen detailliert in dem Buch *Erfolgreiche Führung gegen alle Regeln* beschrieben, aber die bedeutendste Feststellung war diese: Die meisten Unternehmen gehen von zwei falschen Prämissen aus, was Menschen angeht:

1. Jeder Mensch kann Kompetenzen auf fast allen Gebieten erwerben.
2. Der größte Raum für die Leistungssteigerung jedes Menschen liegt in seinen oder ihren größten Schwächen.

Diese beiden so kühn präsentierten Annahmen scheinen allzu simpel zu sein, um gemeinhin zu gelten, deshalb lassen Sie sie uns durchspielen, um zu sehen, wohin sie führen. Wenn Sie prüfen möchten, ob Ihr Unternehmen auf diesen Annahmen basiert oder nicht, suchen Sie nach den folgenden Merkmalen:

- Ihr Unternehmen gibt mehr Geld für die Ausbildung von Leuten nach der Einstellung aus als dafür, sie von Anfang an richtig auszuwählen.
- Ihr Unternehmen bündelt die Leistung seiner Mitarbeiter durch die Regulierung des Arbeitsstils. Dies bedeutet, der Schwerpunkt liegt auf Arbeitsregeln, Politik, Verfahren und »Verhaltenskompetenzen«.
- Ihr Unternehmen wendet den größten Teil seiner Zeit und Ausgaben für Ausbildung bei dem Versuch auf, die Lücken in den Fähigkeiten oder Kompetenzen der Mitarbeiter zu schließen. Es nennt

diese Lücken »Entwicklungsfelder«. Ihr individueller Entwicklungs-
plan ist – wenn sie einen haben – um die »Entwicklungsfelder«, die
Schwächen der Mitarbeiter herum aufgebaut.

• Ihr Unternehmen befördert Mitarbeiter auf der Grundlage der von
ihnen erworbenen Fähigkeiten oder Erfahrungen. Schließlich müssen, wenn jedermann lernen kann, in fast allem kompetent zu sein,
diejenigen, die am meisten gelernt haben, die Wertvollsten sein.
Und so gibt Ihr Unternehmen absichtlich das größte Prestige, den
größten Respekt und die höchsten Gehälter an die erfahrensten
und gut ausgebildeten Leute.

Eine Organisation zu finden, die diese Merkmale nicht aufweist, ist
schwieriger, als eine zu finden, die sie hat. Die meisten Organisationen setzen die Stärken ihrer Mitarbeiter als gegeben voraus und konzentrieren sich darauf, ihre Schwächen zu minimieren. Sie kennen
sich dann sehr gut auf den Gebieten aus, auf denen ihre Mitarbeiter
sich abkämpfen, nennen diese taktvoll »Wissenslücken« oder »Entwicklungsfelder« und schicken ihre Mitarbeiter dann zu Ausbildun-
gen, damit die Schwächen behoben werden. Diese Methode ist gelegentlich erforderlich: Wenn sich ein Mitarbeiter immer wieder mit
seinen Kollegen anlegt, kann etwas Nachhilfe sein Feingefühl verbessern. Genauso kann Förderunterricht in Kommunikation einem Mitarbeiter nutzen, der klug ist, aber unfähig, sich gut auszudrücken. Aber
dies ist keine Förderung, es ist Schadensbegrenzung. Für sich selbst
genommen ist Schadensbegrenzung eine schlechte Strategie, um den
Mitarbeiter und das Unternehmen auf Weltklasseniveau anzuheben.

Solange ein Unternehmen mit diesen Prämissen arbeitet, wird es
niemals Kapital aus den Stärken jedes einzelnen Mitarbeiters schlagen.

Um aus dieser Schwächespirale auszubrechen und die Revolution
der persönlichen Stärken in Ihrem eigenen Unternehmen einzuleiten,
müssen Sie Ihre Annahmen über die Menschen ändern. Beginnen Sie
mit den richtigen Prämissen, und alles andere, das sich aus ihnen ergibt, wie Sie Ihre Leute auswählen, beurteilen, ausbilden und fördern,
wird richtig sein. Die beiden Annahmen, nach denen die besten Manager der Welt handeln, lauten:

1. Die Talente jedes einzelnen Menschen sind dauerhaft und einzigartig.

2. Der größte Spielraum für die Leistungssteigerung liegt bei jedem einzelnen Menschen in den Bereichen ihrer oder seiner größten Stärken.

Diese beiden Annahmen sind das Fundament für alles, was Sie mit Ihren Leuten und für diese tun. Sie erklären, warum sehr gute Manager sorgfältig nach Talent für jede Aufgabe suchen, warum sie bei der Leistung ihrer Leute den Schwerpunkt auf die Ergebnisse legen, statt sie in eine stilistische Form zu pressen, warum sie nicht der Goldenen Regel der Gleichbehandlung folgen, sondern jeden Mitarbeiter unterschiedlich behandeln, und warum sie die meiste Zeit mit ihren besten Leuten verbringen. Kurz gesagt, diese beiden Thesen erklären, warum die besten Manager der Welt gegen alle Regeln der konventionellen Managementweisheit verstoßen.

Nun, folgt man dem Vorbild erfolgreicher Manager, so ist es Zeit, die Regeln zu ändern. Diese beiden revolutionären Annahmen müssen als die zentralen Grundsätze für eine neue Arbeitsweise dienen. Sie sind die Prämissen für eine neue Art von Unternehmen, für eine stärkere Organisation, die darauf abgestellt ist, die Stärken jedes einzelnen Mitarbeiters zu entdecken und auszuschöpfen.

Die meisten Unternehmen haben ein Verfahren, um den effizienten Einsatz ihrer Betriebsmittel sicherzustellen. Verfahren nach Six Sigma oder ISO 9000 sind üblich. In ähnlicher Weise haben die meisten Unternehmen zunehmend effiziente Verfahren für die Nutzung ihrer finanziellen Mittel. Die jüngste Begeisterung über Kennzahlen wie wirtschaftliche Wertschöpfung und Kapitalrendite zeugt davon. Nur wenige Unternehmen haben jedoch ein systematisches Verfahren für den effizienten Einsatz des Kapitals, das in ihren Mitarbeitern liegt, entwickelt. Sie experimentieren vielleicht mit individuellen Förderplänen, 360-Grad-Erhebungen und Kompetenzen, aber diese Experimente konzentrieren sich meistens darauf, die Schwächen jedes einzelnen Mitarbeiters festzustellen, statt seine Stärken aufzubauen.

In diesem Buch wollen wir Ihnen zeigen, wie Sie ein systematisches

Verfahren zum Aufbau von Stärken konzipieren. Insbesondere das Kapitel 7,»Der Aufbau eines Unternehmens, das auf Stärken basiert«, kann helfen. Hier beschreiben wir, wie das optimale Auswahlsystem aussieht, welche drei Ergebnisse alle Mitarbeiter auf ihrem Beurteilungsbogen haben sollten, wie die fehlgeleiteten Ausbildungsbudgets neu zugeteilt werden, und schließlich, wie Sie das Vorgehen ändern, mit dem Sie die Karriere jedes einzelnen Mitarbeiters planen.

Wenn Sie Manager sind und wissen wollen, wie Sie in der Mitarbeiterführung am besten Kapital aus dem Prinzip der Stärken schlagen, dann wird Ihnen das Kapitel 6,»Stärken managen«, helfen. Hier stellen wir nahezu jede Fähigkeit oder jede Eigenschaft vor, die Sie bei Ihren Leuten antreffen könnten, und erklären, was Sie tun können, um die Stärken jedes einzelnen Mitarbeiters zu maximieren.

Wir beginnen jedoch nicht bei Ihren Mitarbeitern. Wir fangen bei Ihnen an. Was sind Ihre Stärken? Wie können Sie sie nutzen? Was sind die stärksten Kombinationen Ihrer Fähigkeiten? Wohin bringen diese Sie? Welche ein, zwei oder drei Dinge können Sie besser als 10 000 andere Menschen? Dies sind die Arten der Fragen, die wir in den ersten fünf Kapiteln behandeln werden. Schließlich können Sie keine Revolution der persönlichen Stärken führen, wenn Sie nicht wissen, wie Sie Ihre eigenen finden, benennen und entwickeln.

Zwei Millionen Interviews
»Wen interviewte *Gallup*, um etwas über menschliche Stärken zu erfahren?«

Stellen Sie sich vor, was Sie in Erfahrung bringen könnten, wenn Sie zwei Millionen Menschen nach ihren Stärken befragen. Stellen Sie sich vor, Sie interviewen die besten Lehrer der Welt und fragen sie, wie sie die Aufmerksamkeit der Kinder bei einem eigentlich trockenen Lernstoff behalten. Stellen Sie sich vor, Sie fragen sie, wie sie zu so vielen verschiedenen Kindern ein Vertrauensverhältnis aufbauen. Stellen Sie sich vor, Sie sprechen mit ihnen darüber, wie sie die Balance zwischen Spaß und Disziplin in der Klasse finden. Stellen Sie sich vor, sie über all die Dinge zu befragen, die sie tun und die sie in ihrem Tun so gut sein lassen.

Und dann stellen Sie sich vor, was Sie erfahren könnten, wenn Sie dasselbe mit den besten Ärzten und Verkäufern und Rechtsanwälten (ja, es gibt sie) und Basketball-Profis und Börsenmaklern und Wirtschaftsprüfern und Zimmermädchen und Soldaten und Krankenschwestern und Pastoren und Systemingenieuren und Vorstandsvorsitzenden täten. Stellen Sie sich all diese Fragen, und was noch wichtiger ist, all diese praxisnahen Antworten vor.

In den letzten 30 Jahren hat *The Gallup Organization* eine systematische Studie über hervorragende Leistungen, wo immer sie anzutreffen sind, durchgeführt. Das war nicht irgendeine Mammutbefragung. Jedes dieser Interviews, nach dem letzten Stand waren es etwas über zwei Millionen, von denen die Gespräche mit 80 000 Managern, auf denen das Buch *Erfolgreiche Führung gegen alle Regeln* basiert, nur ein kleiner Teil waren, bestand aus offenen Fragen wie den erwähnten Beispielen. Wir wollten von diesen ausgezeichneten Leistungsträgern hören, wie sie in ihren eigenen Worten beschrieben, was genau sie tun.

In all diesen verschiedenen Berufen fanden wir eine enorme Vielfalt an Wissen, Können und Talent. Aber wie Sie vermuten werden, entdeckten wir bald Muster. Wir sahen und hörten weiterhin zu, und allmählich entnahmen wir dieser Fülle von Aussagen 34 Muster oder »Talent-Leitmotive«, wie wir sie genannt haben. *Diese 34 Muster sind die am weitesten verbreiteten Leitmotive des menschlichen Talents.* Unsere Forschung zeigte uns, dass diese Motive in ihren zahlreichen Kombinationen am besten erklären, wie Bestleistungen zustande kommen.

Diese 34 Talente erfassen nicht jede einzelne menschliche Eigenart – um einen solchen Anspruch zu erfüllen, sind die Einzelpersonen viel zu verschiedenartig. Betrachten Sie deshalb diese Motive als analog zu den 88 Tasten eines Klaviers. Die 88 Tasten können nicht jede Note spielen, die gespielt werden kann, aber in ihren vielen Kombinationen können sie von Mozart zu Madonna alles erfassen. Genauso ist es mit den Talenten. Mit Einsicht und Verstand genutzt, können sie dazu beitragen, die individuellen Talente im Leben jeder Person zu erfassen.

Um Ihnen dabei zu helfen, bieten wir Ihnen einen Weg an, sich selbst an diesen 34 Talent-Leitmotiven zu messen. Wir bitten Sie, nach dem Lesen des Kapitels 3 eine Pause einzulegen und ein im Internet verfügbares, StrengthsFinder genanntes Profil durchzugehen. Es wird Ihnen sofort Ihre fünf dominierenden Talent-Leitmotive offenbaren, Ihre so genannten Signatur-Talente. Diese Signatur-Talente sind die mächtigsten Quellen Ihrer Stärke. Wenn Sie etwas über die Talente Ihrer Mitarbeiter oder Ihrer Familie oder Freunde erfahren wollen, können Sie das Kapitel 4 lesen und etwas über jedes der 34 Talente erfahren. Aber zunächst stehen Sie selbst im Mittelpunkt. Durch das Erkennen und Verfeinern dieser Signatur-Talente werden Sie bestens in der Lage sein, Ihre eigenen Stärken voll auszuspielen.

Wenn Sie Ihre fünf Signatur-Talente prüfen und sich überlegen, wie Sie das Gelernte anwenden können, denken Sie immer an folgendes: Die wahre Tragödie des Lebens ist nicht, dass jeder Einzelne von uns nicht genug Stärken hat, sondern dass wir diejenigen, die wir haben, nicht einsetzen. Benjamin Franklin nannte vergeudete Stärken »Sonnenuhren im Schatten«. Wie Sie sehen, basiert der rote Faden dieses Buches auf der Tatsache, dass zu viele Organisationen, zu viele Teams und zu viele Einzelpersonen unwissentlich ihre »Sonnenuhren im Schatten« verstecken.

Wir möchten, dass dieses Buch und Ihre Erfahrungen während des Lesens erhellend wirken und so Ihre Stärken in Erscheinung treten lassen.

Teil I
Die Anatomie einer Stärke

Kapitel 1
Starke Leben

- Der Investor, die Direktorin, die Hautärztin und die Redakteurin
- Tiger Woods, Bill Gates und Cole Porter
- Drei revolutionäre Werkzeuge

Der Investor, die Direktorin, die Hautärztin und die Redakteurin
»Wie sieht ein starkes Leben aus?«

Wie sieht ein starkes Leben aus? Wie sieht es aus, wenn es einem Menschen gelingt, sein Leben um seine Stärken herum aufzubauen? Lassen Sie uns einige Beispiele von Menschen, die dies getan haben, betrachten.

★ ★ ★

»Ich bin wirklich nicht anders als Sie.«

Warren Buffett spricht, gelassen und in seiner üblichen, etwas unordentlichen Erscheinung, zu einem Saal voller Studenten an der Universität von Nebraska. Da er einer der reichsten Männer der Welt ist, während die Studenten kaum ihre Telefonrechnung bezahlen können, beginnen sie zu kichern.

»Ich mag mehr Geld haben als Sie, aber Geld macht nichts aus. Sicher, ich kann mir den teuersten Maßanzug kaufen, aber ich ziehe ihn an, und er sieht einfach billig aus. Ich würde lieber einen Cheeseburger von *Dairy Queen* essen, als ein Menü für hundert Dollar.« Die Studenten scheinen nicht überzeugt, und deshalb macht Buffett in einem Punkt ein Zugeständnis. »Wenn es irgendeinen Unterschied zwischen Ihnen und mir gibt, mag es einfach der sein, dass ich jeden Morgen aufstehe und das Glück habe, tun und lassen zu können, was ich möchte, jeden Tag. Falls Sie etwas von mir lernen wollen, ist dies der beste Ratschlag, den ich Ihnen geben kann.«

Oberflächlich hört sich dies wie die Art von aalglatten Sprüchen an, die man anderen Leuten sagt, nachdem man bereits die erste Milliarde auf der Bank hat. Aber Buffett ist aufrichtig. Er liebt, was er tut, und glaubt wirklich, dass seine Reputation als größter Investor der Welt auf seiner Fähigkeit beruht, eine Existenz aufgebaut zu haben, die seinen besonderen Stärken gerecht wird.

Überraschenderweise sind seine Stärken nicht die, die Sie bei einem erfolgreichen Investor erwarten würden. Die heutigen globalen Finanzmärkte sind schnelllebig, außerordentlich kompliziert und amoralisch. Deshalb möchte man glauben, dass das Wesen, das dieser Welt am besten angepasst ist, mit Ungeduld, der großen Auffassungsgabe, Muster in dem komplexen Markt zu erkennen, und einer angeborenen Skepsis gegenüber den Motiven aller anderen Marktteilnehmer gesegnet sein muss.

Buffett kann keine dieser Stärken für sich in Anspruch nehmen. Er ist nach jedem Maßstab ein geduldiger Mann. Sein Geist ist eher praktisch als schnell auffassend. Er neigt dazu, gegenüber den Motiven anderer vertrauensvoll, nicht skeptisch, zu sein. Wie konnte er also ein so erfolgreicher Geschäftsmann werden?

Wie viele Menschen, die sowohl erfolgreich als auch von ihrem Beruf erfüllt sind, hat er einen Weg gefunden, die in ihm liegenden Stärken zu kultivieren und sie wirken zu lassen. Zum Beispiel setzte er seine natürliche Geduld in seine heute berühmte »20-Jahresperspektive« um, die ihn dazu bewegt, nur in Unternehmen zu investieren, deren Weg mit einem bestimmten Maß an Zuversicht für die nächsten 20 Jahre vorausgesagt werden kann. Sein praktischer Geist machte ihn argwöhnisch gegenüber Investitions-»Theorien« und breiten Markttrends. Wie er einmal in einem Geschäftsbericht von Berkshire Hathaway ausführte: »Die einzige Aufgabe von Aktien-Prognostikern ist es, Wahrsager gut aussehen zu lassen.« So beschloss er, nur in Gesellschaften zu investieren, deren Produkte und Dienstleistungen er intuitiv verstehen konnte, wie *Dairy Queen, The Coca-Cola Company* und *The Washington Post Company.* Schließlich setzte er seine vertrauensvolle Haltung erfolgreich ein, indem er die obersten Manager der Gesellschaften, in die er investierte, sorgfältig auf Fehler überprüfte, sie dann arbeiten ließ und nur selten in ihr Tagesgeschäft eingriff.

Warren Buffett hat seine geduldige, praktische und vertrauensvolle Methode angewandt, seit er 1956 mit 100 Dollar seine erste Investmentfirma gründete. Er hat diese Methode geschliffen, perfektioniert und sich auch an sie gehalten, wenn die Versuchungen, eine andere Strategie anzuwenden, verlockend waren. (Bedenken Sie, er investierte weder in *Microsoft* noch in das Internet, weil er sich kein genaues Bild davon machen konnte, wo sich die Hightech-Branche in 20 Jahren befinden würde.) Seine klare Haltung ist der Grund für seinen beruflichen Erfolg und, dies in seinen eigenen Worten, auch die Grundlage seines persönlichen Glücks. Er ist ein Investor der Weltklasse, weil er seine Stärken ganz bewusst ausspielt: Er liebt, was er tut, weil er seine Stärken gezielt nutzt.

In diesem Sinn – und vielleicht nur in diesem Sinn – hat Warren Buffett Recht. Er unterscheidet sich keineswegs vom Rest von uns. Wie der Rest von uns reagiert er in bestimmter Weise auf seine Umwelt. Die Art, mit der er mit Risiken umgeht, die Weise, wie er mit anderen Menschen auskommt, Entscheidungen trifft, Zufriedenheit erlangt – nichts davon ist Zufall. Dies alles ist Teil eines einzigartigen Musters, das so stabil ist, dass seine Familie und engsten Freunde in der Lage sind, sich daran zu erinnern, dass die ersten Anzeichen davon schon vor einem halben Jahrhundert auf dem Schulhof in Omaha, Nebraska, auftraten.

Was Buffett hervorhebt, ist das, was er aus diesem Muster machte. Zunächst vergegenwärtigte er es sich. Viele von uns scheinen nicht einmal in der Lage zu sein, diesen Schritt zu tun. Zweitens, und das ist das Wichtigste, entschied er sich dafür, die schwächeren Züge seines Charakters nicht zu stärken. Stattdessen tat er genau das Gegenteil: Er erkannte seine stärkeren Seiten, ergänzte sie mit Ausbildung und Erfahrung und baute sie zu den dominierenden Stärken aus, die wir heute sehen.

Warren Buffett ist hier nicht nur wegen seines persönlichen Reichtums relevant, sondern weil er etwas herausgefunden hat, das für jeden von uns als praktische Leitlinie dienen kann. Schauen Sie in Ihr Inneres, versuchen Sie, Ihre stärksten Charakterzüge zu erkennen, verstärken Sie sie durch die Anwendung in der Praxis und stetiges Lernen, und finden Sie dann eine Aufgabe oder, wie er es tat, arbeiten Sie für sich eine Aufgabe heraus, die diese Stärken jeden Tag nutzt. Wenn Sie dies tun, werden Sie produktiver, ausgefüllter und erfolgreicher sein.

Natürlich ist Buffett nicht der einzige Mensch, der erkannt hat, was es bewirkt, sein Leben um seine Stärken aufzubauen. Wann immer Sie Menschen befragen, die in ihrem gewählten Beruf – vom Lehren zum Telemarketing, vom Schauspielern bis zur Buchhaltung – wirklich erfolgreich sind, entdecken Sie, dass das Geheimnis ihres Erfolges in ihrer Fähigkeit liegt, ihre Stärken entdeckt zu haben und ihr Leben so zu organisieren, dass diese Stärken angewendet werden können.

Pam D. ist Direktorin des Gesundheits- und Sozialamtes eines Stadtbezirks, der so groß ist, dass sein Etat größer ist als die Summe der Haushalte von zwanzig amerikanischen Bundesstaaten. Ihre derzeitige Herausforderung besteht darin, einen Gesamtplan für alle Seniorenprogramme des Bezirks zu entwerfen und umzusetzen. Leider hat sie, da weder der Bezirk noch das Land jemals mit der Situation konfrontiert waren, dass so viele Senioren so viele Dienstleistungen brauchen, keinen Plan in der Schublade. Um diese Aufgabe zum Erfolg zu führen, könnte man annehmen, dass Pam Stärken bräuchte, wie zum Beispiel die Gabe, strategisch zu denken oder zumindest die Begabung der detaillierten Analyse und Planung. Aber obwohl sie versteht, wie wichtig beides ist, kommt keines von ihnen oben auf die Liste ihrer Stärken.

Tatsächlich sind zwei der stärksten Züge in ihrem Persönlichkeitsmuster das Bedürfnis, ihre Mitarbeiter zu motivieren und der ungeduldige Drang zu handeln. Wie Buffett hat sie sich dafür entschieden, diese Charakterzüge nicht für selbstverständlich zu halten und nicht an ihren Schwächen zu arbeiten. Stattdessen hat sie ihre Aufgabe so gestaltet, dass sie ihre starken Charakterzüge die meiste Zeit nutzen kann. Ihr Modus besteht darin, zuerst erreichbare Ziele zu erkennen, bei denen heute etwas unternommen werden kann und dann zu handeln; zweitens, die Gelegenheit zu suchen, den Tausenden ihrer Mitarbeiter ein Bild von dem übergreifenden Gesamtziel ihrer Arbeit zu machen; und drittens, den formalen strategischen Planungsprozess an einen externen Berater zu vergeben. Während sie und ihr Team hart am Ziel arbeiten, kann der Berater hinter ihnen aufräumen und ihre Aktionen in den strategischen Plan einbinden.

Bisher laufen die Dinge bestens. Sie ist an allen Fronten vorangekommen. Es ist ihr gelungen, dem Privatsektor bedeutende Dienstleistungsverträge abzujagen. Und sie hat vollen Erfolg.

Sherie S. wählte eine ähnlich pragmatische Methode, um ihr Leben um ihre Stärken herum aufzubauen. Sherie ist heute erfolgreiche Ärztin, aber vor Jahren machte sie an der Universität eine ziemlich beunruhigende Entdeckung: Sie mochte es nicht, von kranken Menschen umgeben zu sein. Da ein Arzt, der kranke Menschen nicht mag, genauso absurd ist, wie ein Investor, der das Risiko nicht liebt, begann sie, ihre Berufswahl infrage zu stellen. Statt aber ihre schlechte Wahl zu beklagen, überprüfte sie ihre Denk- und Gefühlsmuster und kam schließlich zu drei Erkenntnissen: Sie genoss es doch, Menschen zu helfen, nur eben nicht sehr kranken Menschen; sie war von einem konstanten Bedürfnis angetrieben, etwas zu erreichen, das am besten befriedigt wurde, wenn sie greifbare und regelmäßige Beweise für den Fortschritt hatte. Diese beiden ausgeprägten Muster könnten sich als überraschende Stärke erweisen, wenn sie sich auf Dermatologie spezialisieren würde.

Heute spielt sie tagtäglich als Dermatologin ihre Stärken aus. Ihre Patienten sind selten ernsthaft krank, ihre Krankheiten sind greifbar, und der Genesungsfortschritt ist auf ihrer Haut für jedermann sichtbar.

Paula L. musste ihren Schwerpunkt nicht verlagern, um ihre Stärken zu nutzen, stattdessen musste sie ebenso wie Buffett dem treu bleiben, was sie bereits über ihre Stärken wusste, trotz vieler Versuchungen, ihren Kurs zu ändern. Paula ist leitende Redakteurin einer der erfolgreichsten Frauenzeitschriften der Welt. Infolge der Bekanntheit, die diese Stellung mit sich bringt, hat sie viele Offerten bekommen, Chefredakteurin bei anderen Zeitschriften zu werden. Natürlich schmeicheln ihr diese Angebote, aber sie hat sich dafür entschieden, bei ihrer Aufgabe als leitende Redakteurin zu bleiben. Warum? Weil sie sich bewusst ist, dass eines ihrer stärksten Talente ihre große Auffassungsgabe und ihr kreativer Geist ist. Mit den Jahren hat sie dieses Talent zu einer außergewöhnlichen Stärke verfeinert, die sie in die Lage versetzt, als Redakteurin bei der Arbeit mit den Schriftstellern und anderen Redakteuren zu glänzen, und genau das Material herauszuarbeiten, das ihrer Zeitschrift ihre unverwechselbare Identität verleiht. Als Chefredakteurin eines Magazins würde sie dies nicht mehr in dem Maße tun können. Ihre Zeit würde vornehmlich von PR-Events in Anspruch genommen, und es würde von ihr erwartet werden, das Magazin durch ihre Wahl der Kleidung, von Freunden und Hobbys zu verkörpern. Sie weiß, dass sie diese Art der öffentlichen Aufmerksamkeit hassen würde, deshalb bleibt sie auf dem Weg ihrer Stärken.

Alle diese Personen sind in demselben Sinn etwas Besonderes, in dem Warren Buffett etwas Besonderes ist. Sie erkannten in sich selbst einige immer wieder auftretende Verhaltensmuster und fanden dann einen Weg, diese Muster zu echten und produktiven Stärken zu entwickeln.

Tiger Woods, Bill Gates und Cole Porter
»Was ist eine Stärke?«

Lassen Sie uns um der Klarheit willen etwas genauer sagen, was wir mit »Stärke« meinen. Die Definition einer Stärke, die wir in diesem Buch verwenden werden, ist sehr spezifisch: Es ist die beständige, beinahe perfekte Leistung in einer Tätigkeit. Nach dieser Definition sind

Pams Entscheidungen und ihre Fähigkeit, die Menschen für den gemeinsamen Zweck ihrer Organisation zusammenzuscharen, Stärken. Sheries Freude, Hautkrankheiten zu diagnostizieren und zu behandeln, ist eine Stärke. Paulas Fähigkeit, Ideen für Artikel, die zum Renommé ihres Magazins passen, hervorzubringen und dann zu verfeinern, ist eine Stärke.

Um bekanntere Beispiele zu gebrauchen, die außergewöhnliche Spiellänge des Golfspielers Tiger Woods – seine Fähigkeit, lange Bälle zu schlagen – ist eine Stärke, ebenso wie sein Putting. Seine Fähigkeit, aus einem Bunker zu schlagen, die im Vergleich zu anderen Top-Profis unbeständig ist (Tiger ist Nummer 61 in der PGA-Tour im »In-den-Sand-setzen«), ist es nicht.

Im geschäftlichen Umfeld ist Bill Gates' Genie, Innovationen aufzugreifen und sie in anwenderfreundliche Produkte umzusetzen, eine Stärke, während seine Fähigkeit, ein Unternehmen angesichts der rechtlichen und kommerziellen Angriffe zu führen, im Gegensatz zu der seines Partners Steve Ballmer, keine Stärke ist.

In der künstlerischen Szene war Cole Porters Fähigkeit, perfekte Texte zu schreiben, eine Stärke. Seine Versuche, glaubwürdige Charaktere und Handlungen zu kreieren, waren es nicht.

Wenn wir Stärke auf diese Weise definieren, als beständige, beinahe perfekte Leistung, offenbaren wir drei der wichtigsten Prinzipien, die erforderlich sind, um ein starkes Leben zu führen.

Zunächst müssen Sie, damit eine Tätigkeit eine Stärke sein kann, in der Lage sein, sie beständig zu leisten. Und dies bedeutet, dass dies ein berechenbarer Teil Ihrer Leistung ist. Sie könnten gelegentlich einen Schlag landen, der Tiger Woods stolz gemacht hätte, aber wir nennen diese Tätigkeit erst eine Stärke, wenn Sie sie immer wieder demonstrieren können. Und Sie müssen aus dieser Tätigkeit auch eine gewisse innere Befriedigung erlangen. Sherie ist sicher klug genug, um jede ärztliche Tätigkeit auszuüben, aber die Dermatologie stellt ihre Stärke dar, weil ihr diese Spezialisierung Kraft verleiht. Demgegenüber ist Bill Gates durchaus in der Lage, die Unternehmensstrategie von *Microsoft* umzusetzen, aber weil, wie er selbst sagte, diese Aufgabe ihn Energie kostet, ist sie keine Stärke. Die Feuerprobe einer Stärke? Die

Fähigkeit ist nur dann eine Stärke, wenn Sie ganz darin aufgehen können, sie wiederholt, glücklich und erfolgreich zu tun.

Zweitens brauchen Sie nicht in jedem Aspekt Ihrer Rolle eine Stärke aufzuweisen, um sie ausgezeichnet zu tun. Pam ist nicht die perfekte Kandidatin für ihre Aufgabe, genauso wenig wie Sherie. Die Personen, die wir beschrieben haben, sind nicht hundertprozentig für ihre Aufgaben geeignet. Keine von ihnen ist mit der »perfekten Hand« gesegnet. Sie tun einfach das Beste, was sie mit den Karten können, die ihnen zugeteilt wurden. Dass exzellente Könner rundum perfekt sein müssen, ist eine der am weitesten verbreiteten Mythen, die wir in diesem Buch widerlegen möchten. Bei unserer Untersuchung waren ausgezeichnete Könner selten harmonische, abgerundete Persönlichkeiten. Im Gegenteil, sie hatten Ecken und Kanten.

Drittens werden Sie sich nur durch die Maximierung Ihrer Stärken hervortun, niemals durch das Fixieren auf Ihre Schwächen. Das soll nicht bedeuten, »Ignorieren Sie Ihre Schwächen«. Die von uns beschriebenen Menschen vernachlässigen ihre Schwächen nicht. Stattdessen taten sie etwas viel Wirksameres. Sie fanden Wege, ihre Schwächen zu umschiffen und damit frei zu werden, um ihre Stärken besser auszubilden. Jeder von ihnen tat dies ein wenig anders. Pam befreite sich, indem sie einen externen Berater mit dem Schreiben des strategischen Planes beauftragte. Bill Gates tat etwas Ähnliches. Er wählte einen Partner, Steve Ballmer, um das Geschäft zu führen, sodass er sich wieder ganz der Software-Entwicklung widmen und den Pfad seiner Stärken neu entdecken konnte. Sherie, die Dermatologin, hörte einfach auf, die Art von Medizin zu betreiben, die sie auslaugte. Paula, die Zeitschriftenredakteurin, lehnte Stellenangebote ab.

Tiger Woods hatte es etwas schwerer. Er konnte der Tatsache nicht entkommen, dass sein Bunkerspiel verbessert werden musste, und deshalb war er, so wie viele von uns, gezwungen, Schadensbegrenzung zu betreiben. Er arbeitete gerade so viel an seinen Schwächen, dass seine Stärken nicht unterminierte. Aber sobald sein Bunkerspiel ein akzeptables Niveau erreichte, wandten er und sein Coach Butch Harmon ihre Aufmerksamkeit der wichtigsten und kreativen Arbeit zu: dem Verfeinern und Vervollkommnen von Tigers größter Stärke, seinem Schwung.

Von ihnen allen verfolgte Cole Porter die aggressivste und, so könnte man sagen, riskanteste Strategie beim Umschiffen seiner Schwächen. Er wettete, dass, wenn er weiterhin seine Stärken als Textschreiber pflegte, das Publikum sich einfach nicht darum kümmern würde, dass seine Handlungen schwach und seine Charaktere stereotyp waren. Seine Stärken würden die Leute blind gegenüber seinen Schwächen machen. Heute würden viele sagen, dass sich seine Strategie auszahlte. Wenn man Texte und Melodien so sprühend und anspruchsvoll schreiben kann wie er, ist es beinahe nebensächlich, wer sie singt oder warum er das tut.

Jeder dieser Menschen fand in seiner Arbeit auf sehr verschiedenen Gebieten Erfolg und Erfüllung, weil sie ihre Stärken in voller Absicht ausspielten. Wir möchten Ihnen helfen, dasselbe zu tun – *Ihre Stärken zu nutzen,* welche diese auch sein mögen, und *Ihre Schwächen zu umschiffen,* welche diese auch sein mögen.

Drei revolutionäre Werkzeuge
»Was brauchen Sie, um Ihr Leben um Ihre Stärken herum aufzubauen?«

Dieser Rat, »Ihre Stärken zu nutzen und Ihre Schwächen zu umschiffen«, ist leicht verständlich. Aber wie Sie wahrscheinlich aus Erfahrung wissen, ist er schwer umzusetzen. Schließlich wird der Aufbau eines starken Lebens immer eine anspruchsvolle Aufgabe mit einer Riesenmenge von verschiedenen Variablen sein: Ihr Selbstbewusstsein, Ihre Reife, Ihre Möglichkeiten, die Menschen, mit denen Sie sich umgeben, die Menschen, denen Sie scheinbar nicht entkommen können. Um es von Anfang an klarzustellen, müssen wir Ihnen sagen, was dieses Buch Ihnen bieten kann und was nicht, wenn Sie ein neues, auf Stärken beruhendes Image von sich selbst aufbauen.

Wir können Ihnen nicht das fertige Image zeigen; selbst wenn wir dies täten, wäre das Bild augenblicklich ungenau, weil keiner von uns je vollendet ist. Wir können Ihnen auch nicht sagen, wie Sie lernen sollen. Wie Sie ohne Zweifel wissen, wird es immer in Ihrer Verantwortung liegen, tätig zu werden, die Auswirkungen auszuloten und zu lernen. Das kann niemand anderes für Sie tun.

Aber wir können Ihnen die drei revolutionären Werkzeuge anbieten, die Sie brauchen werden, um ein starkes Leben aufzubauen:

1. Das erste revolutionäre Werkzeug ist, zu verstehen, wie Sie Ihre natürlichen Talente von den Dingen unterscheiden, die Sie lernen können. Wir haben eine Stärke als eine beständige, beinahe perfekte Leistung in einer Tätigkeit definiert. In Ordnung, aber wie gelangen Sie dorthin? Können Sie eine beinahe perfekte Leistung in einer von Ihnen gewählten Tätigkeit erreichen, indem Sie einfach üben, üben, üben, oder erfordert eine beinahe perfekte Leistung gewisse natürliche Talente?

Wenn Sie darum kämpfen, ein Netz von Menschen aufzubauen, die bereit sind, alles zu tun, um Ihnen zu helfen, können Sie dann ein ausgezeichneter Teamarbeiter mit Praxiserfahrung werden? Wenn Sie es schwierig finden, etwas vorauszuahnen, können Sie dann lernen, perfekt ausgearbeitete Strategien zu entwerfen? Wenn Sie oft Schwierigkeiten haben, Menschen direkt anzusprechen, können Sie dann mit Disziplin und Erfahrung erreichen, außerordentlich überzeugend frei vorzutragen?

Die Frage ist nicht, ob Sie sich in diesen Tätigkeiten verbessern können oder nicht. Natürlich können Sie es. Die Menschen sind anpassungsfähige Geschöpfe, und wenn etwas wichtig genug ist, können wir in buchstäblich allem etwas besser werden. Die Frage ist, ob Sie beständige, beinahe perfekte Leistungen in diesen Tätigkeiten allein durch die Praxis erreichen können. Die Antwort auf diese Frage lautet: »Nein, Praxis allein macht nicht zwangsläufig vollkommen.« Um eine Stärke in irgendeiner Tätigkeit auszubilden, sind spezielle natürliche Talente erforderlich.

Dies wirft einige heikle Fragen auf. Was ist der Unterschied zwischen einem Talent und einer Stärke? Welche Aspekte einer Stärke beim Networking oder Überzeugen können erlernt werden, und welche Aspekte sind angeboren? Welche Rolle spielen Können, Wissen,

Erfahrung und Selbstbewusstsein beim Aufbau einer Stärke? Wenn Sie nicht wissen, wie Sie mit diesen Fragen fertig werden, könnten Sie sehr viel Zeit mit dem Versuch vergeuden, Stärken zu lernen, die nicht erlernbar sind, oder umgekehrt könnten Sie bei trainierbaren Stärken zu früh aufgeben.

Um obige Fragen zu beantworten, brauchen Sie ein einfaches Mittel, um zwischen dem zu unterscheiden, was angeboren ist und was Sie in der Praxis erlernen können. Im nächsten Kapitel geben wir dazu praktische Hinweise. Wir stellen Ihnen hier drei präzise Definitionen vor:

- *Talente* sind Ihre auf natürliche Weise wiederkehrenden Denk-, Gefühls- oder Verhaltensmuster. Ihre verschiedenen Talent-Leitmotive sind das, was das StrengthsFinder-Profil tatsächlich ermittelt.
- *Wissen* besteht aus dem Erlernten aufgrund von Tatsachen und Lektionen.
- *Können* und *Fertigkeiten* sind die Schritte einer Tätigkeit.

Diese drei Aspekte, Talente, Wissen und Können, ergeben Ihre Stärken.

Zum Beispiel ist es ein Talent, sich von Fremden angezogen zu fühlen und die Herausforderung zu genießen, eine Verbindung zu ihnen herzustellen (später in diesem Buch wird dies als Talent »Kontaktfreudigkeit« definiert werden), während die Fähigkeit, ein Netz von Anhängern aufzubauen, die Sie kennen und bereit sind, Ihnen zu helfen, eine Stärke ist. Um diese Stärke aufzubauen, haben Sie Ihr angeborenes Talent mit Können und Wissen vervollkommnet. Ähnlich ist es ein Talent, anderen widersprechen zu können (später als das Talent »Autorität« definiert), während die Fähigkeit, mit Erfolg verkaufen zu können, eine Stärke ist. Um andere davon zu überzeugen, Ihr Produkt zu kaufen, müssen Sie Ihr Talent mit Produktkenntnissen und einem gewissen verkäuferischen Können kombinieren.

Obwohl alle Aspekte zum Aufbau einer Stärke wichtig sind, sind von diesen drei »Rohmaterialien« die Talente die wichtigsten. Ihre Talente sind angeboren (wir werden im nächsten Kapitel erklären, warum), während Können und Wissen durch Lernen und Praxisanwendung erworben werden können. So können Sie zum Beispiel als

Verkäufer lernen, wie Sie die Eigenschaften Ihres Produktes (Wissen) beschreiben. Sie können sogar lernen, wie Sie die richtigen offenen Fragen stellen, um jedem Interessenten seine Bedürfnisse zu entlocken (Können), aber Sie werden niemals erlernen, wie Sie diesen Interessenten genau im richtigen Augenblick und auf genau die richtige Weise dazu bringen, zu kaufen. Dies sind Talente (die später als die Talente »Autorität« und »Einzelwahrnehmung« definiert werden).

Obwohl es gelegentlich möglich ist, eine Stärke aufzubauen, ohne das erforderliche Wissen und Können zu erwerben, ist es niemals möglich, eine Stärke ohne das erforderliche Talent zu besitzen. Es gibt »geborene« Verkäufer, die soviel angeborenes Talent zur Überzeugung haben, dass sie sogar verkaufen können, wenn ihr Produktwissen ziemlich begrenzt ist. Bei vielen Aufgaben können Sie das erforderliche Wissen und Können bis zu dem Punkt erwerben, an dem Sie in der Lage sind, zurechtzukommen, aber unabhängig von der Aufgabe werden Sie, wenn Ihnen das notwendige Talent fehlt, niemals in der Lage sein, beständige, beinahe perfekte Leistung zu zeigen. Deshalb ist der Schlüssel zum Aufbau einer echten Stärke, Ihre dominierenden Talente zu erkennen und sie dann mit Wissen und Können zu verfeinern.

Denken Sie daran, dass viele Leute nicht wissen, was Talent ist, geschweige denn was *ihre* Talente sind. Sie glauben, dass mit ausreichender Praxis fast alles erlernbar ist. Sie suchen nicht aktiv nach Wissen und Können zur Förderung ihrer Talente. Stattdessen laufen sie in die Falle, zu versuchen, soviel Wissen und soviel Können wie möglich zu erwerben, da sie hoffen, sich selbst in einer allgemeinen Weise zu verbessern, ihre Kanten abzuschleifen und am Ende rundum »gut« zu sein.

Um Ihre Stärken aufzubauen, müssen Sie diese Falle vermeiden. Beginnen Sie nicht blind mit einer Ausbildung in Führungseigenschaften, der Fähigkeit, zuzuhören oder Einfühlungsvermögen oder Redekunst, Überzeugungsvermögen oder irgendeinem anderen dieser gut gemeinten Kurse, und erwarten Sie vor allem keine dramatische Verbesserung. Wenn Sie nicht das erforderliche Talent haben, werden Ihre Fortschritte mäßig sein. Sie werden den größten Teil Ihrer Energie mit Schadensbegrenzung verbrauchen und sehr wenig für eine echte Entwicklung aufbringen. Und da Sie nur eine begrenzte Zeit für die Investitionen in sich selbst haben, müssen Sie entscheiden, ob Ihnen eine Fixierung auf Schadensbegrenzung die beste Rendite bringen wird.

Wir schlagen Ihnen vor, sich genauer mit Wissen, Können und Talenten zu befassen. Lernen Sie, das eine von den anderen zu unterscheiden. Erkennen Sie Ihre dominierenden Talente, und erwerben Sie dann in einer konzentrierten Weise das Wissen und Können, um sie in echte Stärken umzusetzen.

2. Das zweite revolutionäre Werkzeug ist ein System zur Erkennung Ihrer dominierenden Talente. Es gibt einen sicheren Weg, um Ihr größtes Potenzial für Stärke zu erkennen: Treten Sie einen Schritt zurück, und beobachten Sie sich eine Zeitlang selbst. Nehmen Sie eine Tätigkeit, und sehen Sie, wie schnell Sie sie erfassen, wie schnell Sie Schritte in einem Lernprozess überspringen und Kniffe und Tricks beherrschen, die Ihnen noch nicht beigebracht wurden. Prüfen Sie, ob Sie in dieser Tätigkeit in einem Maß aufgehen, dass Sie Ihr Zeitgefühl verlieren. Wenn nach einigen Monaten nichts davon eingetreten ist, versuchen Sie es mit einer anderen Tätigkeit, und beobachten Sie sich – versuchen Sie eine weitere. Mit der Zeit werden sich Ihre dominierenden Talente offenbaren, und Sie können damit beginnen, sie zu einer mächtigen Stärke zu verfeinern.

Das ist wahrscheinlich so, wie es in der Schule sein sollte: eine konzentrierte Jagd auf die Gebiete des größten Potenzials eines Kindes. Und so sollte es wahrscheinlich in der Arbeitswelt sein: Es sollte eine gezielte Anstrengung gemacht werden, herauszufinden, wie jeder einzelne Mitarbeiter sich dem Leistungsniveau der Weltklasse nähern könnte. Leider werden weder die Schule noch die Arbeitswelt dieser Aufgabe gerecht. Beide sind so beschäftigt, Wissen zu vermitteln und Lücken zu füllen, dass die Entwicklung des Bewusstseins für natürliche Talente außer Acht gelassen wird. Und so fällt Ihnen die Last zu, dem Einzelnen. Sie müssen die Suche nach Ihren eigenen Talenten selbst leiten.

Das StrengthsFinder-Profil, das in Kapitel 3 besprochen wird, ist so konzipiert, dass es Ihnen hilft, Ihre dominierenden Talente zu erkennen. Es wird damit nicht versucht, Sie vollständig zu definieren oder mit dem Etikett dieses oder jenen Typs zu versehen, hier stark und dort schwach. Jeder Einzelne von uns hat zu viele Nuancen für diese Art der Vereinfachung. Der Zweck des StrengthsFinders ist zugespitzt. Er ist so konzipiert, dass er Ihre fünf stärksten Talent-Leitmotive offenbart. Diese Talente werden noch keine Stärken sein. Sie sind die Gebiete des größten Potenzials, Gebiete, auf denen Sie die bestmögliche Chance haben, eine Stärke auf Weltklasseniveau zu kultivieren. Der StrengthsFinder wird Sie wie ein Scheinwerfer ausleuchten. Es liegt dann an Ihnen, die Leistung zu bringen.

3. Das dritte revolutionäre Werkzeug ist eine gemeinsame Sprache zur Beschreibung Ihrer Talente. Wir brauchen eine neue Sprache, die uns hilft, die Stärken, die wir in uns selbst und anderen sehen, zu erklären. Diese Sprache muss präzise sein; sie muss in der Lage sein, die subtilen Unterschiede zwischen Personen zu erfassen. Sie muss positiv sein; sie muss uns helfen, *Stärke,* nicht Schwäche zu beschreiben. Und sie muss allgemein verständlich sein; es muss eine Sprache sein, die uns allen geläufig ist, sodass wir unabhängig davon, wer wir sind oder woher wir stammen, alle genau wissen, was gemeint ist, wenn jemand sagt:»Marcus verkörpert Autorität« oder »Don zeigt Leistungsorientierung«.

Warum brauchen wir diese neue Sprache? Ganz einfach, weil die Sprache, die wir heute gebrauchen, der Herausforderung nicht gerecht wird.

Die Sprache der menschlichen Schwäche ist reich und vielfältig. Es gibt bedeutungsvolle Unterschiede in den Ausdrücken Neurose, Psychose, Depression, Manie, Hysterie, Panikattacken und Schizophrenie. Ein Fachmann für geistige Krankheit ist sich dieser Unterschiede genau bewusst und berücksichtigt sie beim Erstellen einer Diagnose und der Bestimmung der Behandlung. Tatsächlich ist diese Sprache der Schwäche so weit verbreitet, dass die meisten von uns Laien sie wahrscheinlich ziemlich genau anwenden.

Demgegenüber ist die Sprache der menschlichen Stärke arm. Wenn

Sie wissen wollen, wie arm, hören Sie ein paar Personalfachleuten zu, die die Vorzüge von drei Kandidaten für eine Stelle beschreiben. Sie werden wahrscheinlich eine Anzahl von Verallgemeinerungen wie »Mir gefiel ihre Menschenkenntnis« oder »Er erschien mir selbstmotiviert« hören, aber dann wird das Gespräch wieder auf den Vergleich von Tatsachen, wie der Ausbildung und Berufserfahrung der einzelnen Kandidaten zurückkehren. Wir wollen nicht nur die Personalfachleute kritisieren. Wenn Sie führenden Managern beim Gespräch über dieselben drei Kandidaten zuhören, werden Sie wahrscheinlich eine ähnliche Unterhaltung hören. Es ist mehr als wahrscheinlich, dass die Kandidaten bei der Beschreibung ihrer eigenen Stärken dieselben Verallgemeinerungen hervorholen und sich dann in die komfortable Sicherheit ihrer Ausbildung und Berufserfahrung zurückziehen werden.

Die traurige Wahrheit ist, dass die zur Verfügung stehende Sprache, die Sprache der menschlichen Stärken, bestenfalls noch immer rudimentär ist. Nehmen Sie zum Beispiel den Ausdruck »Menschenkenntnis«. Wenn Sie sagen, dass zwei Leute »Menschenkenntnis« haben, was sagt Ihnen das dann über die beiden? Es sagt Ihnen, dass sie beide anscheinend gut mit Menschen auskommen, aber wahrscheinlich nicht mehr. Es sagt Ihnen zum Beispiel nicht, ob einer von ihnen nach dem ersten Kennenlernen schnell das Vertrauen anderer Menschen erwerben kann, während der andere beim Herstellen des Kontakts glänzt. Beide Fähigkeiten haben mit Menschen zu tun, aber sie sind offensichtlich nicht dasselbe. Dieser Unterschied hat praktische Auswirkungen. Unabhängig von seiner Erfahrung oder Ausbildung würden Sie wahrscheinlich den Vertrauensmenschen nicht für dieselbe Aufgabe wie den Kontaktknüpfer einsetzen. Sie würden auch nicht von ihnen erwarten, dass sie in derselben Weise mit Kunden und Partnern auskommen. Und schließlich würden Sie nicht erwarten, dass sie dieselbe Art Zufriedenheit aus ihrer Arbeit ziehen. Und Sie würden sie nicht notwendigerweise auf dieselbe Weise führen. Da diese Variablen sich zur Leistung des Einzelnen kombinieren, könnte das Wissen, wer der instinktive Vertrauensmensch ist und wer der Kontaktknüpfer, den Unterschied zwischen Erfolg und Fehlschlag ausmachen. In dieser Situation hilft der Ausdruck »Menschenkenntnis« einfach nicht sehr viel weiter. Leider gilt dasselbe für den größten Teil der Sprache der menschlichen Stärken. Was bedeutet »selbstmotiviert« genau? Bedeutet es, dass die Person von einem inneren Bedürfnis zur Leistung angetrieben wird, dass sie losschießt, unabhängig davon, wie Sie sie führen? Oder bedeutet es, dass sie herausfordernde Ziele braucht, die sie dann in eigener Motivation übertrifft? Was bedeutet »strategischer Denker«? Bedeutet es, dass er konzeptionell stark ist und Theorien vorzieht? Oder bedeutet es, dass er analytisch denkt und Tatsachen vorzieht? Was sind »Verkaufskenntnisse«? Wenn jemand sie hat, bedeutet dies, dass er auf den Lebensnerv des Käufers abzielt, durch Kontaktfreudigkeit, durch logische Überzeugung oder durch das Ausdrücken seines leidenschaftlichen Glaubens an das Produkt? Dies sind wichtige Unterscheidungen, wenn Sie den richtigen Verkäufer mit den richtigen Interessenten in Verbindung bringen wollen.

Es ist möglich, dass Sie genau wissen, was Sie mit »Verkaufsgeschick«, »strategischem Denken«, »Menschenkenntnis« und »selbstmotiviert« meinen. Aber wie ist es mit den Menschen um Sie herum? Sie mögen dieselben Worte gebrauchen, aber ihnen eine ganz andere Bedeutung beimessen. Dies ist die schlimmste Art der Fehlkommunikation. Sie beenden das Gespräch und denken, Sie stimmen beide überein, während Sie tatsächlich nicht einmal dieselbe Sprache sprechen.

Und aus irgendeinem eigenartigen Grund löst manches präzise, allgemein anerkannte Wort, das wir für ein starkes Verhaltensmuster verwenden, oft eine negative Assoziation aus. Erinnern Sie sich an Pam D., die Direktorin des Gesundheits- und Sozialamtes, die es nicht abwarten konnte, zu handeln? Sie ist ungeduldig oder impulsiv.

Menschen, die darin glänzen, der Welt Ordnung und Struktur zu geben? Sie gelten als Pedanten.

Menschen, die für sich ausgezeichnete Leistung beanspruchen? Egoisten.

Menschen, die vorausschauen und immer fragen »was wenn«? Sorgenmacher.

Wie auch immer man es betrachtet, wir haben keine ausreichend differenzierte Sprache zur Beschreibung der Vielfalt des menschlichen Talents, das wir um uns herum sehen.

In Kapitel 4 werden wir die 34 Talent-Leitmotive vorstellen. Offensichtlich sind dies nicht nur Begriffe, die Verhaltensmuster beschreiben, sondern es sind *die* Begriffe, welche die häufigsten Muster in unserer Studie der ausgezeichneten Leistungen erfassen. Diese 34 Begriffe sind zu unserer Sprache für die Beschreibung der menschlichen Talente und damit für die Erklärung der menschlichen Stärken geworden. Wir bieten sie Ihnen als einen Weg an, das Beste in Ihnen und in den Menschen Ihrer Umgebung zu offenbaren.

Kapitel 2
Stärken stärken

- Ist er immer so gut?
- Wissen und Können
- Talent

Ist er immer so gut?
»Was können wir von Colin Powell über Stärken lernen?«

Vor einiger Zeit hielt General Colin Powell einen Vortrag vor tausend Führungskräften der *Gallup Organization*. Er hatte einen äußerst guten Ruf. Wir wussten, dass er früher nationaler Sicherheitsberater, Vorsitzender der Joint Chiefs of Staff, Oberbefehlshaber der NATO-Truppen während *Desert Shield* und *Desert Storm* gewesen und nach weltweiten Umfragen im letzten Jahrzehnt eine der zehn angesehensten Führungspersönlichkeiten der Welt war. Es ist überflüssig zu sagen, dass unsere Erwartungen hoch waren. Als er nach einer entsprechend begeisterten Begrüßung an das Rednerpult trat, fragten sich nicht wenige von uns, ob der Vortrag unserer Vorstellung vom Redner gerecht werden würde.

Am Ende seiner Rede stellten wir uns eine andere Frage: »Ist er immer so gut?« Im Verlauf einer knappen Stunde hatte General Powell sich als außerordentlich begabter Redner erwiesen. Er hatte uns in die vertrauliche Atmosphäre von Präsident Ronald Reagans Oval Office geführt. Er hatte uns an den Tisch im Kreml versetzt, an dem Michail Gorbatschow ihm die Perestroika mit den Worten ankündigte:»Herr General, Sie werden sich einen anderen Feind suchen müssen.« Er ließ uns mit ihm am Telefon auf General H. Norman Schwarzkopfs Anruf mit der Meldung über die ersten Luftangriffe des *Desert Storm* warten. Er sprach ungezwungen, ohne die verklausulierten Sprüche des Politikers, ohne den Schwulst des Predigers, ohne steife Struktur und ohne Notizen. Er hatte einfach einige Geschichten zu erzählen, und während er sprach, verbanden sich diese Geschichten beinahe zufällig zu einer Erzählung über Führungseigenschaften und Charakter. Es war eine einfache Botschaft, perfekt vorgetragen.

Eine Stärke wie diese löst Ehrfurcht aus. Für die Zuhörer stand die Leistung des Generals weit jenseits jeder grundlegenden Analyse. Wir wollten nicht fragen:»Wo hat er das gelernt?«, weil ganz offensichtlich war, dass weder Toast Masters noch Dale Carnegie etwas mit seiner Leistung zu tun hatte. Stattdessen wollten wir wissen:»Woher kam dies?«, als ob der Vortrag nicht von General Powell selbst geschrieben, sondern durch ihn in vollendeter Form übermittelt worden war.

Alle Stärken haben diese Eigenschaft. Stehen Sie einige Augenblicke vor einem Monet, und das Bild erscheint vollkommen, wie ein Kreis. Sie stellen sich nicht den tastenden Anfang vor, eine Ansammlung von unbeholfenen Kreuzen in der Mitte, und einen letzten Pinselstrich zum Abschluss des Gemäldes. Sie erleben es als Ganzes, als einmalige Perfektion.

Die Stärke muss nicht künstlerisch sein, um Hochachtung einzuflößen. Jede beinahe perfekte Leistung stimuliert dieses Gefühl der Anerkennung. Ein Freund erzählt im richtigen Augenblick einen Witz mit dem richtigen Timing und einer guten Pointe, und Sie fragen sich: »Wie hat er das gemacht?« Ein Kollege schreibt einen Brief an einen Kunden, der genau den Punkt trifft, und Sie stellen sich dieselbe Frage.

Und es ist nicht einfach der »beinahe perfekte« Aspekt einer Stärke, der uns so beeindruckt. Der »beständige« Teil ist genauso erstaunlich. Cal Ripken spielte in 2216 aufeinander folgenden Baseball-Spielen. Wie schaffte er das? Bettina K., eines der besten Zimmermädchen von *Disney World,* hat über 21 Jahre lang dieselbe Zimmerflucht im selben

Hotel gereinigt. Wie konnte sie so lange dabeibleiben? Vor seinem Tod im Februar 2000 hatte Charles Schulz über 41 Jahre lang dieselbe Karikatur, die *Peanuts*, gezeichnet. Wie hat er das gemacht? Gleichgültig, ob die Frage lautet: »Wie macht er das so gut?« oder »Wie schafft er das so lange?«, jede beständige, beinahe perfekte Leistung scheint sich der nüchternen Analyse zu entziehen. Aber natürlich treten Stärken nicht perfekt und als Ganzes auf. Die Stärken jeder einzelnen Person werden *geschaffen* – aus einigen ganz spezifischen Rohmaterialien entwickelt. Sie können einige Materialien mit Praxis und Lernen erwerben: Ihr Wissen und Können. Andere, Ihre Talente, müssen Sie einfach verfeinern.

Wissen und Können
»Welche Aspekte Ihrer Persönlichkeit können Sie verändern?«

Wissen

Die genaue Definition des Wortes »Wissen« hat Jahrhunderten philosophischer Angriffe standgehalten, und wir möchten uns an diesen Wortgefechten nicht beteiligen. Lassen Sie sie uns also umgehen. Sagen wir einfach, dass *es für den Zweck des Aufbaus Ihrer Stärken* zwei verschiedene Arten von Wissen gibt. Sie brauchen beide, und zum Glück können beide erworben werden.

Erstens brauchen Sie sachliches Wissen, also Inhalt. Wenn Sie zum Beispiel beginnen, eine Sprache zu lernen, ist das Vokabular sachliches Wissen. Sie müssen erlernen, was jedes Wort bedeutet, oder Sie werden niemals in der Lage sein, die Sprache zu sprechen. In gleicher Weise müssen Verkäufer Zeit aufbringen, um die Eigenschaften ihrer Produkte zu erlernen. Die Kundendienstleute für Handys müssen die Vorteile kennen, die jedes Angebot bietet. Piloten müssen den Funksprechverkehr lernen. Krankenschwestern müssen genau wissen, wie viel Novocain für welche Behandlung erforderlich ist.

Sachliches Wissen wie dieses garantiert noch keine ausgezeichnete Leistung, aber es ist eine Voraussetzung. So werden Sie niemals, unabhängig von Ihrem Können oder Ihren Talenten hervorragend malen können, wenn Sie nicht wissen, dass rote und grüne Farbe durch Mischen die Farbe Braun ergeben. Genauso wird Ihnen alle Kreativität der Welt nicht helfen, ein ausgezeichneter Beleuchter zu werden, wenn Sie nicht wissen, dass rotes und grünes Licht beim Mischen nicht zur Farbe Braun werden, sondern gelbes Licht ergeben. Faktenwissen wie dieses bringt Sie ins Spiel.

Die zweite Art des Wissens, das Sie benötigen, beruht auf Erfahrung, die nicht im Unterricht gelehrt oder in Lehrbüchern vermittelt wird. Stattdessen ist es einfach etwas, das Sie mit Disziplin aufnehmen und bewahren müssen.

Ein Teil davon ist praktischer Art. Zum Beispiel hatte Katie M., eine Schreiberin von Textsegmenten für eine morgendliche Fernsehshow, anfangs Probleme damit, klare und fesselnde Zwei-Minuten-Stücke zu schreiben. Sie erkannte dann allmählich, dass sie die wichtigste Regel des Journalismus außer Acht ließ: immer die richtige Einleitung. Unabhängig davon, wie kreativ der Rest des Stückes war, wenn den Zuschauern nicht sofort gesagt wurde, wen sie sahen und warum, schalteten sie schnell ab.

Andy Kaufman, der von Jim Carrey in dem Film *Der Mondmann* verkörperte Komiker, lernte Ähnliches darüber, wie wichtig die Planung eines Auftritts ist. Zu Beginn seiner Karriere experimentierte er mit zwei Charakteren: *Foreign Man*, ein drolliger, naiver Mann von der Straße, und mit einer Elvis-Presley-Imitation. Beide Charaktere bekamen einige Lacher, aber nichts Spektakuläres, bis Andy es anders anging. Er selbst sagt darüber:»Im College sah ich, dass die Zuschauer es nicht akzeptierten, wenn ich mit Elvis Presley begann. Sie waren gekränkt, sie wollten gehen.›Was glaubt er, dass er schön ist oder so?‹ Ich erkannte, dass meine natürliche Naivität verloren gegangen war, nachdem ich diese Rolle einige Male gespielt hatte. Ich glaubte, dass ich naiver als der *Foreign Man* sein konnte... So versuchte ich dann, die ganze Rolle des *Foreign Man* zu spielen, und als ich zum Elvis-Teil kam, sagte ich einfach:›So, jetzt möchte ich den Elvis Presley spielen.‹«

An dem Tumult im Publikum konnte er sofort erkennen, dass er jetzt auf dem richtigen Weg war.

Bei diesen beiden Beispielen geht es um die Weise, in der eine Vorstellung inszeniert wird, aber wie Sie sich vorstellen können, tritt das auf Erfahrung beruhende Wissen in einer Vielfalt von Formen auf. Die Verkäuferin entdeckt, dass der erste und wichtigste Verkauf, den sie schafft, mithilfe des Interessenten selbst zustande kam. Der Neuling im Marketing erkennt, dass wenn man an Mütter verkaufen will, Werbung im Rundfunk viel besser wirkt als im Fernsehen, da vielbeschäftigte junge Mütter viel mehr Radio hören als fernsehen. Beide haben einen wichtigen Aspekt des Wissens erkannt, und beide werden damit in Zukunft besser arbeiten.

Jedes Umfeld bietet Chancen zum Lernen. Natürlich müssen Sie, um Ihre Stärken zu entwickeln, wachsam gegenüber diesen Gelegenheiten sein und sie in Ihre Leistung einbinden.

Einiges auf Erfahrung beruhende Wissen ist begrifflich. Nehmen Sie die beiden offenkundigsten Beispiele: Ihre Werte und Ihr Selbstbewusstsein. Beide müssen verfeinert werden, wenn Sie Ihre Stärken aufbauen wollen, und beide können mit der Zeit auch entwickelt werden. Tatsächlich meinen wir es nicht wörtlich, wenn wir sagen »der und der hat sich geändert«. Wir meinen nicht, dass seine grundlegende Persönlichkeit sich geändert hat, sondern dass sich sein Wertesystem oder das Gefühl über seinen Partner geändert hat.

Charles Colson, ein Sonderberater von Präsident Richard Nixon, ging ins Gefängnis, weil seine übermäßige Loyalität ihn dazu gebracht hatte, zum Schutze seines Präsidenten Verbrechen zu begehen. Heute ist er Wiedergeborener Christ. Hat er sich geändert? Es folgt Winifred Gallaghers Antwort in ihrem Buch *Just the Way You Are:* »Charles Colson hätte seine Großmutter totgeschlagen, als er bei Nixon war, aber dann wurde er wiedergeboren. Er hatte wahrscheinlich schon immer ein sehr emotionales, intensives Temperament, aber heute hat er andere Feinde und Freunde. Sein Wesen änderte sich nicht – er fängt einfach etwas anderes mit seiner ganzen Hingabe an. Nicht die Einstellung des Einzelnen zum Leben, aber der Fokus mag sich sehr ändern.«

Wo immer wir hinschauen, wir sehen Beispiele von Menschen, die ihren Fokus zusammen mit ihren Werten geändert haben: Sauls religiöse Bekehrung auf der Straße nach Damaskus, die Wohltätigkeitsarbeit des entlassenen britischen Verteidigungsministers John Profumo und des amerikanischen Königs der wertlosen Obligationen Michael Milken, die Tierschutzaktivitäten des notorischen Rockers Ozzy Osbourne; die Reue von Hitlers Architekt Albert Speer und, vielleicht das beeindruckendste Beispiel, der mutige Persönlichkeitswandel, den Millionen Mitglieder der Anonymen Alkoholiker geschafft haben.

Diese Beispiele sind in dem Sinn motivierend, dass sie jedem Einzelnen von uns die Hoffnung auf Befreiung bieten. Aber wie erbaulich sie auch sein mögen, wir sollten daran denken, dass diese Menschen nicht ihr Wesen oder, wie wir es später definieren werden, ihre Talente änderten. Sie richteten einfach ihre Talente auf ganz andere und positivere Ziele aus. Und so ist die Lektion, die wir von diesen Menschen lernen sollten, nicht, dass die Talente jedes Einzelnen unendlich formbar sind, oder dass Sie alles sein können, was Sie möchten, wenn Sie sich ganz einsetzen. Stattdessen ist die Lektion, dass Talente wie die Intelligenz wertneutral sind. Wenn Sie Ihr Leben ändern möchten, damit andere von Ihren Stärken Vorteile haben, dann ändern Sie Ihre Werte. Vergeuden Sie keine Zeit mit dem Versuch, Ihre Talente zu ändern.

Dasselbe gilt für das Selbstbewusstsein. Mit der Zeit wird sich jeder Einzelne von uns immer bewusster, wer er wirklich ist. Dieses wachsende Bewusstsein des Selbst ist lebenswichtig für das Aufbauen von Stärke, weil es jedem von uns ermöglicht, unsere natürlichen Talente klarer zu erkennen und sie zu Stärken auszubauen. Leider läuft dieser Prozess nicht immer glatt. Einige von uns erkennen ihre Talente genau genug, möchten dann aber mit anderen gesegnet sein. Wie Mozarts Rivale Salieri in dem Film *Amadeus* werden wir zunehmend erbittert, wenn wir versuchen, neue Talente aus unserem Innern heraufzubeschwören und damit fehlschlagen. Wenn wir in dieser Stimmung sind, ist nicht mit uns zu spaßen. Es ist gleichgültig, wie viel Unterricht wir nehmen, gleichgültig, wie viele Bücher wir lesen, es geht uns immer noch auf die Nerven, es ist noch immer hart, und es scheint nicht leichter zu werden. Wenn Sie sich jemals in einer Rolle wiedergefunden haben, die Ihnen etwas abverlangte, was Sie nicht geben konnten, kennen Sie diese Gefühle.

Und dann plötzlich erleben wir eine Offenbarung. »Ich hätte niemals diesen Verkäuferjob annehmen sollen. Ich hasse es, Leute zu belästigen.« Oder vielleicht: »Ich bin kein Manager! Ich möchte viel lieber meine eigene Arbeit machen, als für die anderer verantwortlich zu sein.« Wir kehren auf den Pfad unserer Stärken zurück, und unsere Freunde sind erstaunt und beeindruckt von all dem Guten, das dann eintritt − unsere Produktivitätssteigerung, unsere positivere Lebenseinstellung − und sagen: »Donnerwetter, schau ihn an. Er hat sich geändert.«

Das genaue Gegenteil ist geschehen. Was oberflächlich wie ein Wandel aussieht, ist tatsächlich das Akzeptieren einiger Dinge, die niemals umgewandelt werden können − Talente. Wir ändern uns nicht. Wir akzeptieren einfach unsere Talente und konzentrieren unser Leben um sie herum. Wir werden selbstbewusster.

Um Ihre Stärken aufzubauen, müssen Sie genau das tun.

Können

Können verleiht dem Wissen, das auf Erfahrung beruht, Struktur. Was bedeutet das? Es bedeutet, dass − um welche Tätigkeit es sich auch immer handelt − eine kluge Person sich zu irgendeinem Zeitpunkt zurücklehnen und das gesammelte Wissen in eine Folge von Arbeitsschritten formalisieren wird, bei deren Befolgung sich Leistung ergibt − nicht notwendigerweise hohe Leistung, aber dennoch akzeptable Leistung. Lassen Sie uns, um dies zu illustrieren, für einen Augenblick zu General Powell zurückkehren. Nach der Beobachtung General Powells und anderer öffentlicher Redner wird eine kluge Person erkennen, dass großartige Redner scheinbar immer damit beginnen, ihrer Zuhörerschaft zu sagen, worüber sie sprechen werden. Und dann tun sie genau das. Und sie schließen damit, dass sie ihren Zuhörern in Erinnerung bringen, was sie gehört haben. Diese Reihenfolge ist das grundlegende Können des Redners:

1. Beginnen Sie immer damit, den Leuten zu erzählen, was Sie ihnen erzählen werden.
2. Erzählen Sie es ihnen.
3. Erzählen Sie ihnen, was Sie ihnen erzählt haben.

Befolgen Sie diese Reihenfolge der einzelnen Schritte, und Sie werden ein besserer Redner sein. Wenn unsere kluge Person sich noch etwas mehr damit beschäftigt, wird sie bald erkennen, dass General Powell, wie auch andere großartige Redner, nicht aus dem Stegreif sprach. Im Gegenteil, er wusste genau, welche Geschichten er erzählen würde, und es ist mehr als wahrscheinlich, dass er diese Geschichten laut sprechend geübt und dabei mit den Worten, der Betonung und dem Timing gespielt hatte. Unsere kluge Person könnte dann diese Einsicht aufgreifen und sie zum zweiten Teil des Könnens des öffentlichen Redners formalisieren.

1. Schreiben Sie jede Geschichte oder Tatsache oder jedes Beispiel auf, das Ihnen liegt.
2. Üben Sie durch lautes Vorsprechen. Hören Sie auf sich selbst, während Sie die Worte sprechen.
3. Diese Geschichten werden Ihre »Perlen«, wie die einer Halskette.
4. Alles, was Sie tun müssen, wenn Sie eine Rede halten, ist, Ihre Perlen in der richtigen Reihenfolge auf Ihren Faden aufzuziehen, und Sie werden dann eine Rede halten, die so natürlich klingt wie eine Unterhaltung.
5. Verwenden Sie Karteikarten oder einen Ordner, um neue Perlen für Ihre Kette zu sammeln.

Das Können versetzt Sie in die Lage, das System »trial and error« zu vermeiden und die besten Erkenntnisse, die Ihnen die besten Redner vermittelt haben, in Ihre eigene Leistung einzugliedern. Wenn Sie Ihre Stärken aufbauen wollen, sei es im Verkaufen, im Marketing, in der Finanzanalyse, im Fliegen oder in der Medizin, müssen Sie alle relevanten Fertigkeiten erlernen und üben.

Aber seien Sie vorsichtig. Fertigkeiten sind so verlockend hilfreich, dass sie ihre beiden Mängel verstecken. Der erste Mangel ist, dass, während Fertigkeiten Ihnen bei der Leistung helfen, sie Ihnen nicht helfen, sich auszuzeichnen. Wenn Sie das Können des öffentlichen Redens erlernen, können Sie es erreichen, ein besserer Redner als zuvor zu sein, aber ohne die erforderlichen Talente werden Sie niemals so gut werden wie General Powell. Powell ist mit einem Talent gesegnet, das ihn in die Lage versetzt, artikulierter zu sprechen, wenn er am Rednerpult steht. Auf irgendeine Weise filtert sein Gehirn die Gesichter der Menschen vor ihm, und es gibt ihm schnell mehr Worte, bessere Worte ein. Ohne dieses Talent könnten Sie die Reihenfolge der Fertigkeit schrittweise befolgen, aber Sie müssten immer noch darum kämpfen, einen vollendeten Vortrag zu halten. Genauso wie das Erlernen der Grammatik einer Sprache Ihnen nicht helfen wird, schöne Prosa zu schreiben, führt das Erlernen einer Fertigkeit nicht notwendigerweise zu einer beinahe perfekten Leistung. Ohne das zugrunde liegende Talent ist das Erlernen einer Fertigkeit eine Überlebenstechnik, kein Pfad zu Glanz zu Gloria.

Der zweite Mangel ist, dass einige Tätigkeiten sich schon fast per Definition einer Aufteilung in Einzelschritte entziehen. Nehmen Sie zum Beispiel das Einfühlungsvermögen. Einfühlungsvermögen ist das Talent, die Gefühle anderer Menschen zu erfassen. Gleichgültig wie klug Sie sind, können Sie Ihr Einfühlungsvermögen wirklich in eine Reihe von messbaren Schritten aufteilen? Gewiss ereignet sich Einfühlungsvermögen in einem Augenblick. Wenn Sie mit jemandem sprechen, bemerken Sie eine winzige Pause, bevor er den Namen einer Person ausspricht. Sie erkennen instinktiv, dass er jedes Mal eine Pause machte, wenn er den Namen dieser Person erwähnen wollte. Sie fragen ihn nach dieser Person, und bei seiner Antwort ist er ein wenig zu überschwänglich. Es liegt etwas in seiner Stimme. Er ist ein Dezibel zu laut, einen Ton zu positiv. Und genau in diesem Augenblick gibt Ihnen Ihr Verstand die Erklärung: Er ist zutiefst verärgert über diese Person.

Und genau dies macht das Einfühlungsvermögen aus – unmittelbar, augenblicklich, instinktiv. Wenn Sie darüber nachdenken, ist dies wahre Bestimmtheit. Dies ist es, was wahres strategisches Denken ausmacht. Dies ist es, was wahre Kreativität ausmacht. Unabhängig davon, wie klug der Beobachter ist, unabhängig davon, welche guten Absichten er hat, er wird diese Tätigkeiten nicht in vorplanbare Schritte aufteilen können. Tatsächlich können, wie Sie es vielleicht schon erlebt haben, diese Anstrengungen am Ende nur verwirren.

Folgendes Fazit lässt sich über das Können ziehen: Eine Fertigkeit zielt darauf ab, die Geheimnisse der Perfektion leicht übertragbar zu machen. Wenn Sie eine Fertigkeit erlernen, hilft sie Ihnen, etwas besser zu werden, aber sie gleicht einen Mangel an Talent nicht aus. Wenn Sie Ihre Stärken aufbauen wollen, erweisen sich Fertigkeiten tatsächlich als am wertvollsten, wenn sie mit echtem Talent kombiniert werden.

Talent
»Welche Aspekte Ihrer Persönlichkeit sind beständig?«

Wir haben auf den vorigen Seiten den Begriff »Talent« vorgestellt. Jetzt ist es an der Zeit, ihn etwas genauer zu untersuchen. Was ist Talent? Warum sind Ihre Talente beständig und einzigartig? Und warum sind Ihre Talente so wichtig beim Aufbauen der Stärken? Lassen Sie uns diese Fragen nacheinander untersuchen.

Was ist Talent? Talent wird oft als »besondere natürliche Fähigkeit oder Begabung« beschrieben, aber um Stärken aufzubauen, schlagen wir eine präzisere und umfassendere Definition vor, die aus unseren Untersuchungen über exzellente Manager abgeleitet ist. Talent ist jedes nachhaltige Denk-, Gefühls- oder Verhaltensmuster, das produktiv eingesetzt werden kann. Wenn Sie also instinktiv wissbegierig sind, so ist dies ein Talent. Wenn Sie leistungsstark sind, ist dies ein Talent. Wenn Sie charmant sind, ist dies ein Talent. Wenn Sie hartnäckig sind, ist dies ein Talent. Wenn Sie verantwortungsbewusst sind, ist dies ein Talent. *Jedes* nachhaltige Denk-, Gefühls- oder Verhaltensmuster ist ein Talent, wenn dieses Muster produktiv eingesetzt werden kann.

Nach dieser Definition können selbst scheinbar negative Charakterzüge Talente genannt werden, wenn sie produktiv eingesetzt werden können. Starrsinn? Starrsinnig zu sein, ist ein Talent, wenn Sie eine Aufgabe haben, bei der das Beharren auf einem Standpunkt angesichts überwältigenden Widerstandes eine Voraussetzung für den Erfolg ist – zum Beispiel für eine Verkaufstätigkeit oder für einen Anwalt im Gerichtssaal. Nervosität? Nervös zu sein ist ein Talent, wenn es Sie dazu veranlasst, sich zu fragen:»Was, wenn?«, potenzielle Fallgruben zu erwarten und Alternativpläne zu entwickeln. Diese Art der Szenario-Planung kann sich in einer Vielfalt von Aufgaben als sehr produktiv erweisen.

Selbst eine»Schwäche« wie die Lesestörung Dyslexie ist ein Talent, wenn Sie einen Weg finden, sie produktiv einzusetzen. David Boies leidet unter Dyslexie. Boies war der Anwalt der Regierung der Vereinigten Staaten im Anti-Trust-Prozess gegen den Software-Giganten *Microsoft*. Er war derjenige, der Bill Gates mit seinen hartnäckig höflichen Fragen während der Zeugenvernehmungen vor dem Prozess zermürbte und den Richter mit seiner klaren Darstellung der Sache der Regierung überzeugte. Seine Dyslexie lässt ihn vor langen, komplizierten Worten zurückschrecken. Er weiß, was diese Worte bedeuten, verwendet sie aber in seiner Argumentation nicht. Er selbst beschrieb das vor kurzem in einem Interview so:»Ich habe Angst, dass ich sie falsch ausspreche.« Zum Glück macht dieses Erfordernis, sich auf einfache Worte zu verlassen, seine Argumentationen sehr leicht nachvollziehbar. Außerdem erscheint er, ohne dass er dies notwendigerweise beabsichtigt, als Mann aus dem Volk mit gesundem Menschenverstand. Seine schlichte Sprache sendet die Botschaft aus:»Ich weiß auch nicht mehr als Sie. Ich versuche einfach nur, mit meinem Kopf um ein schwieriges Thema herumzukommen, genauso wie Sie.«

Für David Boies ist Dyslexie ein Talent, weil er einen Weg gefunden hat, sein nachhaltiges Muster produktiv einzusetzen und es durch die Kombination mit Wissen und Können in eine Stärke umzusetzen.

Dies ist offensichtlich ein extremes und seltenes Beispiel, aber es trifft den Kern der Sache: Ihre Talente sind jene nachhaltigen Denk-, Gefühls- und Verhaltensmuster, die Sie produktiv einsetzen können.

Warum sind Ihre Talente beständig und einzigartig? Was schafft diese nachhaltigen Muster in Ihnen? Wenn Sie sich nicht für Ihre Muster interessieren, können Sie dann ein neues stricken? Die Antworten auf diese Fragen lauten (a): Ihre nachhaltigen Muster werden von den Verbindungen in Ihrem Gehirn geschaffen, und (b): Nein, nach einem gewissen Alter werden Sie nicht mehr in der Lage sein, ein vollkommen neues Muster zusammenzustellen – Ihre Talente sind dauerhaft.

Angesichts der riesigen Geldsummen, die Unternehmen für Weiterbildungsprogramme ausgeben, mit denen versucht wird, die Gehirne der Menschen auf Einfühlungsvermögen oder Wettbewerbsorientierung oder strategisches Denken umzuformen, sollten wir (b) näher erklären. Zum Glück erklärt die erste Antwort die zweite. Wenn Sie wissen, wie die Fäden in Ihrem Gehirn verwoben sind, wissen Sie auch, warum sie so schwer neu zu ordnen sind. Deshalb lassen Sie uns (a) näher betrachten.

Das Gehirn ist ein seltsames Organ, weil es rückwärts zu wachsen scheint. Ihre Leber, Ihre Nieren und, Gott sei Dank, Ihre Haut beginnen alle klein und werden allmählich größer, bis sie die für den Erwachsenen richtige Größe erreichen. Mit Ihrem Gehirn geschieht das Gegenteil. Ihr Gehirn wird sehr schnell sehr groß und schrumpft dann zum Erwachsensein. Am seltsamsten ist, dass während Ihr Gehirn immer kleiner wird, Sie immer klüger werden.

Das Geheimnis, das diesem verkehrt herum erfolgenden Wachstum Sinn verleiht, ist in dem zu finden, was »Synapse« genannt wird. Eine Synapse ist eine Kontaktstelle zwischen zwei Gehirnzellen, die die Zellen (auch Neuronen genannt) in die Lage versetzt, miteinander zu kommunizieren. Diese Synapsen sind Ihre Züge, und Sie müssen etwas über sie wissen, weil, wie es in einem Lehrbuch über Neurologie geschrieben steht: »Verhalten von der Bildung geeigneter Verbindungen zwischen Neuronen im Gehirn abhängt.«

Einfacher ausgedrückt: Ihre Synapsen schaffen Ihre Talente.

Und wie sind Ihre synaptischen Verbindungen nun aufgebaut? 42 Tage nachdem Sie gezeugt werden, erlebt Ihr Gehirn einen Wachstumsspurt von vier Monaten. Tatsächlich wird das Wort »Spurt« dem schieren Ausmaß dessen, was geschieht, nicht gerecht. An Ihrem

42. Tag bilden Sie Ihr erstes Neuron, und 120 Tage später haben Sie 100 Milliarden davon. Das sind in jeder Sekunde 9500 neue Neuronen. Aber sobald sich diese Explosion legt, ist der größte Teil des Neuronen-Dramas vorbei. Sie haben 100 Milliarden, wenn Sie geboren werden, und Sie haben noch etwa gleich viele bis zum Ende des mittleren Lebensalters.

An anderer Stelle in Ihrem Gehirn beginnt jedoch jetzt das wirkliche Drama, das Synapsen-Drama. 60 Tage vor Ihrer Geburt beginnen Ihre Neuronen mit dem Versuch, miteinander zu kommunizieren. Jedes Neuron greift nach – buchstäblich, es greift nach – einem Axon genannten Faden und versucht, eine Verbindung herzustellen. Wann immer sie entsteht, ist eine Synapse gebildet, und während der ersten drei Jahre Ihres Lebens erweisen sich Ihre Neuronen als phänomenal erfolgreich im Herstellen dieser Verbindungen. Tatsächlich hat bis zum Alter von drei Jahren jedes Ihrer 100 Milliarden Neuronen 15 000 synaptische Verknüpfungen mit anderen Neuronen gebildet. Um es klar auszudrücken, das sind 15 000 Verbindungen für *jedes* Ihrer 100 Milliarden Neuronen. Das Muster Ihrer Fäden, umfangreich, kompliziert und einzigartig, ist gewebt.

Aber dann geschieht etwas Eigenartiges. Aus irgendeinem Grund drängt die Natur Sie jetzt, eine ganze Menge Ihrer sorgfältig gewebten Fäden zu ignorieren. Wie bei den meisten Dingen im Leben gehen Fäden, die vernachlässigt werden, irreversibel zurück, und so beginnen in Ihrem ganzen Netz die Verkettungen zu brechen. Sie werden so unaufmerksam gegenüber Teilen Ihres mentalen Netzes, dass Sie zwischen Ihrem dritten und fünfzehnten Lebensjahr Milliarden um Milliarden dieser sorgfältig geknüpften synaptischen Verbindungen verlieren. Bis zu dem Tag, an dem Sie an Ihrem 16. Geburtstag aufwachen, ist die Hälfte Ihres Netzes verschwunden.

Und die schlechte Nachricht ist, dass Sie es nicht neu aufbauen können. Ja, im Verlaufe Ihres Lebens behält Ihr Gehirn etwas von seiner frühen Formbarkeit. Zum Beispiel scheint es heute erwiesen, dass Lernen und Erinnern die Bildung neuer synaptischer Bahnen erfordern, ebenso wie man herausfinden muss, wie man mit dem Verlust eines Gliedes oder des Augenlichtes fertig wird. Jedoch ändert sich in der praktischen Hinsicht der Aufbau Ihres mentalen Netzes mit seiner Skala von stärkeren bis zu schwächeren Verbindungen nach Ihrem 15. Lebensjahr kaum.

Dies alles hört sich sehr eigenartig an. Warum sollte die Natur dies tun? Warum wendet sie soviel Energie auf, dieses Netz zu schaffen, nur um später große Stücke davon verwelken und sterben zu lassen? Die Antwort auf diese Frage ist, wie der Pädagoge John Bruer es in seinem Buch *The Myth of the First Three Years* beschrieben hat, dass wenn es um das Gehirn geht, »weniger mehr ist«. Eltern hängen schwarz-weiße Mobiles über die Wiege und spielen Mozart-CDs, um die Synapsenbildung in ihrem Kind zu stimulieren, aber sie verfehlen das Ziel. Es ist nicht so, dass Sie umso klüger oder leistungsfähiger sind, je mehr synaptische Verbindungen Sie haben. Stattdessen ist es so, dass Ihre Klugheit und Ihre Leistungsfähigkeit davon abhängen, wie gut Sie Ihre stärksten Verbindungen nutzen. Die Natur zwingt Sie, Milliarden von Bahnen zu unterbrechen, damit Sie frei sind, die verbleibenden zu nutzen. Die Verknüpfungen zu verlieren, ist nichts, worum man sich Sorgen machen muss, sondern es ist das Ziel.

Im Anfang gibt Ihnen die Natur mehr Verkettungen, als Sie jemals brauchen werden, weil Sie während dieser ersten Jahre so viel aufzunehmen haben. Aber das Aufnehmen ist alles, was Sie tun. Sie verstehen Ihre Welt noch nicht. Sie können es nicht, weil Sie mit diesem Übermaß an Verbindungen von so vielen Signalen aus so vielen verschiedenen Richtungen überfordert sind. Um Ihre Welt zu verstehen, müssen Sie einen Teil dieses Tumults in Ihrem Kopf unterdrücken. Die Natur hilft Ihnen im nächsten Jahrzehnt genau hierbei. Ihr genetisches Erbe und die Erfahrungen Ihrer frühen Kindheit helfen Ihnen dabei, einige Verbindungen glatter zu finden und leichter zu nutzen als andere – vielleicht die Leistungsverbindung oder die Verbindung der Wissbegierde oder die Verbindung des strategischen Denkens. Sie werden immer wieder auf diese Bahnen gebracht, bis sie fester und straffer werden. Um eine Analogie aus dem Internet zu nutzen, sind dies Ihre superschnellen T1-Leitungen. Hier sind die Signale laut und stark.

In der Zwischenzeit welken andere Ketten in anderen Teilen Ihres

Netzes unbeachtet und ungenutzt dahin. Es ist keinerlei Signal zu hören. Wenn Sie zum Beispiel schließlich eine T1-Leitung für die Leistung haben, können Sie, wenn Sie Zahlen sehen, nicht anders, als Ihre Leistung mit der anderer Menschen zu vergleichen. Oder wenn Sie eine T1-Leitung für Wissbegierde bekommen, sind Sie ein Mensch, der nicht anders kann, als zu fragen:»Warum?«. Auf der anderen Seite können Sie Ihre Verbindung verlieren, die Sie im Mittelpunkt des Interesses stehen lässt. Anders als bei Colin Powell gefriert Ihr Hirn, wenn Sie die Augen des Publikums auf sich gerichtet fühlen. Oder Sie haben vielleicht keine Verbindung für Einfühlungsvermögen. Rational verstehen Sie, dass Einfühlungsvermögen wichtig ist, aber von Augenblick zu Augenblick können Sie einfach nicht die Signale aufnehmen, die andere Menschen aussenden.

Auf mikroskopischer Ebene erklärt Ihr mentales Netz, das von glatten T1-Leitungen bis hinunter zu unterbrochenen Verbindungen reicht, warum gewisse Verhaltensweisen und Reaktionen »das richtige Gefühl« für Sie sind, während andere, gleichgültig, wie intensiv Sie üben, immer gestelzt und gezwungen erscheinen. Genauso sollte es sein. Wenn die Natur Ihr Netz nicht auf eine kleine Anzahl stark geformter Leitungen zurechtstutzen würde, würden Sie niemals erwachsen werden. Sie würden immer ein Kind bleiben, eingefroren in der Überlastung der Sinne.

Der Autor Jorge Borges stellte sich vor, wie ein solcher Charakter sein könnte. Er erzählte von einem Jungen, »besessen von einem unendlichen Gedächtnis. Nichts entgeht ihm; seine gesamte heutige und frühere Sinneswahrnehmung bleibt in seinem Geist; ertrunken in Einzelheiten, unfähig, die wechselnden Formationen aller Wolken, die er je gesehen hat, zu vergessen, kann er keine normalen Gedanken bilden und deshalb ... nicht denken.« Ein solcher Junge wäre nicht in der Lage, zu fühlen oder Beziehungen aufzubauen oder Entscheidungen irgendeiner Art zu treffen. Es würden ihm die Persönlichkeit, Vorlieben, Urteilsfähigkeit und Leidenschaft fehlen. Er wäre talentlos.

Um Ihnen dieses Schicksal zu ersparen, verstärken die Natur und die Erziehung einige Verbindungen und lassen Milliarden anderer dahinwelken. Und so treten Sie hervor – ein ausgeprägtes, talentiertes

Individuum, gesegnet und/oder verdammt, auf die Welt in Ihrer eigenen, dauerhaft einzigartigen Weise zu reagieren.

Viele von uns finden es schwer, sich von dieser dauerhaften Einzigartigkeit überzeugen zu lassen. Unsere Talente fliegen uns so leicht zu, dass wir ein falsches Gefühl der Sicherheit bekommen: Sieht nicht jeder die Welt so, wie ich sie sehe? Hat nicht jeder ein Gefühl der Ungeduld, mit diesem Projekt zu beginnen? Möchte nicht jeder Konflikte vermeiden und eine gemeinsame Basis finden? Kann nicht jeder die Hindernisse sehen, die im Wege liegen, wenn wir diesen Weg beschreiten? Unsere Talente erscheinen uns so natürlich, dass sie zum gesunden Menschenverstand zu werden scheinen. Auf eine Weise ist es sehr bequem zu glauben, dass der »Sinn«, den wir in der Welt sehen, allen »gemeinsam« ist.

Aber in Wahrheit ist unser Sinn überhaupt nicht gemeinsam. Der Sinn, den wir in der Welt sehen, ist individuell. Unser »Sinn«, unser nachhaltiges Denk-, Gefühls- oder Verhaltensmuster, wird von unserem einzigartigen mentalen Netz bewirkt. Dieses Netz wirkt wie ein Filter, der die Welt, die wir antreffen, sortiert und aussiebt und uns auf einige Anregungen ansprechen und andere völlig verfehlen lässt.

Um dies zu veranschaulichen, stellen Sie sich vor, dass Sie mit fünf Bekannten in einem beliebten Restaurant zum Essen Platz nehmen. Sagen wir, dass Sie mit dem Talent des Einfühlungsvermögens gesegnet sind, und deshalb bewirkt in Situationen wie dieser Ihr mentaler Filter, dass Sie sich fragen, wie sich Ihre Freunde heute Abend fühlen. Sie lächeln jeden an, stellen einige Fragen und beginnen instinktiv, Ihre Frequenz abzustimmen, um die von jedem Einzelnen ausgehenden emotionalen Signale aufzufangen. Und während Sie sich in der Runde umsehen, ist es verlockend – und, um offen zu sein, leichter – anzunehmen, dass ungefähr dieselben Gedanken durch jedermanns Kopf gehen.

Aber das ist natürlich nicht so. Einer Ihrer Begleiter hat sich dafür entschuldigt, dass er zu spät gekommen ist, und fragt sich, ob er zum Ausgleich die Zeche bezahlen soll. Wie wir später beschreiben werden, ist dies das Talent *Verantwortungsgefühl*. Ein anderer versucht zu erraten, was jeder von Ihnen heute abend bestellen wird – das Talent

Einzelwahrnehmung. Die dritte hofft, dass es ihr gelingt, sich auf den Stuhl neben ihrem besten Freund zu drängeln, damit sie die Chance hat, »sich wirklich mit ihm zu beschäftigen« – das Talent *Bindungsfähigkeit,* des Aufbauens tiefgehender Beziehungen. Wiederum eine andere sorgt sich, dass zwei der Gruppe sich wieder streiten werden, »wie das letzte Mal, als wir alle ausgingen«, und überlegt deshalb, wie sie die Unterhaltung von brisanten Themen wegsteuern kann – das Talent *Harmoniestreben,* einen Konsens zu finden. Ihr letzter Tischpartner nimmt von alledem nichts wahr und probt in Gedanken eine spaßige Geschichte, die er hofft, später erzählen zu können – das Talent *Kommunikationsfähigkeit,* des Erlebens der Dramatik in Worten.

Fünf Freunde in derselben Situation, jeder filtert sie in einer Weise, die sich von Ihrer grundlegend unterscheidet. In einem sozialen Kontext können diese einzigartigen Filter erklären, warum Sie sechs so lebhafte Gespräche haben, und warum jeder von ihnen den anderen ein wenig mysteriös erscheint. Im Zusammenhang mit der Arbeit bietet die Tatsache, dass der Filter jeder Person einzigartig ist, eher praktische Erklärungen. Haben Sie zum Beispiel jemals versucht, jemanden davon zu überzeugen, die Dinge so wie Sie zu sehen und sind damit fehlgeschlagen, obwohl Sie eine einfache, leicht verständliche Sprache gebraucht haben? Das kann sehr frustrierend sein. Sie erzählten ihm, wie es ist, Sie legten die Dinge klar und überzeugend dar, und doch ging er davon und tat etwas völlig anderes. Hatte er nicht zugehört? Wenn es ihm nicht recht war, warum sagte er das nicht einfach? Warum müssen Sie mit ihm immer wieder dasselbe Gespräch führen?

Es ist jetzt offenkundig, dass die Antwort auf all diese Fragen nicht darin besteht, dass er nicht zuhörte, oder dass er absichtlich das Gegenteil tat. Die Antwort ist, dass er nicht mit Ihren Augen sehen konnte. Sein Filter erlaubte ihm dies nicht. Er verstand Ihre Worte, aber er konnte Ihre Welt nicht sehen. Stellen Sie sich vor, Sie versuchen, einem Farbenblinden die Farbe Purpur zu erklären, und Sie werden eine Vorstellung davon bekommen, was mit dieser Person geschieht. Unabhängig davon, wie gewandt Sie Purpur beschreiben, er wird es niemals sehen.

Vielleicht betont dies unseren angeborenen Abstand voneinander zu sehr. Offenkundig sind wir trotz unserer Einzigartigkeit nicht vollkommen isoliert. Jeder von uns teilt viele Gedanken und Gefühle mit seinem Nachbarn. Unabhängig von der Kultur, in der wir erzogen wurden, ist jeder von uns mit Emotionen wie Furcht, Schmerz, Scham und Stolz vertraut. In seinem vor kurzem erschienenen Buch *How the Mind Works* beschreibt Steven Pinker, Professor am Massachusetts Institute of Technology, ein berühmtes Experiment, welches die Vorstellung widerlegt, dass Individuen aus verschiedenen Kulturen grundverschiedene Persönlichkeiten haben. Einige Soziologen zeigten Hochlandbewohnern in Neuguinea eine Reihe von Fotografien von Studenten der Universität Stanford. Jedes Bild zeigte das Gesicht eines amerikanischen Studenten unter dem starken Eindruck eines extremen Gefühls: Glück, Liebe, Abscheu oder Schmerz. Die Soziologen baten dann die Eingeborenen, die Emotionen jedes Gesichtes zu benennen. Obwohl ihnen Fotografien nicht vertraut waren und angloamerikanische Gesichtszüge erst recht nicht, erkannten sie jede einzelne Gefühlsregung.

In einer gewissen Weise ist dies eine erfreuliche Entdeckung. Sie stärkt die Vorstellung, dass wir unabhängig von unserem kulturellen Erbe in der Tat Beziehungen zueinander aufbauen können. Jedoch widerlegen Entdeckungen wie diese nicht das, was wir über die Einzigartigkeit des Filters jedes Individuums gesagt haben. Die Grenzen der menschlichen Erfahrung sind nicht unendlich, (wenn Sie noch nie Emotionen wie Schmerz, Furcht oder Scham erlebt haben, sind Sie entweder ein Soziopath oder ein Außerirdischer), aber innerhalb dieser Grenzen gibt es eine breite Streuung und eine große Vielfalt. Unabhängig von Rasse, Geschlecht oder Alter lieben manche Menschen Druck, und manche hassen ihn, manche stehen gern im Rampenlicht, und andere fühlen sich wohl in der Menge, manche genießen die Konfrontation, und andere streben nach Harmonie.

Die interessantesten Unterschiede zwischen Menschen sind selten abhängig von Rasse, Geschlecht oder Alter. Sie sind eine Funktion des Netzes der mentalen Verbindungen jeder Einzelperson. Falls Sie individueller Angestellter sind, der sowohl für seine Leistung wie für das Ausrichten seiner eigenen Karriere verantwortlich ist, ist es wichtig, dass Sie ein genaues Verständnis dafür gewinnen, wie Ihre mentalen

Verbindungen geformt sind. Als Manager müssen Sie sich außerdem die Zeit nehmen, die unterschiedlichen Talente Ihrer Mitarbeiter zu erkennen. Im nächsten Kapitel werden wir Ihnen mithilfe einiger Hinweise auf Talent und das StrengthsFinder-Profil helfen, genau dies zu tun. Aber vorher muss eine letzte Frage beantwortet werden.

Warum sind Ihre Talente so wichtig für den Aufbau Ihrer Stärken? Die Feuerprobe für eine Stärke ist, dass Sie etwas beständig und beinahe perfekt tun können. Indem wir Ihre Talente als Ihre stärksten synaptischen Verbindungen definieren, können wir nun sehen, warum es unmöglich ist, eine Stärke ohne ein ihr zugrunde liegendes Talent aufzubauen.

Jeden Tag müssen Sie bei Ihrer Arbeit Entscheidungen treffen. Ihre Talente, Ihre mentalen T1-Leitungen, beherrschen die Entscheidungsfindung. Es geht hier nicht um die großen Entscheidungen wie die Frage, ob eine Fabrik von den Vereinigten Staaten nach Europa verlegt wird, oder ob jemand vom Verkauf in das Marketing versetzt wird. Es geht uns um die tausend kleinen Entscheidungen, mit denen Sie während des ganzen Tages konfrontiert werden. Während Sie an Ihrem Schreibtisch sitzen, schauen Sie auf die vor Ihnen ausgebreiteten Akten. Welche sollten Sie öffnen? Diejenige, die nur sehr wenig Arbeit erfordert, oder die schwierige, für die Sie wahrscheinlich den ganzen Vormittag brauchen werden? Sie öffnen die zweite. So sind Sie. Sie ziehen es vor, zuerst die schwierige Arbeit anzugehen. Dann klingelt das Telefon. Lassen Sie es klingeln, weil Sie lieber erst Ihre Arbeit beenden, oder heben Sie ab? Wenn Sie abheben, erkennen Sie die Stimme des Anrufers? Erinnern Sie sich an seinen Namen? Welchen Tonfall schlagen Sie an? Wenn er Sie mit einem Problem konfrontiert, fallen Sie ihm sofort mit Ihrer Verteidigung ins Wort oder ermöglichen Sie es ihm, in Ruhe auszusprechen? Diese kleinen Entscheidungen stellen sich eine nach der anderen in einer endlosen Prozession.

Da Sie nicht jede winzige Entscheidung intellektuell abarbeiten können, sind Sie gezwungen, instinktiv zu reagieren. Ihr Gehirn tut das, was die Natur immer in Situationen wie dieser tut: Es findet und folgt dem Weg des geringsten Widerstands, Ihren Talenten. Eine Entscheidung steht an, Sie werden sofort auf einer Ihrer T1-Leitungen hinuntergejagt und – voilà – die Entscheidung ist getroffen. Eine andere Wahl. Wieder eine Reise auf der T1-Leitung. Eine weitere Entscheidung. Die Summe dieser winzigen Entscheidungen – sagen wir tausend am Tag – ist Ihre Arbeitsleistung dieses Tages. Multiplizieren Sie diese Zahl mit fünf, und Sie erhalten Ihre Leistung in der Woche. Multiplizieren Sie sie, sagen wir mit 240 Arbeitstagen, und Sie haben Ihre Leistung für das Jahr. Ungefähr 240 000 Entscheidungen, und Ihre Talente, Ihre stärksten synaptischen Verbindungen, haben jede einzelne davon getroffen.

Dies erklärt, warum es buchstäblich unmöglich ist, eine beinahe perfekte Leistung dadurch zu bewirken, dass man jemandem eine neue Fertigkeit beibringt. Wie wir zuvor beschrieben haben, erlernen Sie beim Lernen einer neuen Fertigkeit die einzelnen Schritte einer Tätigkeit. Mit dem Lernen mögen Sie einige neue Verbindungen weben, aber Sie lernen *nicht*, Ihr gesamtes Netzwerk neu zu weben. Die neue Fertigkeit, die Sie gerade erworben haben, kann in einige Entscheidungen eingreifen und Sie wieder auf eine Ihrer schwächeren Verbindungen ausrichten, aber nur auf wenige. Die Entscheidungen sind zu zahlreich und zu unmittelbar, als dass die Fertigkeit Ihre T1-Leitungen komplett blockieren und eine beständige und wesentliche Änderung Ihres Verhaltens bewirken könnte. Fertigkeiten bestimmen, ob Sie etwas tun *können,* während Talente etwas viel Wichtigeres offenbaren: *wie gut und wie oft Sie es tun.*

Wenn Ihnen zum Beispiel das Talent Einfühlungsvermögen fehlt, aber Sie an einem Kursus über Einfühlungsvermögen teilgenommen haben, können Sie wissen, dass Sie nach emotionalen Hinweisen ausschauen sollten, oder dass Sie einer Person vermitteln, dass Sie das Gesagte verstanden haben, damit sie sich »erhört« fühlt. In der Hitze des Gespräches kann Ihr Gehirn Sie jedoch wieder entlang Ihrer T1-Leitungen führen, die leider nichts mit Einfühlungsvermögen zu tun haben. Deshalb unterbrechen Sie, wenn Sie »Feedback geben« sollten. Sie schauen weg, wenn Sie »Augenkontakt halten« sollten. Sie merken, wie Sie selbst auf Ihrem Sitz hin und her rutschen, selbst wenn Ihre

Körpersprache »offen und entgegenkommend« sein sollte. Gelegentlich mag Ihr rationaler Geist Sie daran erinnern, eine Pause einzulegen oder offene Fragen zu stellen, aber selbst hier sind Ihre Pausen etwas zu lang, Ihre Fragen ein wenig zu pointiert. Alles in allem bleibt Ihre Leistung trotz Ihrer guten Absichten unbeholfen und sprunghaft, die Karaoke-Version des Einfühlungsvermögens.

Natürlich, eine Karaoke-Version kann manchmal besser sein als gar keine. Wenn Sie so gleichgültig gegenüber den Gefühlen anderer Menschen sind, dass Sie Ihre ganze Umgebung ablehnen, mag eine Erinnerung daran, dass Sie von Zeit zu Zeit pausieren oder offene Fragen stellen sollten, gerade die von Ihnen benötigte Hilfe sein. Entscheidend ist hier jedoch nicht, dass Sie immer auf diese Art der Schwächenbehebung verzichten sollten. Entscheidend ist, dass Sie es als das sehen sollten, was es ist: Schadensbegrenzung, nicht Entwicklung. Und wie wir zuvor erwähnt haben, kann Schadensbegrenzung einen Fehlschlag verhüten, aber sie wird Sie nie zur ausgezeichneten Leistung führen.

Einige stellen die Vorstellung infrage, dass ihr mentales Netz nach ihrem 16. Lebensjahr relativ gefestigt ist. Mit dem Hinweis auf das synaptische Wachstum in überstimulierten erwachsenen Ratten und in erwachsenen amputierten Menschen behaupten sie, dass das Gehirn sich bei ausreichender Übung und Wiederholung neu bildet. Oberflächlich gesehen haben sie Recht. Erwachsene Ratten in einer anregenden Rattenwelt von Labyrinthen, Aufgaben und Spielen bilden mehr Synapsen als ihre gelangweilten Brüder in leeren Käfigen. Ähnlich erlebt ein erwachsener Mensch, dem ein Glied amputiert wurde, eine mentale Neubildung, während das Gehirn versucht, sein Gleichgewicht wiederzufinden. Die Befürworter dieser Theorie strecken die Auswirkungen dieser Entdeckungen jedoch zu weit, wenn sie sagen, dass Sie aktiv versuchen sollten, Ihr Gehirn durch Training und Wiederholung umzubilden.

Wenn auch das Lernen durch Üben zu einigen neuen Verbindungen führen kann, wird es Ihnen nicht helfen, neue, superschnelle T1-Leitungen zu schaffen. Ohne das zugrunde liegende Talent wird Training keine Stärke bilden. Auch ist die Wiederholung bei dem Versuch, neue Synapsen-Bahnen zu formen, einfach eine untaugliche Lernweise. Wie John Bruer in *The Myth of the First Three Years* beschreibt, hat die Natur drei Wege des Lernens für einen Erwachsenen gebildet: weiterhin die bestehenden synaptischen Ketten zu stärken (wie es geschieht, wenn Sie ein Talent mit entsprechenden Fertigkeiten und Wissen perfektionieren), weiterhin mehr von Ihren belanglosen Verknüpfungen zu verlieren (was auch geschieht, wenn Sie sich auf Ihre Talente konzentrieren und andere Verbindungen absterben lassen), oder einige weitere synaptische Verbindungen zu entwickeln. Die ineffizienteste der drei Arten ist die letzte, weil Ihr Körper beim Schaffen der biologischen Infrastruktur (Blutgefäße, alphaintegrine Proteine und Ähnliches) relativ große Energiemengen erzeugen muss, um diese neuen Verbindungen zu bilden.

Schließlich liegt die Gefahr des wiederholten Trainings ohne zugrunde liegendes Talent darin, dass Sie ausbrennen, bevor sich irgendeine Verbesserung zeigt. Um sich in irgendeiner Tätigkeit zu verbessern, ist Beharrlichkeit erforderlich. Um der Versuchung des Nachlassens zu widerstehen, brauchen Sie Brennstoff. Sie brauchen einen Weg, um aus dem Prozess der Verbesserung Energie abzuleiten, sodass Sie sich stetig verbessern können. Wenn Sie wiederholt versuchen, eine unterbrochene Verbindung zu flicken, geschieht leider das Gegenteil. Es entzieht Ihnen Energie. Unabhängig davon, wie gut das Training konzipiert ist, bleiben Ihre Bewegungen ruckartig und zusammenhanglos. Sie üben und üben, aber es wirkt noch immer unnatürlich und unbefriedigend. Und weil keine psychische Stärkung eintritt, ist es schwierig, sich immer wieder selbst anzuspornen. Eine unterbrochene Verbindung zu flicken, kann schnell zu einer befremdenden, undankbaren Aufgabe werden.

Die meisten Unternehmen ignorieren die verheerenden Auswirkungen, indem sie sich sehr auf das Beheben von Schwächen konzentrieren. Und ironischerweise haben jüngere Fortschritte in der Ausbildungsmethodik die Situation nur noch verschlechtert. Heute weisen die meisten Methoden der Weiterbildung darauf hin, dass »Lernen kein Ereignis, sondern ein Prozess ist«, und so wird der Schwerpunkt auf die weitere Unterstützung gelegt, die den Teilnehmern *nach* dem

Unterricht geboten wird. Diese Methode ist fruchtbar, solange die Teilnehmer das erforderliche Talent besitzen. Wenn dies jedoch nicht der Fall ist, wird diese Art des Trainings unvermeidbar die gegenteilige Reaktion bewirken. Anstatt dauerhafte Verbesserung bei den Teilnehmern zu bewirken, wird sie sie zermürben.

Stellen Sie sich einen Mitarbeiter vor, der darum kämpft, strategisch zu denken. Er wird von seiner Firma ermutigt, an ihrem neuesten Ausbildungsprogramm für Strategiewissen teilzunehmen. Nach diesem Kursus wird dann jemand eingeteilt, der ihn einige Monate weiter unterstützt. Dieser »Coach« beobachtet ihn in Gesprächen, bewertet sein strategisches Denken, weist auf seine winzigen Verbesserungen hin, und unterbreitet Vorschläge, wie er sich in den Gebieten, in denen er noch Schwächen zeigt, verbessern kann. All dies soll helfen, aber können Sie sich für den Mitarbeiter etwas Lästigeres vorstellen? Jeden Tag erinnert ihn sein »Coach« an die von ihm verpassten Einsichten, die Hinweise, die er nicht bemerkte, die Beziehungen, die litten. Und jeden Tag wird der Mitarbeiter etwas verwirrter, ein wenig frustrierter und sehr viel weniger selbstsicher.

Stellen Sie diesem Dilemma das Gefühl gegenüber, das Sie haben, wenn Sie Ihre Talente wiederholt nutzen. Talente haben nicht nur die Eigenschaft »der Unveränderbarkeit«, sondern auch die Eigenschaft »des guten Gefühls«. Die Natur hat Sie so geschaffen, dass bei Ihren stärksten Verbindungen die Signale in beide Richtungen fließen. Ihr Talent lässt Sie in einer gewissen Weise reagieren, und sofort scheint ein gutes Gefühl die T1-Leitung hinaufzuschießen. Mit diesen hin- und herfließenden Signalen hat man ein Gefühl, als ob die Leitung schwingt, summt. Dies ist das Gefühl beim Gebrauch eines Talents.

Indem die Natur Talente mit ihrem eigenen eingebauten Rückkopplungsmechanismus versah, hat sie sichergestellt, dass Sie immer wieder versuchen, Ihre Talente zu nutzen. In einem gewissen Sinne sind Talente der Versuch der Natur, ein Perpetuum mobile zu schaffen. Die Natur lässt Sie auf die Welt in einer gewissen nachhaltigen Weise reagieren, und wenn Sie erleben, dass diese Reaktionen Sie befriedigen, drängt sie Sie immer wieder, bis ins Unendliche, so zu reagieren. Während wir zwar immer noch über die 2 216 aufeinander folgenden

Baseball-Spiele, Bettinas 21 Jahre Zimmer reinigen und Charles Schulz' 41 Jahre Zeichnen von Cartoons verblüfft sein sollten, können wir so zumindest erklären, woher sie ihren Brennstoff bekamen.

★ ★ ★

Ihre Talente, Ihre stärksten synaptischen Verbindungen sind das wichtigste Rohmaterial für den Aufbau von Stärken. Erkennen Sie Ihre stärksten Talente, verfeinern Sie sie mit Können und Wissen, und Sie befinden sich auf dem besten Wege, ein starkes Leben zu führen. So kommt nun die unvermeidliche Frage: Wenn Talente lebenswichtig für das Aufbauen von Stärke sind, wie können Sie Ihre eigenen erkennen? Die Ironie liegt darin, dass Ihre Talente jede von ihnen getroffene Entscheidung beeinflussen, und Sie deshalb bereits bestens vertraut mit Ihren Talenten sind. Doch sie sind so einflussreich, so mit dem Gewebe Ihres Lebens verwoben, dass das Muster jedes einzelnen schwer erkennbar ist. Da sie unsichtbar sind, entziehen sie sich der Beschreibung. Aber sie hinterlassen Spuren. Wie wir als Nächstes sehen werden, müssen Sie, um Ihre Talente genau zu bestimmen, die Weise ändern, in der Sie sich selbst sehen – damit Sie diese Spuren lesen können.

Teil II

Entdecken Sie den Ursprung Ihrer Stärken

Kapitel 3
Der StrengthsFinder

- Die Spuren des Talents
- Das StrengthsFinder-Profil

Die Spuren des Talents
»Wie können Sie Ihre eigenen Talente erkennen?«

Zuallererst: Wenn Sie Ihre Talente entdecken wollen, beobachten Sie Ihre *spontanen, unmittelbaren Reaktionen* auf Situationen, die Sie erleben. Diese unmittelbaren Reaktionen bieten die besten Hinweise auf Ihre Talente. Sie offenbaren den Ort starker mentaler Bindungen.

Kathie P., eine leitende Angestellte einer Software-Firma, gab als Beispiel eine dramatische Situation. Sie war auf dem Weg zur jährlichen Verkaufstagung ihres Unternehmens in der Dominikanischen Republik. In ihren winzigen Sitz gedrängt, blickte sie umher, um zu sehen, wer den Inselhüpfer mit ihr teilte. Lässig ausgebreitet auf der hinteren Sitzreihe des Flugzeugs saß Brad, der aggressive, eigensinnige und ungeduldige Geschäftsführer. Vor ihm saß Amy, ein Genie, was die Einzelheiten des Software-Designs angeht, die beste Kraft der Firma. Ihr gegenüber hatte Martin seinen Platz, ein geselliger, charmanter Engländer, der ganz allein durch sein Netz von Beziehungen ihr nachlassendes Geschäft in Europa wieder angekurbelt hatte. Und dann war da noch der Leiter des Marketings, Gerry, ein Langweiler, der wie gewöhnlich seinen Sitz neben Brad errungen hatte.

»Die Probleme begannen unmittelbar nach dem Start«, erinnerte sich Kathie. »Wir waren gerade über den Wolken, als der Alarm losging. Ich hatte nicht einmal gewusst, dass Flugzeuge Alarmsirenen haben, aber plötzlich begann es zu iahen wie ein Esel – iiaah – iiaah – und erfüllte die Kabine mit diesem fürchterlichen Lärm. Die Kabinenlichter gingen aus, und die Warnlichter begannen zu blinken. Während ich fühlte, wie das Flugzeug durchsackte, scheinbar in einer oder zwei Sekunden um 300 Meter, schaute ich durch die offene Kabinentür. Ich sah, wie beide Piloten – die Nacken rot und steif – sich ansahen. Ich spürte sofort, dass keiner von den beiden eine Vorstellung davon hatte, was los war.«

»Es war ein Augenblick der Ruhe in der Kabine – Schock, glaube ich – und dann begannen alle auf einmal zu sprechen. Amy reckte den Hals herüber und sagte: ›Kathie, kannst du die Instrumente sehen?‹ Martin zog eine kleine Flasche Smirnoff aus seiner Tasche und rief scherzhaft aus: ›Gönnt mir wenigstens meinen letzten Schluck!‹ Gerry begann vor- und rückwärts zu wippen und murmelte: ›Wir werden alle sterben. Wir werden alle sterben.‹ Brad war sofort an der Cockpittür. Ich weiß heute noch nicht, wie er sich aus dem hinteren Sitz herausgezwängt hatte, aber er stand da, und schrie mit voller Lautstärke: ›Was zur Hölle glaubt ihr, was ihr Kerle hier oben macht?‹«

»Ich? Was ich machte?«, sagte Kathie. »Aufpassen, denke ich, wie immer. Das Kuriose war, dass mit dem Flugzeug alles in bester Ordnung war. Ein fehlerhaftes System hatte den Alarm ausgelöst, und dann waren die Piloten einfach in Panik geraten und hatten die Maschine in einen steilen Sturzflug gedrückt.«

Jede dieser Reaktionen unter extremem Stress enthüllte dominierende Talente und trug in gewissem Maße dazu bei, die Leistung jeder der Personen bei der Arbeit zu erklären. Kathies scharfe Beobachtungen der menschlichen Natur trugen ohne Zweifel zu ihrem Erfolg als Managerin bei. Amys instinktives Verlangen nach Präzision war die Grundlage ihres Genies im Software-Design. Martins Fähigkeit, in jeder Situation den Humor zu bewahren, hatte ihn vermutlich bei seinem wachsenden Netz europäischer Kunden beliebt gemacht. Brads Drang, das Kommando zu übernehmen, machte ihn zum geborenen Führer. Selbst Gerrys Gejammer war eine Bestätigung für seinen Argwohn, der aber kein echtes Talent ist, denn es ist schwer zu erkennen, wo und wie er produktiv eingesetzt werden könnte.

Während dies ein extremes Beispiel dafür ist, wie sich Menschen unter Stress offenbaren, bietet das tägliche Leben Tausende von weniger intensiven Situationen, die ebenfalls enthüllende Reaktionen provozieren.

Denken Sie zurück an die letzte Party, auf der Sie die meisten Gäste nicht kannten. Mit wem verbrachten Sie mehr Zeit, mit denen, die Sie kannten oder mit den Ihnen Unbekannten? Wenn Sie sich zu den Fremden hingezogen fühlten, können Sie auf natürliche Weise extrovertiert sein, und Ihr Verhalten kann sehr wohl das Talent *Kontaktfreudigkeit* widerspiegeln, das später als angeborene Notwendigkeit definiert wird, um andere für sich zu gewinnen. Falls Sie demgegenüber den Kontakt zu Ihren engsten Freunden suchten, den ganzen Abend mit ihnen verbrachten und gegenüber den Unbekannten auf Distanz blieben, ist dies ein gutes Zeichen, dass *Bindungsfähigkeit* – der natürliche Wunsch, bestehende Beziehungen zu vertiefen – eines Ihrer führenden Talente ist.

Erinnern Sie sich an das letzte Mal, als einer Ihrer Mitarbeiter Ihnen erzählte, dass er nicht zur Arbeit kommen könne, weil sein Kind krank war. Was war Ihr erster Gedanke? Wenn Sie sich sofort auf das kranke Kind konzentrierten und fragten, was mit ihm los sei, und wer sich um es kümmerte, kann dies ein Anhaltspunkt sein, dass *Einfühlungsvermögen* eines Ihrer stärksten Talente ist. Wenn Ihre Gedanken jedoch sofort zu der Frage sprangen, wer den fehlenden Mitarbeiter ersetzen würde, ist wahrscheinlich das Talent *Arrangeur* – die Fähigkeit, mit vielen Variablen gleichzeitig zu jonglieren – eines Ihrer dominierenden Talente.

Oder wie war es beim letzten Mal, als Sie eine Entscheidung treffen mussten, aber noch nicht alle Fakten hatten? Wenn Sie die Ungewissheit reizte, sicher in Ihrem Glauben, dass irgendeine Bewegung, selbst in die falsche Richtung, zu einer klareren Perspektive führen würde, sind Sie wahrscheinlich mit dem Talent *Tatkraft* gesegnet, das als Neigung zum

Handeln angesichts bestehender Unklarheit definiert wird. Wenn Sie zurückschreckten und die Entscheidung zurückstellten, bis mehr Fakten verfügbar waren, kann ein starkes *analytisches* Talent hierfür die Erklärung sein. Jede dieser unmittelbaren Reaktionen lässt auf bestimmte Verhaltensmuster schließen und bietet deshalb Hinweise auf Ihre Talente.

Während Ihre spontanen Reaktionen die deutlichste Spur zu Ihren Talenten bieten, gibt es drei weitere Aspekte, die zu beachten sind: Sehnsüchte, schnelles Lernen und Befriedigung.

Sehnsüchte offenbaren die Gegenwart eines Talents, insbesondere wenn sie zu Beginn des Lebens zu spüren sind. Im Alter von zehn Jahren suchten die Schauspieler Matt Damon und Ben Affleck, die damals bereits gute Freunde waren, oft eine stille Ecke in der Cafeteria ihrer Schule auf und hielten Besprechungen ab, um ihre neuesten Schauspiel-«Projekte» zu diskutieren. Mit 13 war Picasso bereits an einer Kunstschule für Erwachsene eingeschrieben. Im Alter von fünf Jahren baute der Architekt Frank Gehry auf dem Boden des Wohnzimmers komplizierte Modelle aus Holzstücken aus der Tischlerei seines Vaters. Und Mozart hatte an seinem zwölften Geburtstag bereits seine erste Symphonie geschrieben.

Dies sind Beispiele, die ins Auge springen, aber das Prinzip gilt für jeden von uns. Vielleicht aufgrund eines Ihrer Gene oder Ihrer frühen Erfahrung fühlten Sie sich als Kind von irgendeiner Tätigkeit angezogen und von anderen eher abgestoßen. Während Ihr Bruder mit den Freunden auf dem Hof Verstecken spielte, setzten Sie sich hin, spielten mit dem Wasserhahn und bauten ihn auseinander, um zu sehen, wie er funktionierte. Ihr analytischer Geist zeigte sich bereits damals.

Als Ihre Mutter Sie als Überraschung an Ihrem siebenten Geburtstag zu *McDonalds* mitnahm, anstatt den Geburtstag zu Haus zu feiern, wie Sie es gemeinsam geplant hatten, brachen Sie in Tränen aus. Schon in diesem zarten Alter nahm Ihr disziplinierter Geist Überraschungen in Ihrer Routine übel.

Diese Empfindungen der Kindheit werden durch die verschiedenen synaptischen Verbindungen in Ihrem Gehirn verursacht. Die schwächeren Verbindungen haben geringen Einfluß, und wenn gutmeinende Mütter (oder andere schreckliche Umstände) Sie auf einen bestimmten Weg zwingen, empfinden Sie dies als einengend, und es bringt Sie zum Weinen. Im Gegensatz dazu sind Ihre stärksten Verknüpfungen unwiderstehlich. Sie üben eine magnetische Wirkung aus und ziehen Sie immer wieder zurück. Sie empfinden ihren Einfluss, und deshalb sehnen Sie sich danach.

Es ist unnötig zu sagen, dass soziale oder finanzielle Zwänge diese Sehnsüchte manchmal übertönen und Sie davon abhalten, ihnen gemäß zu handeln. Penelope Fitzgerald, Schriftstellerin und Gewinnerin des Booker-Preises, war – belastet durch die Notwendigkeit, ihre Familie ohne die Hilfe ihres alkoholabhängigen Gatten zu unterhalten – nicht in der Lage, ihrem Drang zum Schreiben nachzugeben, bevor sie 50 war. Erst als sie nach der Scheidung frei war, erwies sich dieser Drang als so unbezähmbar wie der eines Teenagers. In den letzten 20 Jahren ihres Lebens publizierte sie zwölf Romane, und bevor sie vor kurzem im Alter von 80 Jahren starb, wurde sie nach der Ansicht einer ihrer Kolleginnen allgemein als auf der Höhe ihrer Schaffenskraft und als »die beste aller britischen Romanautoren« angesehen.

Anna Mary Robertson Moses hält wahrscheinlich den Rekord im Unterdrücken eines starken Talents. Auf einer Farm im Norden des Staats New York geboren, begann sie als kleines Kind zu zeichnen und war so erpicht darauf, jede Nuance ihrer Umgebung festzuhalten, dass sie den Saft von Beeren und Trauben mischte, um Farbe in ihre Zeichnungen zu bringen. Aber ihr leidenschaftliches Zeichnen wurde bald von den Anforderungen des Farmlebens unterdrückt, und dann malte sie 60 Jahre lang keinen Strich. Schließlich ging sie im Alter von 78 Jahren aus dem Farmleben in den Ruhestand und erlaubte sich den Luxus, ihr Talent zu entfesseln. Genau wie Penelope Fitzgerald wurde sie schnell durch ihre aufgestaute Energie zum Erfolg getragen. Als sie 23 Jahre später starb, hatte sie Tausende von Szenen ihrer Kindheitserinnerungen gemalt, ihre Bilder in 15 Einzelausstellungen präsentiert und war zu der auf der ganzen Welt berühmten Künstlerin Grandma Moses geworden.

Ihre Sehnsüchte mögen sich als nicht so unerbittlich erweisen wie die von Grandma Moses, aber sie werden einen beständigen Einfluss ausüben. Sie müssen es. Ihre Sehnsüchte spiegeln die physikalische

Realität wider, dass einige Ihrer mentalen Verbindungen einfach stärker sind als andere. Deshalb werden diese stärkeren Bahnen unabhängig davon, wie repressiv sich die äußeren Einflüsse erweisen mögen, immer nach Ihnen rufen und verlangen, gehört zu werden. Wenn Sie Ihre Talente entdecken möchten, sollten Sie ihnen Beachtung schenken.

Natürlich können Sie gelegentlich durch etwas, was man »eine Fehlsehnsucht« nennen könnte, zum Entgleisen gebracht werden, wie etwa die Sehnsucht, wegen des imaginären Glanzes von Cocktailpartys und Empfängen in Public Relations zu arbeiten, oder wegen des Dranges zu führen, Manager zu werden. Offenkundig ist die beste Art, eine Fehlsehnsucht zu diagnostizieren, einen in einer solchen Aufgabe Tätigen zu befragen und zu erfahren, wie die alltäglichen Realitäten der Aufgabe wirklich sind, wenn der erste Reiz erst einmal verflogen ist. Abgesehen von diesen falschen Signalen sind es Ihre Sehnsüchte wert, befolgt zu werden, wenn Sie danach streben, Ihre Stärken aufzubauen.

Schnelles Lernen bietet eine weitere Spur des Talents. Manchmal meldet sich ein Signal nicht von selbst durch Sehnsucht. Aus einer Unzahl von Gründen hören Sie, obwohl das Talent in Ihnen wohnt, nicht seinen Ruf. Stattdessen zündet vergleichsweise spät im Leben irgendetwas den Funken des Talents, und die Schnelligkeit, mit der Sie eine neue Fähigkeit erlernen, ist der verräterische Hinweis auf die Gegenwart und die Kraft des Talents.

Anders als sein frühreifer Zeitgenosse Picasso fühlte Henri Matisse niemals die Sehnsucht zu malen. Tatsächlich hatte er, als er 21 war, noch niemals einen Pinsel in der Hand gehabt. Er war Gehilfe eines Rechtsanwaltes, und die meiste Zeit war er ein kranker und deprimierter Rechtsanwaltsgehilfe. Eines Nachmittags, als er sich im Bett von einem erneuten Grippeanfall erholte, legte ihm seine Mutter, die nach etwas – irgendetwas – suchte, um seinen Geist anzuregen, einen Kasten mit Farben in die Hände. Fast augenblicklich änderten sich die Richtung und die Bahn seines Lebens. Er empfand eine Aufwallung von Energie, als ob er aus einem dunklen Gefängnis entlassen worden sei und zum ersten Mal das Licht sehe. Matisse studierte fieberhaft eine Anleitung zum Malen und füllte seine Tage mit Malen und Zeichnen.

Vier Jahre später wurde er ohne jegliche Ausbildung außer seinem Selbststudium auf die angesehenste Kunstschule von Paris aufgenommen und studierte dort als Schüler von Gustave Moreau.

Frederick Law Olmsted brauchte eine ähnliche Situation, um sein Talent anzuregen, aber wie bei Matisse trug es ihm, nachdem es erst einmal entdeckt war, in einem ungeahnten Tempo die höchsten Lorbeeren auf seinem Gebiet ein. Olmsted, ein ruheloser, für seine 30 Jahre unscheinbarer Mann, verspürte die Berufung seines Lebens, eine Kunst, die wir heute Landschaftsarchitektur nennen, als er 1850 England besuchte. Dort wurde er – in seinen Worten – von den »Hecken, den englischen Hecken, Weißdornhecken, voll erblüht und von dem Licht der durch die wässrige Atmosphäre strahlenden milden Sonne durchstrahlt« beeindruckt. Wenige Jahre später, nachdem er in die Vereinigten Staaten zurückgekehrt war und seine Ideen verfeinert hatte, gewann er die größte Ausschreibung, die es jemals in der Landschaftsarchitektur gab: New Yorks Central Park. Es war sein erster Auftrag.

Sie mögen eine ähnliche Fähigkeit gehabt haben. Sie beginnen mit dem Erlernen einer neuen Fähigkeit – im Zusammenhang mit einer neuen Arbeit, einer neuen Herausforderung oder einem neuen Umfeld – und sofort scheint Ihr Gehirn aufzuleuchten, als ob eine ganze Schalterreihe plötzlich auf »Ein« geschaltet wurde. Die einzelnen Schritte dieser neuen Fähigkeit fliegen mit solcher Schnelligkeit die neu eröffneten Bahnen hinunter, dass es sehr schnell keine Schritte mehr sind. Ihre Bewegungen verlieren die ausgeprägte Ruckartigkeit des Neulings und nehmen stattdessen die Grazie des Virtuosen an. Sie lassen Ihre Klassenkameraden zurück. Sie gewinnen Vorsprung und versuchen Dinge, bevor sie nach dem Lehrplan an der Zeit wären. Sie machen sich sogar bei dem Ausbilder unbeliebt, weil Sie ihn mit neuen Fragen und Einsichten herausfordern. Aber es kümmert Sie nicht wirklich, weil diese neue Fähigkeit Ihnen so natürlich zuflog, dass Sie es nicht abwarten können, sie in die Praxis umzusetzen.

Natürlich hat nicht jeder solche Heureka-Augenblicke erlebt, die die Richtung einer lebenslangen Karriere bestimmten, aber ob die Fähigkeit im Verkaufen, im Präsentieren, in architektonischen Entwürfen, im Erteilen von Unterricht an einen neuen Mitarbeiter, im Schreiben von juristischen Schriftsätzen oder von Geschäftsplänen, im Reinigen von Hotelzimmern, im Redigieren von Zeitungsartikeln oder im Buchen von Gästen für eine morgendliche Fernsehsendung besteht – wenn Sie es schnell gelernt haben, sollten Sie sich näher damit befassen. Sie werden in der Lage sein, das Talent oder die Talente, die es möglich machten, zu erkennen.

Befriedigungen bieten den letzten Hinweis auf Talent. Wie wir im vorigen Kapitel beschrieben haben, sind Ihre stärksten synaptischen Verbindungen so gestaltet, dass Sie sich gut fühlen, wenn Sie sie nutzen. Offensichtlich ist es deshalb so, dass, wenn Sie sich bei einer Tätigkeit gut fühlen, eine Chance besteht, dass Sie ein Talent anwenden.

Dies erscheint fast zu einfach, ungefähr wie der Ratschlag:»Wenn Sie sich gut fühlen, tun Sie es«. Natürlich ist es *nicht* so einfach. Aus verschiedenen Gründen, von denen die meisten mit unserer psychologischen Entwicklung zu tun haben, hat sich die Natur verschworen, um einige unserer eher unsozialen Impulse zu fördern. Haben Sie sich zum Beispiel schon einmal dabei ertappt, dass Sie sich gut fühlen, wenn jemand anderes stolpert? Haben Sie schon jemals einen Impuls gefühlt, jemand anderen in der Öffentlichkeit herabzusetzen oder sich sogar der Verantwortung zu entziehen und jemand anderem die Schuld für Ihr Versagen zu geben? Viele Menschen tun dies, gleichgültig, wie niederträchtig es erscheint. Jede dieser Verhaltensweisen besteht darin, die eigenen guten Gefühle auf den schlechten Gefühlen eines Mitmenschen aufzubauen. Es sind keine produktiven Verhaltensweisen, und sie sollten vermieden werden. Wie wir bereits sagten: Wer versucht ist, seine Talente zu nutzen, um sich am Versagen anderer zu weiden, sollte vielleicht seine Werte überprüfen.

Es ist Ihnen besser damit gedient, wenn Sie Ihre Antenne auf die Erkennung jener *positiven* Tätigkeiten ausrichten, die Ihnen psychologische Stärke und Zufriedenheit zu bringen scheinen. Als wir die besten Leistungsträger in unserer Studie befragten, war am verblüffendsten, welch große Skala von Tätigkeiten oder Ergebnissen die Menschen glücklich machte. Zu Beginn, als wir die Leute fragten, an welchem Aspekt ihrer Arbeit sie am meisten Freude hätten, hörten wir einen gemeinsamen Refrain: Fast alle hatten Freude an ihrer Arbeit, wenn sie einer Herausforderung begegneten und sie dann überwanden. Als wir dann jedoch etwas eingehender nachfragten, kam die Vielfältigkeit – dessen, was sie tatsächlich mit »Herausforderung« meinten – ans Licht. Einige Menschen empfanden Befriedigung, wenn sie sahen, wie eine andere Person eine äußerst geringfügige Leistungssteigerung erzielte, die den meisten von uns entgehen würde. Einige liebten es, Chaos in Ordnung zu verwandeln. Manche Leute genossen es, den Gastgeber bei einer großen Veranstaltung zu spielen. Einige sind von Sauberkeit entzückt und lächelten sich selbst an, wenn sie Staub saugend einen Raum verließen. Einige Leute liebten Ideen. Andere misstrauten Ideen und empfanden stattdessen Faszination in der analytischen Herausforderung, die »Wahrheit« zu finden. Einige Menschen brauchten das Gefühl, ihrem eigenen Standard gerecht zu werden. Einige fühlten sich, unabhängig davon, ob sie ihren eigenen Standard erreicht hatten oder nicht, leer, wenn sie ihre Mitmenschen nicht übertroffen hatten. Für manche Menschen war nur das Lernen wirklich von Bedeutung. Wiederum anderen bedeutete es nur etwas, anderen zu helfen. Einige Leute empfanden sogar einen Kick bei einer Zurückweisung – scheinbar, weil es ihnen die Chance gab, zu zeigen, wie überzeugend sie sein konnten.

Diese Liste könnte mit Recht genauso lang werden, wie die Verlesung der Namen der gesamten Menschheit. Wir sind alle so einzigartig gewebt, dass jeder von uns unterschiedliche Befriedigungen erlebt. Was wir hier vorschlagen, ist, dass Sie die Situationen, die Ihnen Befriedigung geben, genau beachten. Wenn Sie sie identifizieren können, sind Sie auf einem guten Weg, Ihre Talente genau zu bestimmen.

Wie können Sie die Quellen Ihrer Befriedigung erkennen? Nun, wir müssen hier sorgfältig und behutsam vorgehen. Jemandem zu erzählen, wie es ist, wenn er etwas wirklich genießt, kann genauso nichtssagend sein, wie ihm zu erzählen, was er empfindet, wenn er verliebt ist. In mancher Hinsicht ist der einzige kluge Rat: »Entweder Sie fühlen es, oder Sie fühlen es nicht.«

Wir werden jedoch ein Risiko eingehen und Ihnen diesen Tipp geben: Wenn Sie eine bestimmte Tätigkeit ausüben, versuchen Sie, die

Zeit herauszufiltern, in der Sie denken. Wenn alles, woran Sie denken, die Gegenwart ist – »Wann wird dies vorüber sein?« – ist es mehr als wahrscheinlich, dass Sie kein Talent gebrauchen. Wenn Sie aber feststellen, dass Sie an die Zukunft denken und sich tatsächlich auf die Tätigkeit freuen – »Wann kann ich dies wieder tun?« – ist dies ein sehr gutes Zeichen dafür, dass Sie sie genießen und dass eines Ihrer Talente im Spiel ist.

★ ★ ★

Spontane Reaktionen, Sehnsüchte, schnelles Lernen und Befriedigungen werden Ihnen helfen, die Spuren Ihrer Talente zu entdecken. Wenn Sie durch Ihr Tagesgeschäft eilen, versuchen Sie, einen Schritt zurück zu gehen, lassen Sie den Wind verstummen, der um Ihre Ohren peitscht, und lauschen Sie auf diese Hinweise. Sie werden Ihnen helfen, sich ganz auf Ihre Talente zu konzentrieren.

Das StrengthsFinder-Profil
»Wie funktioniert es, und wie fülle ich es aus?«

Wie funktioniert es? Wahrscheinlich ist die beste Art, Ihre Talente genau zu bestimmen, Ihr Verhalten und Ihre Gefühle über einen längeren Zeitraum zu beobachten und dabei besonders auf die bereits beschriebenen Aspekte zu achten. Es wäre für jedes Profil oder jeden Fragebogen schwierig, es mit dieser Art der konzentrierten Analyse aufzunehmen. Außerdem könnten Sie, wie viele von uns, Schwierigkeiten haben, die Zeit und die Objektivität zu finden, um sich selbst auf diese Weise zu analysieren. Sie sind zu beschäftigt und zu nah am Alltag.

Das StrengthsFinder-Profil wurde entwickelt, um Ihnen zu helfen, Ihre Wahrnehmung zu schärfen. Es stellt Ihnen Aussagenpaare zur Wahl, erfasst Ihre Entscheidungen, sortiert sie und spiegelt Ihre vorherrschenden Verhaltensmuster wider. So wirft es ein Schlaglicht auf Ihr größtes Potenzial für wahre Stärke.

Wie wir soeben beschrieben haben, helfen Ihnen beim Erkennen Ihrer Talente in der Realität Ihre spontanen Reaktionen auf Situationen, mit denen Sie konfrontiert werden. Damit ein Profil Ihre Talente genau identifizieren kann, muss es diesen Prozess spiegeln. Es muss Ihnen eine Anregung geben, Ihnen eine Auswahl möglicher Reaktionen bieten und dann messen, wie Sie reagieren. Das hört sich einfach an.

Nun, das ist es nicht. Die Entwicklung eines Profils zum Erfassen von Talenten ist sehr viel komplizierter, als es scheint.

Das erste Problem ist, dass Sie bei Ihrer Reaktion im realen Leben keine feste Anzahl von Wahlmöglichkeiten haben, die Sie dann auf einer Skala von eins bis fünf bewerten. Stattdessen gibt es für jede Reaktion unendlich viele Möglichkeiten. Ihr Gehirn filtert diese Auswahl schnell durch und wählt – gesteuert von Ihren stärksten synaptischen Verbindungen – eine davon aus. Beim Aufbau des StrengthsFinder-Profils konnten wir Ihnen keine unendliche Zahl von Wahlmöglichkeiten geben. Tatsächlich planten wir zunächst nur zwei. Hierbei mussten wir sicherstellen, dass mindestens eine von ihnen ein existierendes grundlegendes Talent widerspiegelte. Wir erreichten dies, indem wir fast zwei Millionen Menschen offene Fragen stellten und ihnen zuhörten, um herauszufinden, ob sich einige dieser Antworten mit denen von Menschen mit ähnlichen Talenten deckten.

Zum Beispiel baten wir Manager, auf die folgende Frage zu antworten: »Welches ist der beste Weg, jemand zu motivieren?« Es war uns selbst nicht ganz klar, worauf wir achten wollten, aber zu unserer Überraschung erschien schnell ein Muster. Jene Manager mit dem Talent, die Unterschiede in Menschen zu erkennen, antworteten alle auf dieselbe Weise. »Es hängt von der Person ab«, sagten sie. Dann stellten wir eine weitere Frage: »Wie genau sollten Menschen beaufsichtigt werden?« Diese Manager gaben dieselbe Antwort: »Es hängt von der Person ab.« Dies ist nicht die »richtige« Antwort auf diese Frage, aber sie scheint das Vorhandensein eines bestimmten Denkmusters widerzuspiegeln.

Anhand von Entdeckungen wie dieser konstruierten wir dann Aussagen, die die Antwort »Es hängt von der Person ab« als eine der Wahlmöglichkeiten boten. Jene, die beständig diese Wahl trafen, besaßen wahrscheinlich das Talent der Einzelwahrnehmung.

Das zweite Problem war, dass wir die Entscheidung nicht zu leicht machen durften. Wenn wir Aussagenpaare schufen, bei denen eine der beiden eklatant richtig und die andere falsch war, würden die Entscheidungen verzerrt, und wir würden das Vorhandensein oder das Fehlen eines bestimmten Talents nicht mehr genau voraussagen können. Um dieses Problem zu lösen, beschlossen wir, dass die meisten Aussagenpaare keine Gegensätze sein sollten. Wenn wir zum Beispiel Millionen Menschen fragten:»Wenn Sie mit jemand sprechen, wie erkennen Sie, ob Sie ein guter Zuhörer sind?« fanden wir zwei unterschiedliche Antwortmuster: Menschen mit analytischem Talent antworteten etwa so:»Ich weiß, dass ich ein guter Zuhörer bin, wenn ich verstehen kann, was der andere sagt und darauf antworten kann.« Demgegenüber gaben Menschen mit einem Talent für Einfühlungsvermögen eine andere Antwort:»Ich weiß, dass ich ein guter Zuhörer bin, wenn der andere weiterspricht.«

Wiederum ist weder eine dieser Antworten »richtig« – in der Tat erscheinen sie oberflächlich, bemerkenswert vernünftig –, noch sind sie genaue Gegensätze. Jedoch wissen wir aufgrund unserer Forschungen, dass bei diesen beiden Aussagen die getroffene Auswahl einen Hinweis darauf gibt, ob das vorherrschende Talent dieser Person Einfühlungsvermögen oder die Fähigkeit zu analysieren ist. Es ist natürlich möglich, dass eine Person diese beiden Talente hat. Bei der Konfrontation mit diesen beiden Aussagen wird sie sich dann gleichmäßig stark in beide Richtungen gezogen fühlen. Um dies auszugleichen, haben wir sichergestellt, dass im gesamten Profil viele andere Entscheidungsmöglichkeiten entweder das Vorhandensein von Einfühlungsvermögen oder analytischem Talent aufdecken.

Das letzte Problem betrifft die Spontaneität. Im wahren Leben kommen die Entscheidungen so schnell, dass Sie keine Zeit haben, einzuhalten, alle Optionen abzuwägen und dann die beste zu wählen. Im Gegenteil, selbst wenn Sie auch nur in so etwas Einfaches wie ein Gespräch verwickelt sind, trifft Ihr Gehirn sofortige Entscheidungen über Ton, Tonfall, Blick, Körpersprache, Worte und logischen Fluss.

Um der Schnelligkeit der Entscheidungen im realen Leben zu entsprechen, beschlossen wir, ein Zeitlimit einzusetzen. Nachdem ein Aussagenpaar auf dem Bildschirm blinkt, haben Sie 20 Sekunden für die Antwort. 20 Sekunden reichen gerade aus, dass Sie beide Aussagen lesen und verstehen, aber sie geben Ihnen nicht genug Zeit, um Ihrem Intellekt zu ermöglichen, Ihre Wahl zu beeinflussen.

Was werden Sie bekommen? Der Zweck des StrengthsFinder ist nicht, Sie mit Stärken zu beglücken, sondern *herauszufinden, wo Sie das größte Potenzial für eine Stärke haben*. Deshalb misst das StrengthsFinder-Profil die 34 Talent-Leitmotive, die wir während unserer langen Studie über hervorragende Leistungen entdeckt haben.

Nachdem Sie das Profil ausgefüllt haben, werden Sie sofort Ihre fünf am stärksten dominierenden Talent-Leitmotive erhalten, Ihre Signatur-Talente. Diese Motive werden noch keine Stärken sein. Jedes ist ein nachhaltiges Denk-, Gefühls- oder Verhaltensmuster – das Versprechen einer Stärke. Es folgt ein Führer durch die 34 Themen. In ihm werden Sie detaillierte Beschreibungen für jedes einzelne Talent und Zitate von Menschen erhalten, die es besitzen. Vielleicht werden Sie nicht alle Gedanken und Zitate auf einmal lesen wollen. Stattdessen können Sie, wenn Sie das StrengthsFinder-Profil abgeschlossen und Ihre Signatur-Talente erhalten haben, die dementsprechenden Seiten für jedes Ihrer Talente lesen und dort beginnen.

Wie füllen Sie das StrengthsFinder-Profil aus? Sehen Sie auf die Innenseite des hinteren Buchdeckels. Dort finden Sie eine persönliche Kennnummer. Notieren Sie sich diese Nummer. Gehen Sie nun ins Internet zur folgenden Adresse: https://sf1.strengthsfinder.com/de-de/signin/default.aspx und klicken Sie den StrengthsFinder 1.0 auf deutsch an. Folgen Sie den Anweisungen, und geben Sie auf die entsprechende Frage Ihre Kennnummer ein. (Für die Bearbeitung des Profils benötigen Sie einen Internetzugang und die Version 7.0 oder höher des Internet Explorers.) Das StrengthsFinder-Profil stellt Ihnen das System mit der Anzeige eines Muster-Aussagenpaares dar, und danach beginnen die Aussagen des eigentlichen Profils.

Während Sie das Profil ausfüllen, denken Sie daran, dass Sie intuitiv antworten sollten. Versuchen Sie nicht, Ihre Antwort im Detail zu analysieren. Und sorgen Sie sich nicht, wenn Sie bemerken, dass Sie einige der Aussagen mit »Neutral« markieren. Es ist der Zweck des StrengthsFinder, Ihre Signatur-Talentmotive herauszufiltern. Wenn keine der Antworten eine starke Reaktion bei Ihnen auslöst, oder wenn beide Antworten gleichermaßen auf Sie passen, dann hat dieses Aussagenpaar offensichtlich bei Ihnen keines Ihrer dominierenden Talente angesprochen. In beiden Fällen ist »Neutral« eine zutreffende Antwort.

Ein letztes Wort zur Beruhigung: Wir haben festgestellt, dass manche Menschen beim Ausfüllen des Profils nervös sind, weil sie sich sorgen, dass ihre Signatur-Talente keine »guten« Leitmotive sein werden. Diese Sorge ist unangebracht. Ein Talent für sich allein ist weder gut noch schlecht. Es ist einfach ein nachhaltiges Muster, das entweder zu einer Stärke kultiviert oder außer Acht gelassen werden kann. Ihre unmittelbare Reaktion auf Ihre fünf Signatur-Talente wird beim Ausfüllen des StrengthsFinder-Profils durch genau diese Motive angesprochen. Wenn Sie zum Beispiel entdecken, dass Tatkraft eines Ihrer Signatur-Talente ist, werden Sie wahrscheinlich wissen wollen, was Sie mit diesem neuen Wissen tatsächlich anfangen können. Falls analytisches Talent eines Ihrer fünf führenden Motive ist, werden Sie sich sofort fragen, wie wir dieses Talent aus Ihren Antworten ableiteten. Durch Ihre stärksten Motive wird immer Ihre Welt gefiltert, und sie veranlassen Sie dazu, auf bestimmte, gleiche Weise zu reagieren. Unabhängig davon, was Ihre Talente sind, versuchen Sie nicht, auf jene suggestive, kritische innere Stimme zu hören, die sagt: »Vielleicht bist Du bei dem Test durchgefallen.« Sie sind nicht durchgefallen. Sie können beim StrengthsFinder nicht versagen, weil jedes Signatur-Talent das Versprechen einer Stärke enthält. Das einzig mögliche Versagen wäre es, niemals die richtige Aufgabe oder die richtigen Partner zu finden, die Ihnen helfen, diese Stärke zu realisieren.

Kapitel 4
Die 34 Talent-Leitmotive des StrengthsFinder

Analytisch · Anpassungsfähigkeit · Arrangeur · Autorität · Bedeutsamkeit · Behutsamkeit · Bindungsfähigkeit · Disziplin · Einfühlungsvermögen · Einzelwahrnehmung · Entwicklung · Fokus · Gleichbehandlung · Harmoniestreben · Höchstleistung · Ideensammler · Integrationsbestreben · Intellekt · Kommunikationsfähigkeit · Kontaktfreudigkeit · Kontext · Leistungsorientierung · Positive Einstellung · Selbstbewusstsein · Strategie · Tatkraft · Überzeugung · Verantwortungsgefühl · Verbundenheit · Vorstellungskraft · Wettbewerbsorientierung · Wiederherstellung · Wissbegierde · Zukunftsorientierung ·

Anmerkung: Sie werden feststellen, dass die Bezeichnungen der Talent-Leitmotive nicht einheitlich sind. Einige beziehen sich auf die Person (Arrangeur, Ideensammler), andere auf eine Kategorie (zum Beispiel Leistungsorientierung, Disziplin), wieder andere auf eine Eigenschaft (zum Beispiel Anpassungsfähigkeit, analytisches Denken). Wir haben diese Herangehensweise gewählt, weil jeder Versuch der Standardisierung unbeholfene und ungebräuchliche Begriffe hervorgebracht hätte.

Analytisch

Mit Ihrem analytischen Denken sind Sie für Ihre Umgebung eine Herausforderung. Sie verlangen von anderen, dass ihre Behauptungen einer gewissenhaften Prüfung auch standhalten. Oft ist dies nicht der

Fall, und schon so manche schillernde Idee ist an Ihren kritischen Fragen zerplatzt wie eine Seifenblase. Und genau darum geht es Ihnen. Im Grunde liegt Ihnen zwar nichts daran, anderer Menschen Pläne zu durchkreuzen, Sie sind jedoch der Meinung, dass Theorien in erster Linie tragfähig sein sollten. Sie sehen sich selbst als objektiven, unvoreingenommenen Beobachter. Sie haben eine positive Einstellung zu Daten und Fakten, da diese genauso neutral und unparteiisch sind wie Sie selbst. Ausgerüstet mit diesen Daten machen Sie sich auf die Suche nach Mustern und Verbindungen. Sie interessiert die Auswirkung von bestimmten Anordnungen auf die Umgebung, wie verschiedene Muster untereinander kombiniert werden können, und welches Ergebnis davon zu erwarten ist. Inwiefern passt dieses Ergebnis zu der ursprünglichen Theorie bzw. zu einer konkreten Situation? Mit diesem Fragenkatalog konfrontieren Sie Ihre Umwelt. Sie tragen Schicht für Schicht ab, bis die eigentlichen Gründe zum Vorschein kommen. In den Augen Ihrer Mitmenschen ist Ihre Logik unerbittlich. Über kurz oder lang wenden sie sich dann aber doch an Sie, um ihre schrägen Vorstellungen, haltlosen Ideen und ihr Wunschdenken von Ihrem scharfen Verstand prüfen und aussortieren zu lassen. Sie sollten jedoch darauf achten, Ihre Analyse in einem nicht allzu harschen Ton zu präsentieren. Sonst gehen Ihre Mitmenschen Ihrer heilsamen Kritik in Zukunft möglicherweise lieber gleich aus dem Weg.

Und so sprechen analytische Menschen über sich:

Jose G., Angestellter einer Schulbehörde: »Ich habe die angeborene Fähigkeit, Strukturen, Formate und Muster zu sehen, bevor sie existieren. Wenn zum Beispiel Leute darüber sprechen, einen Antrag auf Bewilligung von Geldern zu stellen, verarbeitet mein Gehirn, während ich zuhöre, instinktiv die Art von Geldmitteln, die zur Verfügung stehen, und wie die Diskussion zur Bewilligung läuft, bis hinunter zu dem Format, wie die Information auf klare und überzeugende Weise in das Antragsformular eingetragen werden kann.«

Jack T., Personalleiter: »Wenn ich eine Behauptung aufstelle, muss ich wissen, dass ich sie mit Tatsachen und logischem Denken stützen kann. Wenn zum Beispiel jemand sagt, dass unsere Firma nicht so viel zahlt wie andere, frage ich immer: ›Warum sagen Sie das?‹ Wenn er dann sagt: ›Nun, ich habe eine Anzeige in der Zeitung gelesen, in der jungen Maschinenbauingenieuren 5 000 Dollar mehr angeboten wurden,‹ antworte ich mit der Gegenfrage: ›Aber wo werden diese jungen Ingenieure arbeiten? Beruht ihr Gehalt darauf, wo sie arbeiten? Für welche Art von Unternehmen werden sie arbeiten? Sind es Fertigungsfirmen wie unsere? Und wie viele Leute sind in der engeren Auswahl? Sind es drei Leute, und einer von ihnen bekam einen guten Vertrag und trieb damit den Gesamtdurchschnitt nach oben?‹ Es gibt viele Fragen, die ich stellen muss, um sicherzustellen, dass seine Behauptung tatsächlich eine Tatsache ist und nicht nur auf einer einzigen, irreführenden Information beruht.«

Leslie J., Schulleiterin: »Sehr oft verändert sich die Leistung einer Schülergruppe von einem Jahr zum nächsten. Es ist dieselbe Gruppe von Kindern, aber ihre Ergebnisse sind von Jahr zu Jahr unterschiedlich. Wie kann das sein? In welchem Gebäude sind die Kinder? Wie viele der Kinder sind für ein volles Schuljahr angemeldet? Welche Lehrer unterrichten sie, und welche Lehrstile wurden von diesen Lehrern angewandt? Ich liebe es einfach, Fragen wie diese zu stellen, um zu verstehen, was wirklich geschieht.«

Anpassungsfähigkeit

Sie leben für den Augenblick. Für Sie ist die Zukunft nicht so sehr ein festes Gefüge, auf das Sie sich zu bewegen, als vielmehr eine Realität, die aufgrund der Entscheidungen entsteht, die Sie in der Gegenwart treffen. Mit jeder Entscheidung nimmt Ihre Zukunft zunehmend konkrete Formen an. Dies bedeutet nicht, dass Sie etwa plan- und ziellos durchs Leben treiben. Ihre Anpassungsfähigkeit verleiht Ihnen jedoch die Fähigkeit, auf das Gebot der Stunde mit einem hohen Maß an Flexibilität zu reagieren, was dazu führen kann, dass Sie von Ihren ursprünglichen Plänen abrupt abrücken. Im Unterschied zu manchen anderen Menschen sind Sie in der Lage, auf völlig unerwartete Anfragen einzugehen oder plötzlich auftauchende Klippen zu umschiffen. Für Sie sind solche Situationen keine Überraschung – Sie hatten bereits damit gerechnet. Unvorhergesehenes ist für Sie unvermeidbar, und in bestimmter Weise freuen Sie sich sogar darauf. Dank Ihrer Flexibilität entfalten Sie an Ihrem Arbeitsplatz eine hohe Produktivität, und zwar gerade dann, wenn ganz verschiedene, miteinander konkurrierende Anforderungen an Sie gestellt werden.

Und so sprechen anpassungsfähige Menschen über sich:

Marie T., Fernsehproduzentin:»Ich liebe das Live-Fernsehen, weil Sie niemals wissen, was passieren wird. In einer Minute könnten Sie einen Beitrag über die besten Geburtstagsgeschenke für Teenager zusammenstellen, und in der nächsten arbeiten Sie an einem Interview eines Präsidentschaftskandidaten. Ich vermute, ich bin schon immer so gewesen. Ich lebe im Augenblick. Wenn mich jemand fragt: ›Was tun Sie morgen?‹ ist meine Antwort immer: ›Zum Teufel, das weiß ich doch heute noch nicht. Hängt von meiner Stimmung ab.‹ Ich treibe meinen Freund in den Wahnsinn, weil er für uns plant, Sonntagnachmittag auf einen Antiquitätenmarkt zu gehen, und in der allerletzten Minute überlege ich es mir anders und sage: ›Nee, lass uns nach Hause gehen und die Sonntagszeitungen lesen.‹ Ärgerlich, nicht wahr? Vielleicht aber auch positiv, denn es bedeutet, dass ich zu allem bereit bin.«

Linda G., Projektmanagerin:»An meiner Arbeitsstelle bin ich die ruhigste Person, die ich kenne. Wenn jemand hereinkommt und sagt: ›Wir haben nicht richtig geplant. Wir müssen dies bis morgen ändern.‹, scheinen meine Kollegen sich zu verkrampfen und zu erstarren. Irgendwie geht mir das ganz anders. Ich liebe diesen Druck, diesen Zwang zur sofortigen Reaktion. Er gibt mir das Gefühl, dass ich lebe.«

Peter F., Ausbilder:»Ich denke, ich werde mit dem Leben besser fertig als die meisten Menschen. Letzte Woche stellte ich fest, dass meine Seitenscheibe am Auto zertrümmert und das Autoradio gestohlen war. Ich war verärgert, natürlich, aber es hat mir überhaupt nicht den Tag verdorben. Ich klärte die Sache, nahm Abstand, und befasste mich dann mit den anderen Dingen, die ich an jenem Tag erledigen musste.«

Arrangeur

Wenn Sie einer komplexen Situation gegenüberstehen, bei der eine Vielzahl von Faktoren zu berücksichtigen ist, jonglieren Sie mit ihnen hin und her und reihen sie immer wieder aufs Neue aneinander, bis Sie sicher sind, dass Sie die ideale Anordnung gefunden haben. Eine solche Vorgehensweise ist für Sie selbstverständlich, Sie sind einfach immer bestrebt, Ihre Aufgaben auf die eleganteste Weise zu erledigen. Weniger organisationsbegabte Mitmenschen erstarren angesichts Ihrer organisatorischen Fähigkeiten in Ehrfurcht. Sie fragen sich, wie man nur so viele Dinge gleichzeitig in seine Überlegungen einbeziehen kann. Es ist ihnen ein Rätsel, wie Sie es bewerkstelligen, umfassende, vielschichtige Pläne mit spielerischer Leichtigkeit durch brandneue Konzepte zu ersetzen. Für Sie dagegen ist gar keine andere Vorgehensweise denkbar. In Sachen Flexibilität sind Sie einfach unschlagbar, und zwar unabhängig davon, ob Sie nun in letzter Sekunde Ihre Reiseroute ändern, weil plötzlich ein günstigerer Anschlussflug oder Reisepreis verfügbar ist, oder ob Sie die ideale Kombination von Mitarbeitern und Betriebsmitteln zur Fertigstellung eines bestimmten Projektes aushecken. Ob es sich nun um ganz banale oder sehr komplexe Zusammenhänge handelt, Sie sind immer auf der Suche nach der richtigen Zusammenstellung. Und wenn dazu noch eine bestimmte Dynamik ins Spiel kommt, geraten Sie so richtig in Fahrt. Manche Menschen reagieren angesichts einer unerwarteten Entwicklung der Dinge mit dem Festklammern an ihre so sorgfältig ausgearbeiteten Pläne oder mit Verweisen auf Richtlinien und Verfahrensweisen, die doch, bitte schön, einzuhalten sind. Sie dagegen begeben sich mitten ins Chaos, machen neue Möglichkeiten ausfindig, erschließen neuartige, effiziente Wege, gehen neue Partnerschaften ein und halten sich dabei sämtliche Optionen offen. Denn schließlich könnte sich ja immer plötzlich eine noch günstigere Möglichkeit ergeben.

Und so sprechen Arrangeure über sich:

Sarah P., Leiterin des Finanzwesens:»Ich mag komplizierte Problemstellungen, bei denen ich mir den Kopf zerbrechen und herausfinden muss, wie die einzelnen Teile zusammenpassen, wirklich. Manche Leute betrachten eine Situation, sehen 30 Variablen und versuchen dann, alle 30 miteinander in Einklang zu bringen. Wenn ich dieselbe Situation sehe, sehe ich etwa drei Alternativen. Und weil ich nur drei sehe, ist es leichter für mich, eine Entscheidung zu treffen und dann alles richtig einzuordnen.«

Grant D., Betriebsleiter:»Ich erhielt vor einigen Tagen eine Meldung von unserer Fertigungsstätte, die besagte, dass die Nachfrage nach einem unserer Produkte die Planungen bei weitem übertroffen hatte. Ich dachte einen Augenblick darüber nach, und dann kam mir blitzartig eine Idee: das Produkt einfach wöchentlich, nicht monatlich versenden. Also sagte ich: ›Rufen Sie die europäischen Vertretungen an, fragen Sie sie, wie hoch ihre Nachfrage ist, schildern Sie ihnen unsere Situation, und dann fragen Sie, wie hoch ihre wöchentliche Nachfrage ist.‹ Auf diese Weise können wir die Anforderungen erfüllen, ohne Lagerbestände aufzubauen. Natürlich, es wird die Versandkosten in die Höhe treiben, aber das ist immer noch besser, als zu großen Bestand an einem Ort und nicht genug an einem anderen zu haben.«

Jane B., Unternehmerin:»Manchmal, zum Beispiel wenn wir alle ins Kino oder zum Fußballspiel gehen, treibt mich dieses Talent Arrangeur die Wände hoch. Meine Familie und Freunde verlangen alles von mir: ›Jane wird die Karten kaufen‹, ›Jane wird die Hinfahrt organisieren.‹ Warum muss ich das immer tun? Aber sie sagen einfach: ›Weil du es gut machst. Wir würden dazu eine halbe Stunde brauchen. Du kannst das viel schneller. Du rufst einfach die Vorverkaufskasse an, bestellst die richtigen Karten, und das war es dann auch schon.‹«

Autorität

Aufgrund Ihrer natürlichen Autorität übernehmen Sie gerne Verantwortung. Sie haben auch keine Probleme damit, andere mit Ihren Ansichten zu konfrontieren, ganz im Gegenteil. Sobald Sie sich eine Meinung gebildet haben, müssen Sie diese unbedingt anderen mitteilen. Und wenn Sie ein Ziel ins Auge gefasst haben, lassen Sie nicht locker, bis Sie Ihre gesamte Umgebung darauf eingeschworen haben. Sie gehen beherzt allen möglichen Auseinandersetzungen entgegen, denn in Ihren Augen ist ein Konflikt stets der erste Schritt, ein Problem zu lösen. Wo andere sich kaum trauen, der traurigen Wahrheit ins Auge zu blicken, fühlen Sie sich berufen, die wenig schmeichelhaften Tatsachen auf einem Silbertablett zu präsentieren. Sie sind eben für Klarheit in Beziehungen und fordern von Ihren Mitmenschen Realitätssinn und Ehrlichkeit, und ein bisschen mehr Mut könnte Ihrer Meinung auch nicht schaden. Manche Menschen fühlen sich aus diesem Grund von Ihnen eingeschüchtert und nehmen Ihnen das auch übel. Möglicherweise hält man Sie für rechthaberisch, aber dessen ungeachtet überlässt man Ihnen in der Regel bereitwillig die Führung. Denn schließlich wirkt eine Person, die eindeutig Stellung bezieht und eine klare Linie vertritt, positiv und motivierend auf andere. Sie verkörpern Autorität und Präsenz, deswegen fühlen sich andere Menschen zu Ihnen hingezogen.

Und so sprechen autoritäre Menschen über sich:

Malcolm M., Gastronomie-Manager: »Ein Grund, warum ich auf Menschen wirke, ist, dass ich so offen bin. Tatsächlich sagen die Leute, dass ich sie zunächst einschüchtere. Nachdem ich ein Jahr mit ihnen arbeite, sprechen wir manchmal darüber. Sie sagen: ›Junge, Malcolm, als ich hier anfing, fürchtete ich mich zu Tode.‹ Wenn ich frage, warum, sagen sie: ›Ich habe niemals bei jemandem gearbeitet, der einfach alles so frei heraus sagte. Was es auch immer war, was immer gesagt werden musste, Sie sagten es einfach.‹«

Rick P., Führungskraft im Einzelhandel: »Wir haben ein Wellness-Programm, bei dem Sie, wenn Sie weniger als vier alkoholische Getränke pro Woche trinken, 25 Dollar bekommen; wenn Sie nicht rauchen, bekommen Sie 25 Dollar im Monat. Und eines Tages hörte ich, dass einer meiner Lagerleiter wieder rauchte. Das war nicht gut. Er rauchte im Laden, war für die Mitarbeiter ein schlechtes Beispiel und beanspruchte dennoch die 25 Dollar. So etwas kann ich einfach nicht für mich behalten. Es war nicht angenehm, aber ich konfrontierte ihn sofort und direkt damit: ›Hören Sie auf damit, oder Sie sind entlassen.‹ Er ist im Prinzip ein guter Kerl, aber so etwas darf man nicht einreißen lassen.«

Diane N., Hospiz-Angestellte:»Ich halte mich nicht für energisch, aber ich übernehme die Führung. Wenn Sie in einen Raum mit einem sterbenden Menschen und seiner Familie gehen, müssen Sie die Führung übernehmen. Sie wollen, dass Sie die Führung übernehmen. Sie stehen etwas unter Schock, sind ein wenig verängstigt, ein wenig ablehnend. Im Grunde genommen sind sie verwirrt. Sie brauchen jemanden, der ihnen sagt, was als nächstes geschehen wird, was sie erwarten können. Dass es nicht leicht sein wird, aber dass es auf eine gewisse Weise in Ordnung sein wird. Sie wollen kein Getue, sie wollen Klarheit und Ehrlichkeit. Ich gebe sie ihnen.«

Bedeutsamkeit

Ihnen ist wichtig, in den Augen anderer als bedeutsame Person zu erscheinen und anerkannt zu werden. Sie wollen gehört werden und legen Wert darauf, sich von anderen abzuheben. Sie verlangen Anerkennung für die einzigartigen Stärken, die Sie von anderen unterscheiden. Sie erwarten Bewunderung für die Glaubwürdigkeit, Professionalität und den Erfolg, durch den Sie sich auszeichnen. In Ihrer Umgebung setzen Sie dieselben Qualitäten voraus. Falls diese Eigenschaften nicht vorhanden sind, sorgen Sie dafür, dass sie allmählich entwickelt werden. Ist dies nicht möglich, wenden Sie sich ab. Sie sind unabhängiges Denken gewohnt, und Ihre Arbeit ist für Sie nicht nur ein Job, sondern eine Lebensweise, mit der Sie eine möglichst hohe Handlungsfreiheit anstreben. Ihren Wünschen und Vorlieben messen Sie eine große Bedeutung bei. Deshalb steuern Sie Ihre Ziele mit einer außergewöhnlichen Bestimmtheit an und heben sich dadurch eindeutig vom Mittelmaß ab. Ihr Streben nach Bedeutsamkeit führt Sie auf diese Weise zu immer neuen Erfolgen.

Und so sprechen Menschen, denen Bedeutsamkeit wichtig ist, über sich:

Mary P., Führungskraft im Gesundheitsdienst: »Frauen wird fast vom ersten Tag an gesagt: ›Sei nicht zu stolz. Trag den Kopf nicht so hoch.‹ Und ähnliche Sprüche. Aber ich habe gelernt, dass es in Ordnung ist, Kraft zu haben, es ist in Ordnung, stolz zu sein, und es ist in Ordnung, ein starkes Ego zu haben. Und auch, dass ich es im Griff haben und in die richtigen Richtungen lenken muss.«

Kathie J., Anwältin: »Soweit meine Erinnerung zurückreicht, hatte ich das Gefühl, dass ich etwas Besonderes sei, dass ich die Führung übernehmen und die Dinge voranbringen könnte. In den 60er Jahren war ich die erste weibliche Partnerin in meiner Sozietät und ich kann mich noch daran erinnern, dass ich in jedem Sitzungssaal die einzige Frau war. Es ist eigenartig, daran zurückzudenken. Es war hart, aber ich denke, ich genoss doch den Druck, es durchzustehen. Ich genoss es, der ›weibliche‹ Partner zu sein. Weil ich wusste, dass sich jeder an mich erinnern würde. Ich wusste, dass alle mich bemerkten und mir Aufmerksamkeit schenkten.«

John L., Arzt: »Mein ganzes Leben lang hatte ich das Gefühl, auf der Bühne zu stehen. Ich war mir *immer* einer Zuhörerschaft bewusst. Wenn ich bei einem Patienten sitze, möchte ich, dass mich der Patient als den besten Arzt sieht, den er je hatte. Wenn ich vor Medizinstudenten eine Vorlesung halte, möchte ich als der beste Medizindozent dastehen, den sie je hatten. Ich möchte den Preis ›Dozent des Jahres‹ verliehen bekommen. Meine Chefin ist eine großartige Zuhörerin für mich. Sie zu enttäuschen, würde mich umbringen. Es ist furchterregend, zu denken, dass ein Teil meiner Selbstachtung in den Händen anderer Menschen liegt, aber dann wiederum hält es mich in Trab.«

Behutsamkeit

»Vorsicht ist besser als Nachsicht« – dieses Motto hat Sie bereits vor manchem Missgeschick bewahrt. Sie sind der Meinung, dass die Welt einigermaßen unberechenbar ist und wollen sich deswegen nicht gerne unnötig exponieren. An der Oberfläche mag es ja noch ganz friedlich zugehen, Sie wittern jedoch bereits das drohende Unheil, das in der Tiefe lauert. Sie halten nichts davon, diese Gefahren zu leugnen, sondern tun im Gegenteil alles, um sie ans Tageslicht zu bringen. Auf diese Weise kann jede einzelne Bedrohung klar identifiziert, eingeschätzt und auf ein Minimum reduziert werden. Es versteht sich von selbst, dass ein relativ ernsthafter Mensch wie Sie dem Leben einigermaßen reserviert gegenübersteht. So planen Sie beispielsweise gerne gleich im Voraus ein, was schief gehen könnte. Auch bei der Auswahl Ihrer Freunde lassen Sie Sorgfalt walten und verlassen sich, wenn sich das Gespräch um persönliche Dinge dreht, lieber auf Ihre eigene Meinung. Um Missverständnissen aus dem Weg zu gehen, verteilen Sie Lob und Anerkennung nur in geringfügigen Dosen. Sie nehmen dafür auch in Kauf, bei anderen Menschen nicht eben die Hitliste der Beliebtheit anzuführen. Doch das tragen Sie mit Gelassenheit, denn schließlich ist das Leben ja kein Wettbewerb um Popularität. Für Sie ist es eher eine Art Minenfeld, in das andere, ohne viel nachzudenken, Hals über Kopf hineinstolpern. Sie behalten sich eben vor, anders vorzugehen. Zunächst einmal wägen Sie die tatsächlichen Gefahren und deren mögliche Auswirkungen ab, und setzen dann behutsam einen Fuß vor den anderen, weil jeder Schritt sorgfältig bedacht sein will.

Und so sprechen behutsame Menschen über sich:

Dick H., Filmproduzent:»Bei mir geht es vor allem darum, die Zahl der Variablen am Drehort zu verringern. Je weniger Variablen, desto geringer das Risiko. Wenn ich mit Regisseuren verhandle, beginne ich immer damit, ihnen bei einigen kleineren Dingen sofort Zugeständnisse zu machen. Und wenn ich dann die kleineren Fragen aus dem Spiel genommen habe, fühle ich mich besser. Ich kann mich konzentrieren. Ich kann das Gespräch steuern.«

Debbie M., Projektleiterin:»Ich bin Praktikerin. Wenn meine Kollegen alle ihre wunderbaren Ideen heraussprudeln, stelle ich Fragen wie: ›Wie soll das funktionieren?‹ ›Wie soll das von dieser oder jener

Gruppe akzeptiert werden?‹ Ich sage nicht, dass ich den Advocatus Diaboli spiele, weil das zu negativ ist, aber ich wäge die Auswirkungen ab und schätze das Risiko ein. Und ich denke, wir treffen alle aufgrund meiner Fragen bessere Entscheidungen.«

Jamie B., Angestellter im Kundendienst:»Ich bin kein sehr ordentlicher Mensch, aber eins tue ich immer: Ich prüfe zweimal. Ich tue es nicht, weil ich übervorsichtig oder sonst etwas bin. Ich tue es, um mich sicher zu fühlen. Ob bei Beziehungen oder bei der Leistung, ich bin übervorsichtig, und ich muss wissen, dass der Ast, auf dem ich sitze, mich trägt.«

Brian B., Angestellter der Schulbehörde:»Ich stelle einen funktionierenden Schulplan auf. Ich nehme an Konferenzen teil, und wir haben acht Ausschüsse. Wir haben in unserem Bezirk einen Prüfungsausschuss, aber mir gefällt das Grundkonzept nicht. Meine Chefin fragt: ›Wann kann ich den Plan sehen?‹ und ich sage: ›Noch nicht, ich habe ein ungutes Gefühl.‹ Ein Lächeln breitet sich auf ihrem Gesicht aus, und sie sagt: ›Mensch, Brian, ich will das nicht perfekt haben, ich brauche einfach einen Plan.‹ Aber sie lässt mich gehen, weil sie weiß, dass die Sorgfalt, die ich jetzt aufwende, sich in der Zukunft auszahlt. Wegen dieser Vorarbeiten bleibt die Entscheidung, wenn sie einmal getroffen ist, bestehen. Sie muss nicht umgestoßen werden.«

Bindungsfähigkeit

Sie pflegen Ihre Freundschaften. Das bedeutet nicht unbedingt, dass Sie ein scheues Wesen besitzen und neuen Bekanntschaften grundsätzlich aus dem Weg gehen. Möglicherweise gehen Sie aufgrund anderer Stärken mit Vergnügen auf Fremde zu. Dank der Ihnen eigenen Bindungsfähigkeit schätzen Sie jedoch eine vertraute Umgebung. Aus der Nähe zu Ihren Freunden ziehen Sie Sicherheit und ein behagliches Wohlgefühl. Sobald Sie jemanden näher kennen gelernt haben, streben Sie eine Vertiefung der Beziehung an. Sie möchten Ihre Freunde mehr als nur oberflächlich kennen und bieten im Gegenzug dazu ebenfalls einen tiefen Einblick in Ihr Leben. Sie sind vom Wunsch beseelt, die Gefühle, Ziele und Träume Ihrer Freunde zu kennen und zu verstehen und erwarten von ihrem Gegenüber dieselbe Einstellung. Dabei ist Ihnen ganz klar, dass sich aus einer solch engen Beziehung auch allerhand Probleme ergeben können. Davon lassen Sie sich jedoch in keiner Weise abschrecken, Sie interessieren sich nun mal ausschließlich für echte Beziehungen. Und die einzige Möglichkeit, eine solche Beziehung aufzubauen, besteht darin, sich seinem Gegenüber anzuvertrauen. Je mehr man miteinander teilt, desto größer ist auch die Gefahr, dass Schwierigkeiten auftreten. Mit dieser wachsenden Gefahr bestehen auch zunehmend Möglichkeiten, unter Beweis zu stellen, dass Ihr Interesse am anderen echt ist. Für Sie sind dies alles Schritte auf dem Weg zu echter Freundschaft, und Sie sind gerne bereit, einen Schritt nach dem anderen zu machen.

Und so sprechen bindungsfähige Menschen über sich:

Tony D., Pilot:»Ich flog früher bei der Marine, und Sie sollten sich mit dem Wort ›Freund‹ bei der Marine lieber gutstellen. Sie mussten damit umgehen können, jemandem zu vertrauen. Ich kann nicht sagen, wie oft ich mein Leben in die Hände eines anderen Menschen gab. Ich flog neben seiner Tragfläche, und ich wäre gestorben, wenn mein Freund mich nicht sicher hätte zurückbringen können.«

Jamie T., Unternehmerin:»Ich bin äußerst wählerisch bei meinen Freundschaften. Anfangs, wenn ich den Menschen das erste Mal begegne, will ich nicht viel Zeit für sie aufwenden. Ich kenne sie nicht, sie kennen mich nicht, also lassen Sie uns freundlich sein, und das war es dann. Aber wenn die Umstände es so ergeben, dass wir uns besser kennen lernen, scheint es, als ob eine Schwelle erreicht wird, an der ich plötzlich mehr investieren möchte. Ich gebe mehr von mir selbst, gebe mich ihnen hin, tue Dinge für sie, die uns ein wenig näher bringen und zeigen, dass ich ihnen gegenüber nicht gleichgültig bin. Es ist seltsam, weil ich keine Freunde mehr suche. Ich habe genug. Und doch fühle ich mich bei jedem neuen Menschen, den ich treffe, wenn diese Schwelle erreicht ist, genötigt, immer mehr zu investieren. Jetzt arbeiten zehn Leute bei mir, und ich würde jeden von ihnen als einen sehr guten Freund bezeichnen.«

Gavin T., Flugbegleiter:»Ich habe viele wunderbare Bekanntschaften, aber was richtige Freunde angeht, die mir am Herzen liegen, nicht sehr viele. Und das finde ich ganz gut. Meine besten Zeiten verbringe ich mit den Leuten, mit denen ich am engsten verbunden bin, wie meiner Familie. Wir sind eine sehr eng verbundene irisch-katholische Familie, und wir sind so oft wie möglich zusammen. Wir sind eine große Familie, ich habe fünf Brüder und Schwestern und zehn Nichten und Neffen, aber wir alle treffen uns etwa einmal im Monat und feiern. Ich bin der Katalysator. Wenn ich wieder einmal in Chicago bin, werde ich zum Anlass für diese Treffen, die drei oder vier Tage dauern, auch wenn es keinen Geburtstag oder Jubiläum oder was auch immer zu feiern gibt. Wir genießen es wirklich, zusammen zu sein.

Disziplin

Für Sie gibt es nichts Schlimmeres als eine unübersichtliche Umgebung. Sie haben ein Bedürfnis nach Ordnung und Planung und bringen feste Strukturen in Ihre Umwelt. Sie orientieren sich an festen Gewohnheiten und legen Zeitrahmen und Fristen fest. Langfristige Projekte teilen Sie in mehrere kürzere, überschaubare Abschnitte auf, die Sie sorgfältig abarbeiten. Möglicherweise sind Sie nicht in jeder Hinsicht ganz und gar ohne jeden Makel, worauf Sie jedoch keinesfalls verzichten können, ist Präzision. Ihrer Meinung nach bringt das Leben bereits genug Durcheinander mit sich, deswegen ist es wichtig, dass Sie die Dinge fest im Griff haben. Ihre Gewohnheiten, Zeitpläne und festen Strukturen sorgen dafür, dass Sie die Kontrolle nicht verlieren. Möglicherweise können weniger disziplinierte Zeitgenossen Ihr Bedürfnis nach Ordnung nicht immer nachvollziehen, dies muss jedoch nicht unbedingt zum Konflikt führen. Sie sollten verstehen, dass Ihr Bedürfnis nach Übersichtlichkeit nicht von jedem geteilt wird. Viele Menschen werden auf andere Weise mit ihrem Leben fertig. Sie können Ihre Mitmenschen jedoch dadurch unterstützen, dass Sie ihnen eine Orientierung an festen Strukturen nahe bringen. Sie mögen keine Überraschungen, ärgern sich über Fehler und pflegen Gewohnheiten, was ja nicht zwangsläufig mit Kontrollverhalten und Pingeligkeit gleichzusetzen ist. Vielmehr handelt es sich hier um Verhaltensweisen, dank derer Sie sich in einer Umgebung, die jede Menge Ablenkungen bereithält, nicht von Ihren eigentlichen Zielen abbringen lassen.

Und so sprechen disziplinierte Menschen über sich:

Les T., Gastronomie-Manager:»Der Wendepunkt in meiner Karriere war vor einigen Jahren die Teilnahme an einem jener Zeitmanagement-Kurse. Ich war immer diszipliniert, aber ich nutze diese Fähigkeit intensiver, seit ich lernte, die Disziplin jeden Tag in einem festgelegten Verfahren zu nutzen. Dieser kleine Palm Pilot bedeutet, dass ich meine Mutter jeden Sonntag anrufe, statt zwei Monate ohne Anruf verstreichen zu lassen. Er bedeutet, dass ich jede Woche mit meiner Frau essen gehe, ohne dass sie fragen muss. Er bedeutet, dass meine Mitarbeiter wissen, dass ich, wenn ich etwas am Montag sehen will, am Montag anrufen werde, wenn ich es nicht gesehen habe. Dieser Palm Pilot ist so sehr zum Teil meines Lebens geworden, dass ich an allen meinen Hosen die Gesäßtasche verlängern ließ, damit er dort hineinpasst.«

Troy T., Verkaufsleiter:»Mein Ablagesystem mag nicht gerade schön aussehen, aber es ist sehr rationell. Ich schreibe alles mit der Hand auf, weil ich weiß, dass kein Kunde diese Akten sehen wird, warum soll ich also Zeit damit vergeuden, sie schön aussehen zu lassen? Mein ganzes Leben als Verkäufer beruht auf Terminen und Nachfassen. In meinem System kann ich alles verfolgen, sodass ich die Verantwortung nicht nur für meine Termine und das Nachfassen übernehme, sondern auch für meine Kunden und Kollegen. Wenn sie sich nicht wieder zu der versprochenen Zeit bei mir melden, werden sie eine E-Mail von mir erhalten. Wirklich, eines Tages sagte einer von ihnen:›Ich werde ohnehin auf Sie zurückkommen, weil ich weiß, dass Sie mir eine Voice-Mail schicken, wenn Sie nichts von mir hören.‹«

Diedre S., Büroleiterin:»Ich hasse Zeitvergeudung, also mache ich Listen, lange Listen, die mich bei der Sache halten. Heute stehen

19 Punkte auf meiner Liste, und ich werde 95 Prozent davon abarbeiten. Und das ist Disziplin, weil ich niemanden meine Zeit vergeuden lasse. Ich bin nicht unhöflich, aber ich kann Sie auf sehr taktvolle, humorvolle Weise wissen lassen, dass Ihre Zeit um ist.«

Einfühlungsvermögen

Sie haben ein Gespür für die Gefühle Ihrer Mitmenschen. Sie können sich in andere hineinversetzen und sind in der Lage, die Welt aus deren Perspektive zu betrachten. Dabei haben Sie sehr wohl Ihre eigene Sicht der Dinge. Sie sind auch nicht notwendigerweise geneigt, jeden Pechvogel, der Ihnen über den Weg läuft, zu bedauern. Hierin unterscheidet sich Einfühlungsvermögen grundsätzlich von Mitleid. Möglicherweise heißen Sie nicht alles gut, was andere tun. Sie können sie jedoch verstehen, und mit dieser Fähigkeit können Sie viel bewirken. Sie hören nämlich auch die unausgesprochenen Fragen und erfassen auf intuitive Weise die Bedürfnisse anderer Menschen. Wo andere um Worte ringen, finden Sie nicht nur die richtigen Worte, sondern treffen auch noch den richtigen Ton. Mit Ihrem Einfühlungsvermögen machen Sie anderen ihre eigenen Emotionen erst richtig bewusst, und deren Gefühlsleben nimmt Gestalt an. Das ist eine ganze Reihe von Gründen, aufgrund derer sich Menschen von Ihnen angezogen fühlen.

Und so sprechen einfühlsame Menschen über sich:

Alyce J., Geschäftsführerin:»Vor kurzem nahm ich an einem Treffen von Treuhändern teil, bei dem eine Teilnehmerin eine neue Idee vortrug, die für sie und den Fortbestand dieser Gruppe entscheidend war. Als sie fertig war, hatte niemand ihre Meinung angehört. Niemand hörte sie wirklich. Es war ein schlimmer, demoralisierender Augenblick für sie. Ich konnte es ihrem Gesicht ansehen, und sie war einen oder zwei Tage danach vollkommen verändert. Ich besprach die Sache schließlich mit ihr und half ihr, zu beschreiben, wie sie sich fühlte. Ich sagte: ›Etwas stimmt nicht‹, und sie begann zu reden. Ich sagte: ›Ich verstehe das gut. Ich weiß, wie wichtig das für Sie war, und Sie schienen außer sich‹, und so weiter. Und sie ging schließlich darauf ein, was in ihr vorging. Sie sagte: ›Sie sind die Einzige, die mir zugehört und die darüber mit mir gesprochen hat.‹«

Brian H., Geschäftsführer: »Wenn mein Team Entscheidungen trifft, sage ich gern: ›Okay, was wird diese Person dazu sagen? Was wird jene Person dazu sagen?‹ In anderen Worten, versetzen Sie sich selbst in ihre Lage. Lassen Sie uns über die Argumente aus ihrer Perspektive nachdenken, dann können wir umso überzeugender argumentieren.«

Janet P., Lehrerin: »Ich habe noch niemals Basketball gespielt, weil es das in meiner Kindheit für Frauen nicht gab, aber ich glaube, dass ich in einem Basketballspiel sagen kann, wenn sich das Spiel entscheidet, und dann möchte ich zu dem Trainer gehen und sagen: ›Treib sie an. Sie verlieren.‹ Einfühlungsvermögen wirkt auch in großen Gruppen; Sie können die Menge fühlen.«

Einzelwahrnehmung

Sie sind fasziniert von den einzigartigen Veranlagungen, die Sie bei jedem einzelnen Menschen wahrnehmen. Verallgemeinerungen und sämtliche Ausprägungen von Schubladendenken sind Ihnen dagegen zuwider. Sie sind der Meinung, dass bei einer Denkweise, die sich in erster Linie an festen Kategorien orientiert, die Hauptsache übersehen wird, nämlich die Einzigartigkeit jedes Menschen. Ihre ganze Aufmerksamkeit gilt den Unterschieden, die zwischen verschiedenen Personen bestehen. Aufmerksam beobachten Sie einzelne Menschen, und dabei entgeht Ihnen nichts: Wie jemand denkt, was ihn im Innersten umtreibt, wie er Beziehungen aufbaut, welchen Stil er pflegt, Sie registrieren einfach alles. Der Umgang mit Ihren Mitmenschen wird durch Ihre Fähigkeit zur differenzierten Wahrnehmung erheblich erleichtert. Für Sie ist es beispielsweise ein Leichtes, das richtige Geburtstagsgeschenk auszuwählen oder Personen, die gerne in der Öffentlichkeit gelobt werden, anders zu behandeln, als Menschen, die Sie mit öffentlicher Anerkennung nur in Verlegenheit bringen würden. Als Lehrer werden Sie mit Ihrem Unterrichtsstil sowohl Schülern gerecht, die mehr persönliche Führung brauchen, als auch denjenigen, die lieber selbst herausfinden, wie etwas funktioniert. Mit Ihrem ausgeprägten Blick für die Stärken Ihrer Mitmenschen können Sie sie dabei unterstützen, ihre starken Seiten auch optimal zu nutzen. Indem Sie beispielsweise einer bestimmten Person mitteilen, welche Begabung Sie an ihr beobachtet haben, schaffen Sie es, dass sie sich bemüht, noch mehr aus sich herauszuholen. Und selbstverständlich sind Sie dank Ihrer Beobachtungsgabe auch in der Lage, produktive Arbeitsteams zusammenzustellen. Während andere sich in kühne Theorien über die perfekte Teambildung hineinsteigern, sind Sie davon überzeugt, dass es in erster Linie darum geht, die einzelnen Rollen im Team richtig zu verteilen und dabei den einzelnen Mitarbeitern die Gelegenheit zu geben, ihre Stärken optimal einzusetzen.

Und so sprechen Menschen mit einer guten Einzelwahrnehmung über sich:

Les T., Gastronomie-Manager:»Carl ist einer unserer besten Leute, aber wir sprechen trotzdem noch jede Woche miteinander. Er braucht einfach das bisschen Aufmunterung und den Rückhalt, und danach ist er immer motiviert. Demgegenüber möchte Greg mich nicht so oft sehen, und deshalb brauche ich mich um ihn nicht zu kümmern. Und wenn wir uns sprechen, ist das eigentlich mehr meinetwegen.«

Marsha D., Verlagsleiterin:»Manchmal gehe ich aus meinem Büro, und – Sie kennen doch diese Sprechblasen über den Köpfen auf Karikaturen? – ich möchte diese kleinen Blasen über jedem Kopf sehen, die mir sagen, was darin vorgeht. Es klingt verrückt, nicht wahr, aber es geschieht immer wieder.«

Giles G., Verkaufsleiter:»Ich bin ziemlich neu in dieser Position, aber aus der ersten Anfangszeit kann ich mich an eine bestimmte Besprechung erinnern, als wir mit einem Thema nicht weiterkamen und um den heißen Brei herumredeten. Ich war frustriert und dachte plötzlich: ›Diese Leute haben mich noch nie wütend gesehen. Jetzt werde ich es ihnen einmal zeigen, um dann zu sehen, wie der Einzelne darauf reagiert.‹ Also wurde ich wütend, und es war interessant zu sehen, wie einige Leute es akzeptierten, andere es als Herausforderung verstanden und wieder andere sich verkrochen. Die Reaktionen sagten mir etwas über die einzelnen Personen aus, das mir nützte, um vorwärts zu kommen.«

Andrea H., Innenarchitektin: »Wenn Sie die Leute fragen, was ihr Stil ist, haben sie Schwierigkeiten, ihn zu beschreiben, deshalb frage ich sie: ›Was ist Ihr liebster Platz hier im Haus?‹ Und wenn ich das frage, leuchten ihre Gesichter auf, und dann wissen sie, wohin sie mich führen müssen. Von diesem einen Fleck an beginne ich dann, die Leute einzuschätzen und zu erkennen, was ihr Stil ist.«

Entwicklung

Sie sehen in anderen Menschen hauptsächlich das verborgene Potenzial. Sie sind der Ansicht, dass in Sachen Entwicklung niemandem Grenzen gesetzt sind. Jeder hat die Möglichkeit, sich immer noch weiter zu entfalten, und in jedem Menschen steckt eine Menge nicht verwirklichtes Können. Sie werden von diesem Potenzial angezogen. Ihnen geht es darum, anderen zum Erfolg zu verhelfen, sie aus der Reserve zu locken. Sie machen sich Gedanken darüber, welche Erfahrungen die Weiterentwicklung von anderen fördern könnten. Und Sie halten unermüdlich Ausschau nach vagen Anzeichen von Wachstum, wie zum Beispiel eine veränderte Verhaltensweise, optimierte Fertigkeiten, ein erhöhtes Qualitätsniveau oder fließende Bewegungen anstelle von ungelenken Schritten. Diese Anzeichen werden von anderen leichtfertig übersehen, für Sie sind sie jedoch eindeutige Signale dafür, dass ein Mensch wächst und seine Fähigkeiten weiterentwickelt. Sie selbst beziehen aus den Wachstumssignalen, die Sie an anderen bemerken, Stärke und Genugtuung. Und viele Menschen schätzen Ihre Hilfe und Unterstützung gerade deshalb, weil sie sich darüber im Klaren sind, dass Sie es mit Ihrer Hilfsbereitschaft aufrichtig meinen und sich auf diese Weise selber eine Freude machen.

Und so sprechen Menschen, die andere in ihrer Entwicklung unterstützen, über sich:

Marilyn K., College-Präsidentin:»Wenn zur Examenszeit eine Krankenschwesternschülerin über die Bühne geht, ist es gewöhnlich eine Frau um die 35. Sie bekommt ihr Diplom, und etwa 18 Stuhlreihen weiter hinten steht ein kleines Kind auf einem Stuhl und ruft: ›Ja, Mami!‹ Das liebe ich. Ich weine jedes Mal.«

John M., Werbefachmann:»Ich bin kein Rechtsanwalt, Arzt oder Kerzenhersteller. Meine Fertigkeiten sind anders. Sie haben damit zu tun, die Menschen und Motive zu verstehen, und der Spaß, den ich habe, beruht darauf, Leute zu beobachten, wie sie sich selbst entdecken, wie sie es nie für möglich gehalten hätten, und darauf, Menschen zu finden, die Talente aufweisen, die ich nicht habe.«

Anna G., Krankenschwester:»Ich hatte eine Patientin, eine junge Frau, mit einem so schweren Lungenschaden, dass sie ihr Leben lang Sauerstoff brauchen wird. Sie wird niemals die Energie oder die Stärke haben, ein normales Leben zu führen. Ich kam in das Krankenzimmer, und sie war verzweifelt. Sie wusste nicht, ob sie nicht atmen konnte, weil sie ängstlich war, oder ob sie ängstlich war, weil sie nicht atmen konnte. Und sie sprach von Selbstmord, weil sie nicht arbeiten konnte, ihren Mann nicht unterstützen konnte. Und deshalb brachte ich sie dazu, darüber nachzudenken, was sie tun könnte, statt über das, was sie nicht tun kann. Es stellte sich heraus, dass sie sehr kreativ und handwerklich geschickt ist, und deshalb sagte ich ihr: ›Sehen Sie, es gibt Dinge, die Sie tun können, und wenn diese Dinge Ihnen Freude bereiten, dann tun Sie sie. Es ist ein Anfang.‹ Und sie weinte und sagte:›Ich habe nur die Energie, eine einzige Schüssel zu töpfern.‹ Ich sagte:›Das ist heute. Morgen können Sie zwei töpfern.‹ Und zu Weihnachten stellte sie alle möglichen Dinge her und verkaufte sie sogar.«

Fokus

»Wohin gehe ich?« Diese Frage stellen Sie sich täglich. Als zielorientierter Mensch brauchen Sie klar umrissene Ziele, ohne die Sie sich schnell frustrieren lassen. Und so verbringen Sie jedes Jahr, jeden Monat und jede Woche mit Ihrer Lieblingsbeschäftigung: Sie legen Ihre Ziele fest. Unabhängig davon, ob Ihre Ziele kurzfristig oder langfristig sind, die wesentlichen Charakteristika sind immer dieselben: Ihre Ziele sind eindeutig definiert, sie sind messbar und in einen Zeitplan eingebunden. Diese Ziele dienen Ihnen als Kompass, mit dessen Hilfe Sie Prioritäten festlegen und notwendige Korrekturen vornehmen, die Sie wieder zurück auf den richtigen Kurs bringen. Als zielorientierter Mensch verfügen Sie über ein hoch entwickeltes Differenzierungsvermögen und wägen jeweils ab, inwiefern konkrete Schritte Sie Ihrem Ziel näher bringen. Ist dies nicht der Fall, scheiden die entsprechenden Möglichkeiten automatisch aus. Ihre Zielorientierung verhilft Ihnen zu einer hohen Effizienz. Die Kehrseite der Medaille besteht darin, dass Sie auf Verzögerungen, Hindernisse und Ablenkungen, und seien diese noch so angenehm, mit Ungeduld reagieren, was Sie allerdings zu einem außerordentlich wertvollen Mitarbeiter in einem Team macht. Denn sobald die anderen Teammitglieder sich in nebensächlichen Diskussionen zu verlieren beginnen, werden sie von Ihnen schnurstracks zum eigentlichen Thema zurückgeführt. Dank Ihrer stark ausgeprägten Zielorientierung vermitteln Sie anderen, dass sämtliche Wege, die sie nicht ihrem Ziel näher bringen, bedeutungslos sind. Und was bedeutungslos ist, hat keinen Anspruch auf Ihre Zeit. Auf diese Weise halten Sie alle auf Kurs.

Und so sprechen Menschen mit der Fähigkeit zu fokussieren über sich:

Nick H., Computerfachmann:»Für mich ist es sehr wichtig, leistungsfähig zu sein. Ich bin die Art von Mensch, der zweieinhalb Stunden für eine Runde Golf braucht. Als ich bei *Electronic Data Systems* war, arbeitete ich einen Fragebogen aus, mit dem ich jede Abteilung in 15 Minuten überprüfen konnte. Für den Gründer, Ross Perot, war ich ›der Zahnarzt‹, weil ich den Zeitplan für einen ganzen Tag mit diesen 15-Minuten-Besprechungen ausfüllte.«

Brad F., Verkaufsleiter:»Ich lege immer Prioritäten fest, und versuche, den schnellsten Weg zum Ziel herauszufinden, damit sehr wenig

Zeit verloren geht, sehr wenig Aktivität vergeudet wird. Zum Beispiel erhalte ich zahlreiche Anrufe von Kunden, wegen derer ich die Kundendienstabteilung anrufen muss, und statt jeden dieser Anrufe sofort zu erledigen und damit die Prioritäten des Tages durcheinander zu bringen, fasse ich sie zusammen und rufe einmal am Ende des Tages an und erledige alle auf einmal.«

Mike L., Geschäftsführer:»Die Leute sind verblüfft, wie ich für die Dinge eine Perspektive entwickle und auf Kurs bleibe. Wenn die Leute im ganzen Bezirk mit Fragen festsitzen und vor Schranken stehen, bin ich in der Lage, ihnen darüber hinweg zu helfen, den Fokus neu auszurichten und die Dinge wieder in Gang zu setzen.«

Doriane L., Hausfrau:»Ich bin einfach ein Mensch, der gern auf den Punkt kommt: in Gesprächen, bei der Arbeit und selbst wenn ich zusammen mit meinem Mann einkaufe. Er probiert gern eine Menge Dinge aus, und er hat auch genügend Zeit dafür, während ich jeweils eine Sache probiere, und wenn ich sie mag und sie nicht übermäßig teuer ist, kaufe ich sie. Ich bin eine kritische Konsumentin.«

Gleichbehandlung

Sie legen Wert auf das richtige Gleichgewicht und behandeln alle Menschen gleich, unabhängig von ihrem Status oder ihrer gesellschaftlichen Stellung. Es stimmt Sie bedenklich, wenn jemand alle Vorteile auf seiner Seite hat, denn Sie glauben, dass auf diese Weise Selbstsucht und Egoismus gefördert werden. Außerdem halten Sie nichts von einem System, in dem bestimmte Personen aufgrund ihrer Beziehungen, ihres gesellschaftlichen Hintergrundes oder einfach, weil sie ihrem Glück nachzuhelfen wissen, stets die Nase vorn haben – Sie finden solche Zustände unerträglich. Sie verstehen sich selber als eine Art Schutzpatron gegen soziale Ungerechtigkeit. Im Unterschied zu einer Welt, in der die durchtriebensten Gestalten die größten Erfolge verbuchen können, favorisieren Sie eine Umgebung, in der klare Regeln herrschen, die für alle Beteiligten gleichermaßen gelten. In einer solchen Umgebung sind die an den Einzelnen gerichteten Erwartungen klar und eindeutig. Eine solche Umgebung bietet gerechte Voraussetzungen für alle, und jeder hat die Möglichkeit, zu zeigen, was in ihm steckt.

Und so sprechen Menschen, denen Gleichbehandlung wichtig ist, über sich:

Simon H., Generaldirektor eines Hotels: »Ich erinnere meine Direktionskollegen oft daran, dass sie ihr Parkplatzprivileg nicht missbrauchen oder ihre Position nicht zum Golfspielen nutzen sollten, wenn Gäste warten. Sie mögen es nicht, dass ich darauf hinweise, aber ich bin einfach ein Mensch, der es hasst, wenn Leute ihre Position missbrauchen. Ich verbringe auch sehr viel Zeit mit unseren Teilzeitkräften. Ich habe einen enormen Respekt vor ihnen. Ehrlich, wie ich meinen Kollegen schon einmal sagte, je niedriger die Mitarbeiter in unserer Hierarchie angesiedelt sind, desto besser behandle ich sie.«

Jamie K., Zeitschriftenredakteur: »Ich bin der Mensch, der immer für den Benachteiligten eintritt. Ich finde es schrecklich, wenn Leute wegen irgendwelcher Umstände in ihrem Leben, die sie nicht beeinflussen konnten, unfair behandelt werden. Deshalb werde ich bei meiner alten Uni ein Stipendium einrichten, damit Journalismus-Studenten mit eingeschränkten Mitteln Praktika in der Arbeitswelt absolvieren können, ohne dass sie weiter die Studiengebühren bezahlen müssen. Ich hatte Glück. Als ich Volontär bei *NBC* in New York war, konnte meine Familie sich das leisten. Manche Familien können es nicht, aber auch diese Studenten sollten eine faire Chance erhalten.

Ben F., Betriebsleiter: »Zollen Sie immer dort Anerkennung, wo sie angebracht ist, das ist mein Motto. Wenn ich in einer Besprechung bin und eine Idee vortrage, die einer meiner Mitarbeiter hatte, stelle ich sicher, dass ich öffentlich darauf hinweise, dass sie von ihm stammt. Warum? Weil meine Chefs es immer genau so mit mir machten, und heute erscheint es mir nur als fair und richtig.«

Harmoniestreben

Sie suchen nach Bereichen, in denen Übereinstimmung herrscht. Sie sind davon überzeugt, dass Konflikte nirgendwo hinführen, deswegen sind Sie bestrebt, sie auf ein Minimum zu reduzieren. Umgeben von Menschen mit unterschiedlichen Ansichten, bemühen Sie sich stets, die Gemeinsamkeiten zu betonen. Geschickt lenken Sie von Meinungsverschiedenheiten ab und bringen das Gespräch in harmonische Bahnen. Tatsächlich ist Harmonie ein zentraler Wert für Sie. Sie finden es geradezu ungeheuerlich, wie viel Zeit manche Leute damit verschwenden, dass sie versuchen, anderen ihre Überzeugung aufzunötigen. In Ihren Augen wäre es wesentlich produktiver, wenn alle ihre Meinung öfter mal für sich behielten und sich stattdessen in erster Linie um Verständnis und gegenseitige Unterstützung bemühten. Hiervon sind Sie fest überzeugt, und Sie selber richten sich nach Ihrer Überzeugung. Während bestimmte Zeitgenossen lautstark ihre Ansprüche geltend machen und mit einem wahren Feuereifer ihre Überzeugungen in die Welt posaunen, halten Sie sich lieber zurück. Wo andere kurz entschlossen in eine bestimmte Richtung losmarschieren, schließen Sie sich um der Eintracht willen an. Sie sind bereit, Ihre eigenen Ziele unterzuordnen, solange Ihre zentralen Werte nicht bedroht sind. Wenn sich aus zunächst harmlosen Gesprächen ein heißes Gefecht um die jeweilige Lieblingstheorie entspinnt, lenken Sie das Gespräch wieder zurück in ruhiges Fahrwasser, zurück zu ganz praktischen Themen, über die Einigkeit besteht. Für Sie ist klar, dass wir alle im selben Boot sitzen, und dass wir ohne das Boot nicht ans Ziel kommen. Und es gibt auch keinen Grund, es mal so richtig ins Schwanken zu bringen, nur um zu beweisen, dass dies möglich ist.

Und so sprechen Menschen, denen Harmonie wichtig ist, über sich:

Jane C., Benediktinernonne: »Ich liebe Menschen. Ich baue leicht eine Beziehung zu ihnen auf, weil ich sehr anpassungsfähig bin. Ich nehme die Form des Gefäßes an, in das ich gegossen werde, und deshalb lasse ich mich nicht so leicht irritieren.«

Chuck M., Lehrer:»Ich schätze Konflikte im Unterricht nicht, aber ich habe gelernt, den Dingen ihren Lauf zu lassen, statt sie sofort abzubrechen. Am Anfang, als junger Lehrer, dachte ich, wenn jemand etwas Negatives sagte: ›Oh, warum musstest Du das sagen?‹ und versuchte, die Sache sofort abzubiegen. Aber heute versuche ich einfach, die Meinung eines anderen in der Klasse zu hören, sodass wir vielleicht verschiedene Ansichten über dasselbe Thema haben.«

Tom P., Techniker:»Ich kann mich lebhaft an die Zeit erinnern, als ich zehn oder elf war und einige der Kinder in meiner Schule zu streiten begannen. Aus irgendeinem Grund fühlte ich mich gezwungen, in dem Streit zu vermitteln und eine gemeinsame Basis zu finden. Ich war immer der Friedensstifter.«

Höchstleistung

Sie orientieren sich nicht am Durchschnitt, sondern streben nach Perfektion. Nur mit intensivem Einsatz und verstärkten Anstrengungen kann eine unterdurchschnittliche Leistung über den Durchschnitt angehoben werden. Ihrer Meinung nach ist dieses Ergebnis jedoch kaum der Mühe wert. Mit demselben Aufwand kann man eine bereits vorhandene Begabung perfektionieren, und das sehen Sie nun als echte Herausforderung an. Für Sie gibt es nichts Fesselnderes als echtes Talent, und damit meinen Sie gleichermaßen Ihr eigenes wie das Talent anderer Menschen. Sie gehen vor wie ein Edelsteinschleifer, der einen ganz unscheinbaren Stein in ein Kunstwerk verwandelt: Sie betrachten Ihr Material aufmerksam und orientieren sich an den ersten Anzeichen wirklicher Begabung, wie zum Beispiel völlig überraschende hervorragende Leistungen, eine rasche Auffassungsgabe oder spielerisch erlernte Fertigkeiten. Dies alles sind Anhaltspunkte dafür, dass tatsächlich eine starke Begabung im Spiel ist. Und wenn Sie einmal auf ein solches Talent gestoßen sind, tun Sie alles dafür, um es auszubauen, zu kultivieren und bis zur Perfektion zu bringen. Sie schleifen diese Begabung mit derselben Hingabe wie einen Rohdiamanten, der zum Schluss in allen Farben des Regenbogens zu funkeln beginnt. Ihre Zeit verbringen Sie allerdings gerne mit Menschen, die Ihre speziellen Begabungen zu schätzen wissen. Und natürlich fühlen Sie sich zu Menschen hingezogen, die ebenfalls etwas aus ihrer Begabung machen. Dagegen gehen Sie Leuten aus dem Weg, die aus Ihnen gerne einen adretten, durchschnittlichen Zeitgenossen machen würden – bestimmt findet sich ein anderes Opfer, das statt Ihrer bearbeitet werden kann. Sie haben keine Lust, sich über Eigenschaften Gedanken zu machen, die Ihnen abgehen. Sie finden es sinnvoller, das vorhandene Talent zu bearbeiten. Das macht mehr Spaß, ist zudem auch produktiver, und es ist eine echte Herausforderung.

Und so sprechen Menschen, die Höchstleistungen erbringen, über sich:

Gavin T., Flugbegleiter:»Ich unterrichtete zehn Jahre lang Aerobic, und ich legte immer Wert darauf, die Leute zu fragen, was ihnen an sich selbst gefiel. Wir alle haben Teile unseres Körpers, die wir gern ändern möchten, oder die anders aussehen sollten, aber sich darauf zu konzentrieren kann sehr destruktiv sein. Es wird zu einem Teufelskreis. Deshalb sagte ich: ›Sehen Sie, das müssen Sie nicht tun. Lassen Sie uns stattdessen auf die Attribute schauen, die Ihnen an Ihnen gefallen, und dann haben wir alle ein besseres Gefühl, wenn wir unsere Energie dafür aufwenden.‹«

Amy T., Zeitschriftenredakteurin:»Es gibt nichts, was ich mehr hasse, als einen schlecht geschriebenen Artikel zu verbessern. Wenn ich der Verfasserin einen klaren Schwerpunkt gegeben habe, und sie kommt mit einem Text an, der vollkommen daneben liegt, bringe ich es fast nicht fertig, den Text zu redigieren. Ich neige eher dazu, ihn ihr einfach zurückzugeben und zu sagen: ›Schreiben Sie es einfach noch mal.‹ Was ich andererseits liebe, ist, einen Text, der den Kern trifft, zu lesen und ihn dann zur Perfektion zu bringen. Wissen Sie, einfach das richtige Wort an dieser Stelle, dann etwas weglassen, und plötzlich ist es ein brillanter Text.«

Marshall G., Marketingleiter:»Ich bin wirklich gut darin, den Leuten ein Ziel vorzugeben und dann ein Gefühl von Teamgeist zu vermitteln, wenn wir gemeinsam darauf hinarbeiten. Aber ich bin nicht so gut im strategischen Denken. Zum Glück habe ich einen Chef, der dafür Verständnis hat. Wir arbeiten seit einer ganzen Reihe von Jahren zusammen. Er hat Leute gefunden, die die strategische Aufgabe übernehmen und forderte mich gleichzeitig auf, noch stärker im Fokus zu werden und den Teamgeist zu fördern. Ich habe ziemliches Glück, einen Chef zu haben, der so denkt. Es macht mich sicherer und hilft mir, viel schneller vorwärts zu kommen, da ich weiß, dass mein Chef weiß, worin ich gut bin und worin nicht, und mit Letzterem plagt er mich nicht.«

Ideensammler

Sie interessieren sich für alles Mögliche und sammeln alles Mögliche – das können beispielsweise Wörter sein, Fakten, Bücher oder Zitate. Es kann sich auch um konkrete Gegenstände handeln wie Schmetterlinge, Münzen, Porzellanpuppen oder Fotografien. Sie sammeln etwas Bestimmtes, weil es Sie interessiert. Und eigentlich finden Sie vieles sehr interessant. Die ganze Welt ist aufgrund der Vielzahl und Komplexität der verschiedensten Lebewesen, Dinge und Sachverhalte ungemein aufregend. Wahrscheinlich lesen Sie mit Begeisterung, wobei es Ihnen weniger darum geht, eine bestimmte Theorie bis ins Detail auszufeilen, sondern darum, Ihre Archive um Information zu bereichern. Und wahrscheinlich reisen Sie genauso gerne, weil es an jedem neuen Ort Neues zu sehen gibt. Die neue Information wird gesammelt und aufbewahrt. Eigentlich wissen Sie nicht so recht, warum Sie das zusammengetragene Material archivieren und wann oder wozu Sie es jemals wieder brauchen könnten. Aber wer weiß? Es könnte ja in Zukunft zu etwas nütze sein. Sie haben eine ganze Reihe von möglichen Verwendungszwecken im Kopf und werfen nur sehr ungern etwas weg. Also sammeln Sie weiter, stellen Material zusammen und bewahren es auf. Für Sie ist dies ein interessanter Vorgang, der Ihre geistige Frische erhält. Und vielleicht, vielleicht ja schon sehr bald, könnte irgendetwas davon nützlich sein.

Und so sprechen Menschen, die Ideen sammeln, über sich:

Ellen K., Schriftstellerin:»Schon als Kind stellte ich fest, dass ich alles wissen wollte. Ich machte ein Spiel aus meinen Fragen. ›Welche Frage habe ich heute?‹ Ich dachte mir haarsträubende Fragen aus, und dann suchte ich nach den Büchern, die sie beantworten sollten. Ich überforderte mich oft selbst, schnüffelte in Büchern, die ich überhaupt nicht verstand, aber ich las sie, weil sie irgendwo meine Antwort hatten. Meine Fragen wurden zu meinem Werkzeug, das mich von einer Information zur nächsten führte.«

John F., Personalleiter:»Ich gehöre zu den Leuten, die denken, dass das Internet die größte Erfindung seit der Erfindung der Bratkartoffel ist. Ich war häufig frustriert, aber heute gehe ich, wenn ich wissen will, wie der Aktienmarkt steht oder wie die Regeln eines bestimmten Spiels sind oder wie hoch das Bruttosozialprodukt Spaniens ist oder irgendetwas anderes, einfach an den Computer, beginne zu suchen und finde es schließlich.«

Kevin F., Verkäufer:»Ich bin über einigen Müll, der sich in meinem Kopf ansammelt, verwundert, und ich spiele gern *Jeopardy* und *Trivial Pursuit* und ähnliche Spiele. Es macht mir nichts aus, etwas wegzuwerfen, solange es sich um materielle Dinge handelt, aber ich mag es nicht, Wissen oder gesammeltes Wissen zu vergeuden, oder etwas nicht ganz lesen zu können, wenn ich es mag.«

Integrationsbestreben

Sie sind davon überzeugt, dass alle Menschen in irgendeiner Weise integriert werden sollten, um sich als Teil einer Gruppe zu fühlen. Im Unterschied zu Menschen, die sich gerne in exklusiven Zirkeln bewegen, gehen Sie Kreisen aus dem Weg, bei denen nicht alle gleichermaßen willkommen sind. Sie erweitern dagegen Ihren Kreis ständig, damit so viele wie möglich daran teilnehmen und ihren Nutzen daraus ziehen können. Ihnen missfällt die Vorstellung, dass Menschen ausgeschlossen werden und ganz alleine dastehen. Sie treten dafür ein, alle zu integrieren und an dem wohligen Gefühl der Zusammengehörigkeit teilnehmen zu lassen. Sie nehmen andere, wie sie sind und messen Unterschieden im Hinblick auf die ethnische Zugehörigkeit, auf religiöse Überzeugungen und persönliche Veranlagungen keine große Bedeutung bei. Sie halten sich mit Urteilen über andere Menschen zurück, denn wozu sollten Sie jemanden unnötig kränken? Im Grunde sind Sie anderen gegenüber auch nicht etwa deshalb so tolerant, weil Sie davon ausgehen, dass alle Menschen verschieden sind und man die Verschiedenheit eben respektieren muss. Sie sind vielmehr davon überzeugt, dass alle Menschen gleich sind. Alle sind gleichermaßen etwas Besonderes, und alle sind gleich wichtig, deswegen haben alle das Recht, beachtet zu werden. Alle müssen integriert werden, das sind wir einander schuldig.

Und so sprechen integrative Menschen über sich:

Harry B., Outplacement-Berater:»Schon als Kind war ich, obwohl ich sehr schüchtern war, immer darauf aus, die anderen Kinder zum Spielen aufzufordern. Beim Bilden von Gruppen oder Mannschaften in der Schule wollte ich immer, dass sich alle daran beteiligten. Tatsächlich kann ich mich daran erinnern, dass ich, als ich zehn oder elf Jahre alt war, einen Freund hatte, der nicht unserer Kirchengemeinde angehörte – er war Katholik. Wir waren bei einem Festessen der Kirche, und er sah durch die Tür, weil wir normalerweise an jenem Abend unser Jugendtreffen hatten. Ich stand sofort auf, holte ihn zu unserer Familie herüber und ließ ihn am Tisch Platz nehmen.«

Jeremy B., Strafverteidiger:»Als ich mit diesem Beruf begann, traf ich Leute und schloss mit ihnen fast immer am ersten Tag dicke Freundschaften, nur um später herauszufinden, dass diese Menschen viele Probleme hatten, aber dann hatte ich sie bereits zum Essen oder in meinen Freundeskreis eingeladen. Mein Partner Mark denkt eher so: ›Warum genau willst du diese Personen mitbringen?‹ Und dann ist es die Frage, herauszufinden, warum sie mir gefielen, als ich sie das erste Mal traf. Und, wissen Sie, wir versuchen, uns auf genau diesen Aspekt zu konzentrieren... Denn wissen Sie, wenn ich sie einmal in unseren Kreis geholt habe, lasse ich sie nicht mehr fallen.«

Giles D., Ausbilder: »Im Unterricht scheine ich in der Lage zu sein, zu spüren, wenn sich jemand aus der Gruppendiskussion ausklinkt, und ich ziehe ihn sofort wieder zurück in das Gespräch. Letzte Woche gerieten wir in eine langwierige Diskussion über Leistungsbeurteilungen, und eine Frau schwieg die ganze Zeit. Deshalb sprach ich sie einfach an: ›Monica, Sie haben doch schon einmal Leistungsbeurteilungen bekommen. Haben Sie irgendwelche Ideen zu dem Thema?‹ Ich denke wirklich, dass dies mir als Ausbilder geholfen hat, denn wenn ich keine Antwort auf etwas weiß, ist es sehr oft die von mir einbezogene Person, die die Antworten für mich gibt.«

Intellekt

Sie haben eine Vorliebe fürs Nachdenken sowie für überhaupt jede geistige Aktivität. Mit Vergnügen trainieren Sie Ihre grauen Zellen, indem Sie sie ständig in Bewegung halten. Möglicherweise richtet sich Ihre geistige Aktivität auf einen bestimmten Gegenstand, wie zum Beispiel auf die Lösung eines bestimmten Problems, auf die Entwicklung einer bestimmten Idee oder auf das Verständnis von anderen Menschen. Womit genau sich Ihr Verstand beschäftigt, ist von Ihren übrigen Stärken abhängig. Es ist jedoch auch möglich, dass Ihre geistige Aktivität nicht zielgerichtet ist. Bei der hier beschriebenen Eigenschaft geht es nicht darum, womit sich Ihr Verstand auseinander setzt, sondern lediglich darum, dass Sie ihn ständig beschäftigen. Sie leisten sich in gewisser Weise am liebsten selbst Gesellschaft, weil Sie dann ganz ungestört in sich hineinhorchen und Ihren Gedanken nachgehen können. Sie genießen es, alleine zu sein, denn sowohl die Fragen als auch die Antworten kommen aus Ihrem Inneren. Dies kann bisweilen dazu führen, dass Sie angesichts der Diskrepanz zwischen Ihrer eigentlichen Tätigkeit und Ihrer lebhaften Gedankenwelt eine gewisse Unzufriedenheit verspüren. Es ist jedoch auch möglich, dass sich Ihre Gedanken ganz pragmatischen Dingen zuwenden, wie zum Beispiel den konkreten Tagesereignissen oder einem bevorstehenden Gespräch. Ein Leben ohne ständige geistige Aktivität ist für Sie unvorstellbar.

Und so sprechen intelligente Menschen über sich:

Lauren H., Projektleiterin:»Ich nehme an, dass die meisten Leute, die mich im Vorübergehen treffen, mich für verdammt extrovertiert halten. Ich leugne nicht die Tatsache, dass ich gerne unter Menschen bin, aber sie wären verblüfft, wenn sie wüssten, wie viel Zeit ich für mich selbst, wie viel Einsamkeit ich brauche, um in der Öffentlichkeit zu funktionieren. Ich liebe es, alleine zu sein. Ich liebe Einsamkeit, weil sie mir die Möglichkeit gibt, meinen diffusen Fokus mit etwas anderem spielen zu lassen. Dann habe ich meine besten Ideen. Meine Ideen müssen spielen können und wie Wasser ›perlen‹ können. Ich sagte den folgenden Satz schon, als ich noch ziemlich jung war: ›Ich habe meine Ideen da hineingesteckt, und nun muss ich warten, bis sie perlen.‹«

Michael P., Marketingleiter:»Es ist merkwürdig, aber ich habe herausgefunden, dass ich Lärm um mich herum haben muss, oder ich kann mich nicht konzentrieren. Teile meines Gehirns müssen beschäftigt sein, sonst geht es so schnell in so viele Richtungen, dass ich nichts fertig bekomme. Wenn ich mein Gehirn mit dem Fernsehen oder meinen Kindern beschäftigen kann, dann kann ich mich noch besser konzentrieren.«

Jorge H., Fabrikleiter und ehemaliger politischer Gefangener:»Wir kamen zur Bestrafung in Einzelhaft, aber für mich war das nie so schlimm wie für die anderen. Man könnte denken, dass man sich einsam fühlt, aber das ging mir nie so. Ich nutzte die Zeit, um über mein Leben nachzudenken und herauszufinden, was für ein Mensch ich war, und was wirklich wichtig für mich, meine Familie und meine Werte war. Auf eine seltsame Weise beruhigte mich die Einzelhaft sogar und machte mich stärker.«

Kommunikationsfähigkeit

Sie fühlen sich wohl, wenn Sie etwas erklären oder beschreiben dürfen. Sie lieben öffentliche Auftritte, Sie übernehmen gerne die Aufgaben eines Moderators, und natürlich schreiben Sie auch gerne. Kommunikation ist Ihr Leben. Ideen und Ereignisse sind in Ihren Augen dagegen eher unscheinbar, nüchtern und fantasielos. Und liebend gern greifen Sie hier ein und bringen scheinbar langweilige Geschichten zum Schillern, indem Sie sie auf lebendige, aufregende Weise darstellen. Eine einfache Begebenheit verwandeln Sie in eine spannende Story und erzählen Sie in den buntesten Farben. Einen ganz banalen Einfall präsentieren Sie ausgeschmückt mit Bildern, Beispielen und Metaphern. Sie gehen davon aus, dass die meisten Menschen nur für kurze Zeit in der Lage sind, wirklich zuzuhören. Von der Informationsflut, mit der wir alle ständig überhäuft werden, bleibt letztlich nicht viel hängen. Ihnen ist jedoch daran gelegen, dass die von Ihnen bereitgestellte Information, und zwar unabhängig davon, ob es sich hier um eine Idee, eine Begebenheit, die Eigenschaften und Vorteile eines bestimmten Produktes, eine Entdeckung oder Unterrichtsstoff handelt, sich bei Ihren Zuhörern festsetzt. Sie sind bestrebt, die Aufmerksamkeit Ihrer Umgebung zunächst auf sich zu lenken und dann nicht wieder loszulassen. Dafür suchen Sie nach einer möglichst plastischen Ausdrucksweise und würzen Ihren Redefluss mit der nötigen Dramatik. Und tatsächlich hört man Ihnen zu. Sie haben die Begabung, das Interesse Ihrer Mitmenschen zu wecken, deren Blick zu schärfen und sie zum Handeln anzuregen.

Und so sprechen kommunikative Menschen über sich:

Sheila K., Leiterin eines Freizeitparks:»Am besten erkläre ich etwas mit Storys. Gestern wollte ich den Mitgliedern meiner Geschäftsführung die Auswirkungen aufzeigen, die wir auf unsere Gäste haben, und so erzählte ich ihnen diese Story: Eine unserer Angestellten brachte ihren Vater zu der Flaggenparade mit, die wir hier im Freizeitpark am Veterans Day haben. Er war im Zweiten Weltkrieg Invalide geworden und hat jetzt eine seltene Form von Krebs und wird sehr viel operiert. Er wird sterben. Zu Beginn der kleinen Zeremonie sagte einer unserer Angestellten zu der Gruppe: ›Dieser Mann ist ein Veteran des Zweiten Weltkrieges. Applaudieren wir ihm? Alle klatschten, und seine Tochter begann zu weinen. Ihr Vater nahm seinen Hut ab. Er nimmt wegen der Narben von den Kriegsverletzungen und Krebsoperationen an seinem

Kopf niemals den Hut ab, aber als die Nationalhymne anfing, nahm er seinen Hut ab und verbeugte sich. Seine Tochter erzählte mir später, dass es der beste Tag seit Jahren für ihn gewesen war.«

Tom P., Bankangestellter: »Mein allerletzter Kunde dachte, dass der Kapitalfluss in Richtung Internet-Aktien nur eine vorübergehende Phase sei. Ich versuchte, ihn mit rationalen Argumenten umzustimmen, aber er konnte oder wollte sich nicht überzeugen lassen. Schließlich suchte ich, was ich oft tue, wenn ich einen ablehnenden Kunden habe, Zuflucht in einem Bildnis. Ich erzählte ihm, dass er wie jemand sei, der am Strand mit dem Rücken zur See sitzt. Das Internet ist wie das Meer bei Flut. Gleichgültig, wie gut er sich jetzt fühlt, die Flut steigt mit jeder brandenden Welle und wird bald über seinem Kopf zusammenschlagen und ihn verschlingen. Auf einmal verstand er mich.«

Margret D., Marketingdirektorin: »Ich las einmal ein Buch darüber, wie man Vorträge hält, das zwei Ratschläge gab: Sprechen Sie nur über Dinge, die Sie leidenschaftlich lieben, und gebrauchen Sie immer persönliche Beispiele. Ich begann sofort damit, und ich fand viele Storys, weil ich Kinder und Enkel und einen Ehemann habe. Ich baute meine Geschichte um meine persönlichen Erfahrungen herum auf, weil sich jeder dann damit identifizieren kann.«

Kontaktfreudigkeit

Mit Vergnügen gehen Sie auf unbekannte Menschen zu und gewinnen deren Sympathie im Handumdrehen. Fremde Gesichter haben für Sie etwas ungemein Anziehendes. Lächelnd gehen Sie auf Fremde zu, stellen sich vor, beginnen das Gespräch mit ein paar unverfänglichen Fragen und finden auf Anhieb gleiche Interessensgebiete, an denen sich die weitere Unterhaltung orientiert. Manche Menschen gehen Gesprächen mit Unbekannten eher aus dem Weg, weil sie befürchten, dass ihnen der Gesprächsstoff ausgehen könnte. Im Gegensatz dazu fehlen Ihnen nur ganz selten die Worte, und Sie finden es spannend, auf fremde Menschen zuzugehen. Ihnen bereitet es jedes Mal aufs Neue Vergnügen, das Eis zu brechen und zu beobachten, wie Ihr Gegenüber auftaut. Sobald Sie Ihre Gesprächspartner an diesem Punkt haben, beenden Sie das Gespräch ebenso gerne wieder und ziehen Ihres Weges. Denn da warten bereits scharenweise Unbekannte, die ebenfalls kennen gelernt werden wollen, es locken neue Umgebungen und Gruppen, unter die Sie sich mischen müssen. In Ihrer Welt gibt es keine Fremden. Nur Freunde, die Sie noch nicht kennen gelernt haben, und davon gibt es ziemlich viele.

Und so sprechen kontaktfreudige Menschen über sich:

Deborah C., Verlagsleiterin: »Ich habe die besten Freundschaften mit Menschen geschlossen, die ich im Hauseingang getroffen habe. Ich meine, das ist furchtbar, aber Kontakte zu schließen, ist Teil meines Lebens. Alle meine Taxifahrer machen mir einen Heiratsantrag.«

Marilyn K., College-Präsidentin: »Ich glaube nicht, dass ich mich um Freundschaften bemühe, aber die Leute nennen mich eine Freundin. Ich rufe die Leute an und sage: ›Ich mag Sie‹, und ich meine das, weil es mir leicht fällt, Menschen zu mögen. Aber Freunde? Ich habe nicht viele Freunde. Ich denke nicht, dass ich nach Freunden suche. Ich suche nach Beziehungen. Und darin bin ich wirklich gut, weil ich weiß, wie man Gemeinsamkeiten mit Menschen entwickelt.«

Anna G., Krankenschwester: »Ich denke, dass ich manchmal ein wenig schüchtern bin. Gewöhnlich tue ich nicht den ersten Schritt. Aber ich weiß, wie man es den Leuten leicht macht. Ein Großteil meiner Arbeit ist einfach Humor. Wenn der Patient nicht sehr zugänglich ist, wird meine Aufgabe die eines Komödianten. Ich sage zum Beispiel zu einem 80-Jährigen: ›Hallo, Sie gut aussehender Kerl. Setzen Sie sich gerade hin. Lassen Sie mich Ihr Hemd ausziehen. Ja, gut. Ziehen Sie Ihr Hemd aus. Oh, was für einen Brustkorb dieser Mann hat!‹ Bei Kindern muss man sehr langsam beginnen und zum Beispiel sagen: ›Wie alt bist du?‹ Wenn sie sagen ›Zehn‹, dann sagen Sie: ›Wirklich? Als ich so alt war wie du, war ich elf‹, alberne Dinge, um das Eis zu brechen.«

Kontext

Sie richten Ihren Blick zurück in die Vergangenheit, um die Gegenwart zu verstehen und zukünftige Entwicklungen vorherzusehen. Sie wollen wissen, womit alles anfing, deswegen lesen Sie Geschichtsbücher und Biographien und stellen Ihren Bekannten Fragen zu ihrem bisherigen Leben. Sie blicken zurück, weil Sie in der Vergangenheit die Antworten auf aktuelle Fragen finden. Die Gegenwart erleben Sie eher als unübersichtliches Stimmengewirr, der Rückblick in eine Zeit, in der die Entwürfe, auf denen die Gegenwart aufbaut, erst im Entstehen begriffen waren, liefert Ihnen dagegen Orientierungspunkte und Sicherheit. Die Vergangenheit bietet Ihnen eine größere Klarheit und Übersichtlichkeit als die Gegenwart. Deshalb verfolgen Sie die Realitäten zurück zu ihrem Ursprung, der in den Entwürfen angelegt ist. Sie gehen zurück zu den ursprünglichen Absichten. Diese haben sich auf dem Weg der Realisierung so stark verändert, dass sie in der Gegenwart bisweilen kaum wieder zu erkennen sind. Mit Ihrem Sinn für Zusammenhänge holen Sie sie jedoch wieder ans Tageslicht. Nun, wo Sie sich einen Überblick verschafft haben, sind Sie in der Lage, angemessene Entscheidungen zu treffen. Sie finden beispielsweise zu einer besseren Zusammenarbeit mit Ihren Kollegen, weil Sie nun plötzlich verstehen, welche Entwicklung diese hinter sich haben. Und gleichzeitig gewinnen Sie Erkenntnisse über die Zukunft, weil Ihnen bewusst geworden ist, dass sie ihren Ursprung in der augenblicklichen Gegenwart hat. Stehen Sie neuen Personen und neuen Situationen gegenüber, dauert es gewöhnlich eine Weile, bis Sie sich orientiert haben. Diese Zeit sollten Sie sich jedoch nehmen. Stellen Sie ruhig alle notwendigen Fragen. Verfolgen Sie die Gegenwart zurück zu ihren Ursprüngen. Denn wenn Sie nicht den Anfang einer Geschichte kennen, fällt es Ihnen schwer, Ihre Rolle darin zu übernehmen.

Und so sprechen Menschen, die auf Kontext Wert legen, über sich:

Adam Y., Software-Designer: »Ich sage meinen Leuten: ›Lassen Sie uns das *vuja de* vermeiden.‹ Und sie antworten: ›Ist das nicht das falsche

Wort? Sollte es nicht *déjà vu* heißen?‹ Und ich sage: ›Nein, *vuja de* bedeutet, dass wir dazu neigen, die Fehler unserer Vergangenheit zu wiederholen. Das müssen wir vermeiden. Wir müssen unsere Vergangenheit betrachten, sehen, was zu unseren Fehlern führte, und sie dann nicht noch einmal machen.‹ Das hört sich selbstverständlich an, aber die meisten Menschen schauen nicht in ihre Vergangenheit oder haben kein Vertrauen, dass es damals in Ordnung war oder so. Und deshalb ist es für sie immer wieder *vuja de*.«

Jesse K., Medienanalyst: »Ich habe sehr wenig Einfühlungsvermögen, deshalb baue ich keine Beziehungen zu Menschen über ihren jeweiligen Gemütszustand auf. Stattdessen baue ich sie über ihre Vergangenheit auf. Wirklich, ich kann nicht einmal anfangen, Menschen zu verstehen, bevor ich nicht herausgefunden habe, wo sie aufgewachsen sind, wer ihre Eltern waren und was sie im College studierten.«

Gregg H., Leiter der Buchhaltung: »Ich stellte vor kurzem das gesamte Büro auf ein neues Buchführungssystem um, und der einzige Grund, dass das klappte, war, dass ich die Vergangenheit der Mitarbeiter anerkannte. Wenn Menschen ein Buchführungssystem aufbauen, ist das ihr Blut, Schweiß und Tränen. Sie identifizieren sich persönlich damit. Wenn ich dann also komme und ihnen einfach sage, dass ich es ihnen wegnehme, ist es so, als ob ich ihnen sage, dass ich ihnen ihr Baby wegnehme. Mit diesem Gemütszustand hatte ich es zu tun. Ich musste diese Verbindung respektieren, diese Geschichte, oder sie hätten mich von Anfang an abgelehnt.«

Leistungsorientierung

Sie werden von einem beständigen Bedürfnis getrieben, etwas zu erreichen und Leistung zu erbringen. Sie fangen jeden Tag bei Null an und brauchen am Abend ein greifbares Ergebnis, sonst sind Sie mit sich selbst unzufrieden. Auch an Wochenenden und Urlaubstagen machen Sie keine Pause. Für Sie spielt es keine Rolle, dass Sie eigentlich längst eine Ruhephase verdient hätten – ein Tag, an dem Sie nichts geleistet haben, ist für Sie verlorene Zeit. Angetrieben von Ihrem Ehrgeiz, wollen Sie ständig mehr schaffen, mehr erreichen. Wenn Sie dann an einem bestimmten Ziel angelangt sind, ist Ihr Ehrgeiz nur für kurze Zeit zufrieden gestellt, bald schon werden Sie von Neuem angestachelt und steuern neue Ziele an. Möglicherweise folgt Ihr Ehrgeiz keiner tieferen Logik und ist auch nicht auf ein konkretes Ziel ausgerichtet, im Wesentlichen zeichnet er sich durch Unersättlichkeit und Dauerhaftigkeit aus. Als leistungsorientierter Mensch müssen Sie lernen, mit einer beständig nagenden Unzufriedenheit zu leben, die jedoch auch verschiedene positive Seiten aufweist. Sie ist die Triebfeder, die Sie harte Arbeitstage durchstehen lässt, ohne innerlich auszubrennen. Ihre Unzufriedenheit vereinfacht Ihnen den Einstieg in neue Aufgaben und liefert Energie für das hohe Arbeitstempo und Produktivitätsniveau, das Sie von Ihrer Arbeitsgruppe erwarten. Ihre Unzufriedenheit hält Sie in Bewegung.

Und so sprechen leistungsorientierte Menschen über sich:

Melanie K., Krankenschwester: »Ich muss jeden Tag Punkte machen, um mich erfolgreich zu fühlen. Heute bin ich erst seit einer halben Stunde hier, aber ich habe wahrscheinlich schon 30 Punkte gesammelt. Ich bestellte Ausrüstung, ich ließ ein Gerät reparieren, ich hatte ein Gespräch mit meiner Ablösung, ich hatte ein kurzes Brainstorming mit unserer Sekretärin über die Verbesserung unserer Computer-Patientenverzeichnisse. So stehen auf meiner Liste 90 Dinge, die ich heute schon getan habe. Und deshalb fühle ich mich gerade jetzt sehr gut.«

Ted S., Verkäufer: »Im vergangenen Jahr war ich Verkäufer des Jahres, der aus 300 Verkäufern meiner Firma gewählt wird. Ich fühlte mich einen Tag gut, aber noch in derselben Woche war es tatsächlich so, als ob es nie geschehen sei. Ich war wieder bei Null. Manchmal wünsche ich, es wäre nicht so, weil es mich von einem ausgeglichenen Leben zur Besessenheit treiben kann. Ich dachte früher, ich könnte mich ändern, aber jetzt weiß ich, dass ich so bin. Dieses Talent ist wirklich ein zweischneidiges Schwert. Es hilft mir, meine Ziele zu erreichen, aber andererseits wünschte ich, ich könnte es willkürlich ab- und anschalten. Nun, das kann ich aber nicht. Aber ich *kann* es im Griff behalten und vermeiden, dass ich bis zur Besessenheit arbeite, indem ich mich auf andere Bereiche meines Lebens, nicht einfach nur auf die Arbeit konzentriere. Sara L., Schriftstellerin:»Dieses Talent ist wirklich komisch. Zuerst glaubte ich, es sei gut, weil man sich ständig selbst herausfordert. Aber dann ist es so, dass man immer das Gefühl hat, niemals sein Ziel erreicht zu haben. Es kann Sie dazu bringen, Ihr ganzes Leben lang mit 100 Stundenkilometern den Berg hinaufzufahren. Sie ruhen sich niemals aus, weil es immer wieder etwas zu tun gibt. Aber alles in allem will ich lieber damit leben als ohne. Ich nenne es meine ›göttliche Ruhelosigkeit‹, und es gibt mir das Gefühl, dass ich der Gegenwart alles schulde, was ich habe, also lassen wir es so. Ich kann damit leben.«

Positive Einstellung

Sie geizen nicht mit Lob, zaubern in jedem beliebigen Moment ein Lächeln aufs Gesicht und leben Ihr Leben mit Humor. Ihre Ausstrahlung ist geprägt von unbeschwerter Heiterkeit, um die Sie so mancher beneidet. In jedem Fall schätzen andere Ihre Gesellschaft und lassen sich gerne von Ihrer Unbekümmertheit anstecken. Für viele weniger optimistisch eingestellte Zeitgenossen ist das Leben oft eine einzige monotone und zudem völlig ausweglose Quälerei. Sie dagegen wissen immer, wie Sie andere mit Ihrem Frohsinn mitreißen können. Sie bringen Spannung ins Leben, feiern jede noch so kleine Errungenschaft und lassen sich eine Menge einfallen, um den grauen Alltag bunt und lebendig zu gestalten. So mancher Zyniker hat für Ihr heiteres Wesen möglicherweise nur höhnischen Spott übrig, aber so schnell lassen Sie sich nicht unterkriegen, dafür sind Sie viel zu positiv eingestellt. Sie werden einfach den Eindruck nicht los, dass das Leben ein Heidenspaß ist, zu dem auch Ihre Arbeit beiträgt, und dass man, aller Rückschläge ungeachtet, auf keinen Fall den Sinn für Humor verlieren sollte.

Und so sprechen Menschen mit einer positiven Einstellung über sich:

Gerry L., Flugbegleiter:»Es sind so viele Leute in einem Flugzeug, dass ich in den Jahren ein Spiel daraus gemacht habe, einen oder zwei auf einem Flug auszusuchen und etwas Besonderes für sie zu tun. Natürlich bin ich höflich zu jedermann und bediene sie genauso professionell, wie ich bedient werden möchte, aber darüber hinaus versuche ich, einem Fluggast oder einer Familie oder kleinen Gruppe von Leuten das Gefühl zu geben, dass sie etwas Besonderes sind. Mit Witzen und Gesprächen und kleinen Spielen, die ich spiele.«

Andy B., Internet-Marketingleiterin: »Ich bin eine von denen, die gern etwas Trubel verbreiten. Ich lese ständig Zeitschriften, und wenn ich etwas Lustiges finde, einen neuen Laden, einen neuen Lippenstift oder was auch immer, erzähle ich jedermann davon. ›Oh, bist Du schon in diesem Laden gewesen. Er ist so cool. Schau Dir diese Bilder an. Guck Dir das an.‹ Ich bin so leidenschaftlich, wenn ich über etwas spreche, dass die Leute einfach tun müssen, was ich sage. Nicht etwa, dass ich eine großartige Verkäuferin wäre. Das bin ich nicht. Tatsächlich hasse ich es, um die Unterschrift zu bitten, ich hasse es, Leute zu belästigen. Es ist einfach, dass meine Leidenschaft über das, was ich sage, die Leute denken lässt: ›Donnerwetter, sie hat Recht.‹«

Sunny G., Kommunikationsmanager: »Ich denke, dass die Welt mit genügend negativen Menschen geplagt ist. Wir brauchen mehr positive Menschen, Menschen, die sich auf das konzentrieren, was in der Welt richtig ist. Negative Menschen geben mir das Gefühl der Schwere. In meiner letzten Arbeitsstelle war jemand, der jeden Morgen in mein Büro kam, einfach um sich bei mir auszuweinen. Ich wich ihm absichtlich aus. Ich sah ihn kommen, und ich ging zur Toilette oder an irgendeinen anderen Ort. Er gab mir das Gefühl, die Welt sei ein miserabler Ort, und das hasste ich.«

Selbstbewusstsein

Selbstbewusstsein und Selbstvertrauen sind eng miteinander verwandte Begriffe. Als selbstbewusster Mensch sind Sie von Ihren Stärken und Fähigkeiten überzeugt. Sie sind sich dessen, was Sie können, voll und ganz bewusst. Sie sind in der Lage, Risiken abzuwägen, Herausforderungen anzunehmen, Ansprüche geltend zu machen und selbstverständlich Leistung zu erbringen. Selbstbewusstsein ist jedoch mehr als bloßes Selbstvertrauen. Dank Ihres Selbstbewusstseins vertrauen Sie nicht nur auf Ihre Fähigkeiten, sondern sind ebenso von Ihrem Urteilsvermögen überzeugt. Sie sind sich dessen bewusst, dass Ihre Sicht der Dinge sich von der anderer abhebt. Niemand sieht die Welt mit Ihren Augen, und folglich kann auch niemand Entscheidungen für Sie treffen oder Ihnen irgendwelche Vorschriften machen. Natürlich sind Sie zugänglich für Hilfe oder Vorschläge von außen. Letztendlich sind Sie jedoch davon überzeugt, dass Sie Ihr Leben selbst in die Hand nehmen müssen, und dass nur Sie allein in der Lage sind, die richtigen Schlussfolgerungen zu ziehen, Entscheidungen zu treffen und entsprechend zu handeln. Die Tatsache, dass Sie für Ihr Leben selbst die Verantwortung tragen, ängstigt Sie in keiner Weise, ganz im Gegenteil, es kommt Ihnen ganz selbstverständlich vor. Unabhängig von der konkreten Situation scheinen Sie immer zu wissen, was gerade zu tun ist. Das mag nicht für jedermann das Richtige sein. Sie sind jedoch davon überzeugt, dass es in der konkreten Situation das *Richtige* für *Sie* ist. In den Augen Ihrer Mitmenschen strahlen Sie eine enorme Sicherheit aus. Im Unterschied zu anderen sind Sie durch Gegenargumente, und seien diese auf den ersten Blick noch so überzeugend, nicht so schnell aus dem Gleichgewicht zu bringen. In Abhängigkeit von Ihren übrigen Stärken tritt Ihr Selbstbewusstsein mehr oder weniger offen zutage. In jedem Fall erfüllt es die Funktion eines Rückgrates, das allerlei Druck standhält und Sie Ihren Weg aufrecht weiterverfolgen lässt.

Und so sprechen selbstbewusste Menschen über sich:

Pam D., Angestellte im Öffentlichen Dienst: »Ich wuchs auf einer einsamen Farm in Idaho auf, und ich ging auf eine kleine Dorfschule. Eines Tages kam ich von der Schule nach Hause und erzählte meiner Mutter, dass ich die Schule wechseln würde. Vorher hatte unser Lehrer erklärt, dass unsere Schule zu viele Schüler hätte und dass drei Kinder auf eine andere Schule gehen müssten. Ich dachte darüber einen Moment nach, mir gefiel der Gedanke, neue Kinder kennen zu lernen, und ich beschloss, dass ich die Schule wechseln würde, selbst wenn dies bedeutete, eine halbe Stunde früher aufstehen und länger mit dem Bus fahren zu müssen. Ich war fünf Jahre alt.«

James K., Verkäufer: »Ich zweifle niemals meine eigenen Entscheidungen an. Ob ich ein Geburtstagsgeschenk oder ein Haus kaufe, wenn ich meine Entscheidung treffe, habe ich das Gefühl, keine andere Wahl mehr zu haben. Es gab nur eine Entscheidung zu treffen, und ich traf sie. Ich kann nachts gut schlafen. Mein Gefühl ist endgültig, fest und sehr überzeugend.«

Deborah C., Hospizschwester: »Wenn wir einen Todesfall im Hospiz haben, erwarten die Kollegen von mir, dass ich mit der Familie spreche, weil ich selbstbewusst bin. Erst gestern hatten wir ein Problem mit einem jungen, psychotischen Mädchen, das schrie, dass der Teufel in ihm sei. Die anderen Schwestern hatten Angst, aber ich wusste, was zu tun ist. Ich ging hinein und sagte: ›Kate, komm, leg dich hin. Lass uns das Baruch sprechen. Das ist ein jüdisches Gebet. Es lautet so: Baruch Atah Adonai, Eloheinu Melech Haolam.‹ Sie erwiderte: ›Sprich es so langsam, dass ich es dir nachsprechen kann.‹ Ich tat das, und dann sprach sie es langsam nach. Sie war keine Jüdin, aber die Ruhe des Betens überkam sie. Sie legte sich zurück auf ihr Kissen und sagte: ›Danke. Das war alles, was ich brauchte.‹«

Strategie

Dank Ihrer strategischen Begabung sind Sie in der Lage, sich durch jedes erdenkliche Dickicht durchzuschlagen und spontan den direkten Weg zum Ziel zu finden. Diese Fähigkeit ist nicht erlernbar, es ist vielmehr eine bestimmte Art zu denken und die Welt zu betrachten. Sie können aus Ihrem Blickwinkel dort Muster erkennen, wo für andere nur ein unübersichtliches Durcheinander herrscht. Mit diesen Mustern im Hintergrund spielen Sie die verschiedensten Szenarien durch und prüfen den hypothetischen Eintritt von verschiedenen Ereignissen und die jeweiligen Auswirkungen. Sie nutzen diese Möglichkeit, um über den eigenen Tellerrand hinauszuschauen und eventuelle Hindernisse adäquat einzuschätzen. Sobald deutlich ist, welche Schritte wohin führen, beginnen Sie, sämtliche unbrauchbaren Wege auszuschließen. Sie verwerfen diejenigen, die direkt ins Nirgendwo führen, sofort auf Widerstand stoßen oder nur Verwirrung stiften würden. Auf diese Weise fallen alle Möglichkeiten weg, bis zum Schluss nur noch der Weg übrig bleibt, der mit Ihrer Strategie übereinstimmt. Mit Ihrer Strategie im Gepäck marschieren Sie los und machen sich auch schon wieder Gedanken über die vielen sich neu ergebenden Möglichkeiten. Sie sind immer bereit, die falschen auszuschließen und auf diese Weise die richtige herauszufinden.

Und so sprechen strategisch denkende Menschen über sich:

Liam C., Fabrikleiter: »Es scheint, als ob ich immer vor jedem anderen die Konsequenzen erkennen kann. Ich muss den Leuten sagen: ›Macht eure Augen auf, schaut die Straße entlang. Lasst uns darüber sprechen, wo wir im nächsten Jahr sein werden, damit wir im nächsten Jahr um diese Zeit nicht dieselben Probleme haben.‹ Für mich ist es offenkundig, aber manche Leute sind einfach zu sehr auf die Zahlen dieses Monats fixiert, und das treibt alles an.«

Vivian T., Fernsehproduzentin: »Als Kind liebte ich Logikaufgaben. Sie wissen, Aufgaben wie: ›Wenn A B enthält, und B gleich C ist, ist dann A gleich C?‹ Noch heute denke ich mir immer Zusammenhänge aus, sehe, wohin die Dinge führen. Ich denke, das macht mich zu einer großartigen Interviewerin. Ich weiß, dass nichts Zufall ist; jedes Zeichen, jedes Wort, jede Stimmlage hat Bedeutung. Wenn ich also auf diese Hinweise achte und sie in meinem Kopf durchspiele, sehe ich, wohin sie führen, und dann plane ich meine Fragen, um das zu nutzen, was ich in meinem Kopf gesehen habe.«

Simon T., Personalleiter: »Einmal hatten wir Ärger mit der Gewerkschaft, und ich sah eine Gelegenheit, ein sehr gutes Thema, um die Mitglieder herauszufordern. Ich konnte absehen, dass sie in eine Richtung gingen, die ihnen alle möglichen Probleme bringen würde, wenn sie an ihr festhielten. Und siehe da, sie hielten an ihrer Meinung fest, und als sie ankamen, saß ich da und wartete auf sie. Ich glaube, dass ich auf ganz natürliche Weise vorhersagen kann, was jemand anders tut und dann, wenn derjenige reagiert, kann ich sofort antworten, weil ich dagesessen und gesagt habe: ›Okay, wenn Sie das tun, werden wir dies tun. Wenn Sie das tun, dann werden wir jenes machen.‹ Das ist wie beim Kreuzen auf einem Segelschiff. Sie fahren in eine Richtung, dann wenden Sie auf den anderen Schlag, dann wieder zurück, planen und reagieren, planen und reagieren.«

Tatkraft

»Wann können wir loslegen?« Diese Frage zieht sich wie ein roter Faden durch Ihr Leben. Natürlich werden Sie kaum bestreiten, dass auch analytische Schritte ihr Gutes haben und Diskussionen bisweilen nützliche Ergebnisse zutage fördern. Im Grunde sind Sie jedoch jederzeit bereit, zuzupacken, denn Sie sind zutiefst davon überzeugt, dass eigentlich nur konkrete Schritte wirklich zählen. Nur durch Handeln geschieht etwas, und nur durch Handeln wird Leistung erreicht. Sobald eine Entscheidung getroffen wurde, können Sie nicht anders, Sie machen sich sogleich energisch ans Werk. Dabei lassen Sie sich nicht aufhalten, auch wenn andere der Meinung sind, dass zunächst einmal noch bestimmte Fragen geklärt werden sollten. Sie orientieren sich gerne an konkreten Möglichkeiten und haben bereits die halbe Wegstrecke hinter sich gebracht, während die anderen noch in der Startposition verharren und darauf warten, dass alle Ampeln gleichzeitig grün werden. Denken und Handeln stellen für Sie keine Gegensätze dar, ganz im Gegenteil. Ihre Tatkraft schafft Ihrer Meinung nach die besten Voraussetzungen für einen stetigen Lernprozess: Sie treffen eine Entscheidung, setzen diese in die Realität um, betrachten das Ergebnis und ziehen daraus Ihre Schlussfolgerungen. Und schon haben Sie wieder etwas dazugelernt, denn diese Informationen bilden die Grundlage für Ihre künftige Vorgehensweise. Entwicklung kann Ihrer Meinung nach nicht durch angestrengtes Nachdenken, sondern nur durch entschiedenen Einsatz erreicht werden. Deswegen krempeln Sie sich schnell die Ärmel hoch und machen sich auch schon an die Arbeit. Ihre Tatkraft ist in Ihren Augen eine unerschöpfliche Quelle, dank derer Sie sich Ihre geistige Beweglichkeit erhalten. Sie sind davon überzeugt, dass Sie nicht aufgrund von wohlklingenden Theorien, sondern aufgrund der von Ihnen erzielten Ergebnisse beurteilt werden. Und diese Vorstellung ängstigt Sie nicht, sondern lässt Sie erst so richtig zur Hochform auflaufen.

Und so sprechen tatkräftige Menschen über sich:

Jane C., Benediktinernonne:»Als ich in den 70er Jahren Priorin war, traf uns die Energiekrise, und die Kosten stiegen raketenartig an. Wir hatten 140 Morgen zu bearbeiten, und ich ging jeden Tag am Acker entlang und grübelte, wie wir mit dieser Energiekrise fertig werden könnten. Plötzlich kam ich auf die Idee, dass wir bei so viel Land einfach selbst nach Erdgas bohren sollten, und das taten wir. Wir gaben 100 000 Dollar aus, um nach einer Gasquelle zu bohren. Wenn Sie niemals nach Gas gebohrt haben, werden Sie wahrscheinlich nicht wissen, was auch ich damals nicht wusste: nämlich dass Sie 70 000 Dollar ausgeben müssen, einfach nur um zu sehen, ob Sie überhaupt Gas unter Ihrem Grundstück haben. Also bohrte man mit einer Art Vibratorkamera hinunter, und erzählte mir, dass ich ein Gasvorkommen hätte. Aber sie wussten nicht, wie groß es war, und sie wussten nicht, ob es genug Druck hätte, um es hinaufzubefördern. ›Wenn Sie noch einmal 30 000 Dollar zahlen, werden wir versuchen, das Gas anzustechen,‹ sagten sie, ›wenn Sie das nicht wollen, werden wir das Bohrloch abdecken, Ihre 70 000 Dollar nehmen und nach Hause fahren.‹ Also gab ich ihnen die letzten 30 000 Dollar, und zum Glück kam das Gas. Das war vor 20 Jahren, und es wird noch immer gefördert.«

Jim L., Unternehmer:»Manche Leute sehen meine Ungeduld so, als ob ich nicht auf die Fallen, die potenziellen Stolpersteine, hören wollte. Was ich immer wieder sage, ist Folgendes: ›Ich möchte wissen, wann ich an die Wand knalle, und ich brauche Sie, um mir zu sagen, wie weh das tut. Aber wenn ich mich dafür entscheide, gegen die Wand zu springen, dann machen Sie sich keine Sorgen, Sie haben Ihre Aufgabe erfüllt. Ich muss die Erfahrung einfach selbst machen.‹«

Überzeugung

Menschen, die sich an ihrer inneren Überzeugung orientieren, verfügen in der Regel über eine stabile Werteskala, die zwar von Mensch zu Mensch unterschiedlich ausgeprägt sein kann, in der jedoch Werte wie Familienorientierung, eine gewisse Uneigennützigkeit sowie intellektuelle Interessen ihren festen Platz haben. Sie legen Wert auf Verantwortungsbewusstsein und Moral, und zwar sowohl im Hinblick auf Ihre eigene Person als auch auf andere. Diese Grundwerte bilden die Basis für Ihr Handeln und verleihen Ihrem Leben Sinn und Zweck, denn in Ihren Augen ist Erfolg mehr als einfach nur Geld und Prestige. Diese Grundwerte dienen Ihnen auch als Wegweiser, die Ihnen angesichts von Versuchungen und Zerstreuungen ermöglichen, Ihre Prioritäten nicht aus dem Blick zu verlieren. Ihre Beziehungen zu anderen Menschen sind von Dauerhaftigkeit geprägt. Ihre Freunde vertrauen Ihnen vorbehaltlos, weil sie wissen, wo Sie stehen. Selbstverständlich streben Sie eine Tätigkeit an, die mit Ihrer inneren Überzeugung in Einklang steht. Sie verlangen von Ihrer Arbeit, dass sie sinnvoll ist. Und sinnvoll sind für Sie nur Tätigkeiten, die mit Ihrem Wertesystem in Einklang sind.

Und so sprechen überzeugte Menschen über sich:

Michael K., Verkäufer: »Den größten Teil meiner Freizeit widme ich meiner Familie und den Aktivitäten in der Gemeinde. Ich war in der Landesvertretung der Pfadfinder. Und als ich selbst Pfadfinder war, war ich Sippenführer. Als älterer Pfadfinder war ich stellvertretender Stammesführer. Ich liebe es einfach, mit Kindern zusammen zu sein. Ich glaube, darin liegt die Zukunft. Und ich denke, man kann eine Menge Schlechteres mit seiner Zeit machen, als sie in die Zukunft zu investieren.«

Lara M., College-Präsidentin: »Meine Werte lassen mich jeden Tag so hart arbeiten. Ich stecke Stunden um Stunden in diese Arbeit, und es ist mir ganz egal, was ich dafür bezahlt bekomme. Ich habe gerade herausgefunden, dass ich die College-Präsidentin mit dem niedrigsten Einkommen in meinem Staat bin, und es kümmert mich nicht einmal. Ich meine, ich tue dies nicht für das Geld.«

Tracy D., Führungskraft bei einer Fluggesellschaft:»Wenn Sie etwas tun, das Sie nicht für so wichtig halten, warum fangen Sie überhaupt damit an? Jeden Tag aufzustehen, und dafür zu sorgen, dass das Fliegen sicherer wird, das scheint mir wichtig, sinnvoll. Ich weiß nicht, ob ich alle Herausforderungen und Frustrationen, die ich erlebe, durchstehen würde, wenn ich in meiner Arbeit nicht diesen Sinn sehen würde. Ich denke, ich würde demoralisiert.«

Verantwortungsgefühl

Sie halten Ihr Wort, und wo Sie Verpflichtungen eingegangen sind, fühlen Sie sich auch verantwortlich. Sie leben in der Gewissheit, dass hiervon Ihr guter Ruf abhängt. Sind Sie einmal nicht in der Lage, Ihren Verpflichtungen nachzukommen, sorgen Sie möglichst schnell für einen Ausgleich. Von Ausflüchten, Entschuldigungen und faulen Ausreden halten Sie gar nichts. Sie finden erst dann wieder Ruhe, wenn Sie Ihr Versäumnis wettgemacht haben. Ihr Verantwortungsgefühl, Ihre schiere Besessenheit, alles richtig zu machen sowie Ihre strengen ethischen Maßstäbe begründen die Wertschätzung, die Ihre Mitmenschen Ihnen entgegenbringen. Auf Sie kann man sich hundertprozentig verlassen. Sind neue Aufträge zu verteilen, werden Sie immer zuerst bedacht, weil dann sichergestellt ist, dass die Aufgabe auch erledigt wird. Natürlich werden Sie auch oft um Hilfe gebeten. Hier sollten Sie jedoch Vorsicht walten lassen, weil Ihre Hilfsbereitschaft sonst schnell dazu führen könnte, dass Sie sich mehr Verpflichtungen aufladen, als Sie bewältigen können.

Und so sprechen verantwortungsbewusste Menschen über sich:

Harry B., Outplacement-Berater:»Ich war als junger Mann gerade Zweigstellenleiter in einer Bank geworden, als der Präsident der Gesellschaft beschloss, ein Grundstück zwangsversteigern zu lassen. Ich sagte: ›Das ist in Ordnung, aber wir haben die Verantwortung, den Leuten den vollen Wert für ihr Eigentum zu geben.‹ Er sah das anders.

Er wollte das Grundstück an einen seiner Freunde für die Restschuld verkaufen und sagte, mein Problem sei, dass ich meine Geschäftsethik nicht von meiner persönlichen Ethik trennen könne. Ich sagte ihm, dass er Recht hatte. Ich konnte es nicht, weil ich nicht glaubte, und immer noch nicht glaube, dass man zwei Normen haben kann. Also verließ ich die Firma und arbeitete wieder für 5 Dollar pro Stunde bei der Forstverwaltung und sammelte Unrat. Da meine Frau und ich versuchten, unsere beiden Kinder zu ernähren und über die Runden zu kommen, war das eine schwere Entscheidung für mich. Aber im Rückblick war es auf einer anderen Ebene überhaupt nicht schwer. Ich konnte einfach nicht in einer Organisation mit einer derartigen Ethik arbeiten.«

Kelly G., Betriebsleiterin: »Der Niederlassungsleiter in Schweden rief mich im November an und sagte: ›Kelly, würden Sie bitte meine Bestellung nicht vor dem 1. Januar ausliefern.‹ Ich erwiderte: ›Sicher, klingt wie ein vernünftiger Plan.‹ Ich sagte es meinen Leuten und dachte, dass ich alles berücksichtigt hatte. Als ich jedoch am 31. Dezember auf einer Skipiste meine Handy-Nachrichten prüfte, um sicher zu sein, dass alles in Butter war, sah ich, dass sein Auftrag versandt und die Rechnung gestellt worden war. Ich musste ihn sofort anrufen und erzählen, was geschehen war. Er ist ein freundlicher Mann, also gebrauchte er keine Schimpfworte, aber er war sehr verärgert und sehr enttäuscht. Ich fühlte mich fürchterlich. Eine Entschuldigung reichte nicht. Ich musste es in Ordnung bringen. Ich rief aus dem Chalet unseren Controller an, und am Nachmittag fanden wir einen Weg, den Wert seiner Bestellung wieder in unsere Bücher zurückzubuchen und sein Konto zu bereinigen. Es dauerte fast das ganze Wochenende, aber es war richtig, es zu tun.«

Nigel T., Verkaufsleiter: »Ich habe früher immer geglaubt, ich hätte ein Stück Metall in der Hand und einen Magneten an der Decke. Ich wollte einfach alles freiwillig tun. Ich musste lernen, das in den Griff zu bekommen, weil ich mir nicht nur zu viel aufhalste, sondern auch immer glaubte, dass alles mein Fehler sei. Ich erkenne heute, dass ich nicht für alles in der Welt verantwortlich sein kann, das ist Gottes Aufgabe.«

Verbundenheit

Sie sind davon überzeugt, dass es für alles, was geschieht, einen Grund gibt. Sie glauben daran, dass alle Menschen miteinander verbunden sind. Einerseits besteht die Menschheit zwar aus einzelnen Individuen, die über einen freien Willen verfügen und für ihre Entscheidungen die Verantwortung tragen. Darüber hinaus sind jedoch alle Menschen ein Teil von etwas Größerem, für das die verschiedensten Bezeichnungen existieren. Für die einen ist es das kollektive Unbewusste, für andere der Weltgeist oder der Ursprung allen Lebens. Sie beziehen ein Gefühl der Geborgenheit aus dem Umstand, dass wir Menschen, die Welt und alles, was geschieht, miteinander in Beziehung stehen. Allerdings ergeben sich hieraus auch bestimmte Verpflichtungen, denn wenn wir alle Teile eines größeren Ganzen sind, müssen wir auch pfleglich mit unserer Umgebung umgehen, weil wir sonst letztendlich uns selber Schaden zufügen. Beuten wir andere aus, führt das dazu, dass wir uns selbst zerstören. Quälen wir andere, werden wir selber leiden. Auf dieser Überzeugung baut Ihr gesamtes Wertesystem auf. Deshalb verhalten Sie sich anderen gegenüber rücksichtsvoll, fürsorglich und sind um Verständnis bemüht. Weil Sie von der Zusammengehörigkeit der gesamten Menschheit überzeugt sind, übernehmen Sie gerne die Rolle des Vermittlers zwischen verschiedenen Kulturen. Sie sind spirituellen Werten gegenüber aufgeschlossen und können anderen vermitteln, dass sich hinter jedem manchmal noch so banalen Leben ein tieferer Sinn verbirgt. Die konkrete Ausformung Ihres tief verwurzelten Glaubens hängt von Ihrem kulturellen Hintergrund ab. Sie selbst und Ihnen nahe stehende Personen werden von Ihrem Glauben getragen.

Und so sprechen Menschen, denen Verbundenheit wichtig ist, über sich:

Mandy M., Hausfrau: »Bescheidenheit ist die Essenz der Verbundenheit. Sie müssen wissen, wer Sie sind und wer Sie nicht sind. Ich bin ein bisschen weise. Ich bin nicht sehr weise, aber das, was ich bin, ist real. Das ist keine Prahlerei. Das ist echte Bescheidenheit. Sie haben Vertrauen in Ihre Gaben, echtes Vertrauen, aber Sie wissen, dass Sie nicht alle Antworten haben. Sie beginnen, sich mit anderen verbunden zu fühlen, weil Sie wissen, dass sie über Weisheit verfügen, die Sie nicht haben. Sie können sich nicht verbunden fühlen, wenn Sie glauben, dass Sie alles haben.«

Rose T., Psychologin: »Manchmal blicke ich einfach morgens auf meine Schale mit meinem Müsli und denke über die Hunderte von Leuten nach, die daran beteiligt waren, mir diese Flocken auf den Tisch zu bringen: die Bauern auf dem Feld, die Biochemiker, die die Unkrautmittel herstellten, die Arbeiter in der Nahrungsmittelfabrik, und sogar die Verkäufer, die mich irgendwie dazu überredeten, diese Packung zu kaufen und nicht die auf dem Regal daneben. Ich weiß, dass es seltsam klingt, aber ich bedanke mich bei diesen Menschen, und einfach das zu tun, gibt mir das Gefühl, stärker am Leben beteiligt, enger mit den Dingen verbunden, weniger allein zu sein.«

Chuck M., Lehrer: »Im Leben neige ich zur Schwarzweißmalerei, aber wenn es darum geht, die Mysterien des Lebens zu verstehen, bin ich aus irgendeinem Grund viel offener. Ich habe großes Interesse daran, etwas über die verschiedenen Religionen zu erfahren. Ich lese gerade jetzt ein Buch, das von dem Verhältnis des Judentums gegenüber dem Christentum und gegenüber der Religion der Kanaaniter handelt. Buddhismus, griechische Mythologie, es interessiert mich wirklich, wie sie alle in irgendeiner Weise miteinander verbunden sind.«

Vorstellungskraft

Sie lassen sich von Vorstellungen und Ideen faszinieren. Eine Idee ist ein Konzept, die beste Erklärung für Ereignisse. Sie freuen sich jedes Mal, wenn Sie unter einer relativ komplexen Oberfläche auf ein simples, aber wirkungsvolles Erklärungsmuster stoßen. Durch Vorstellungen lassen sich Dinge miteinander verknüpfen, und Sie sind ständig auf der Suche nach Verknüpfungen. Sie sind jedes Mal aufs Neue verblüfft, wenn Dinge, die allem Anschein nach nichts miteinander zu tun haben, auf einmal in einem engen Zusammenhang miteinander stehen. Insofern eröffnen Sie mit Ihrer Vorstellungskraft einen ganz neuen Blickwinkel auf scheinbar Vertrautes. Es bereitet Ihnen regelrecht Vergnügen, wenn Sie sattsam bekannte Zusammenhänge aus einer ungewöhnlichen Perspektive beleuchten können und auf diese Weise dafür sorgen, dass alle Beteiligten völlig neue Einsichten bekommen. Sie finden diese verschiedenen Betrachtungsweisen deshalb beeindruckend, weil sie Ihnen neuartige Erkenntnisse gewähren und Klarheit schaffen. Oft fördern sie auch Widersprüche und manches Sonderbare zutage. Für Sie ist das ein amüsanter Vorgang, aus dem Sie neue Energie ziehen. Ihre Umgebung findet Sie vielleicht kreativ, originell, gewitzt oder auch clever. Vielleicht sind Sie das alles ja auch, wer weiß? Sie sind jedenfalls davon überzeugt, dass die menschliche Vorstellungskraft eine tolle Sache ist. Und in den meisten Fällen ist das bereits mehr als genug.

Und so sprechen Menschen mit einer starken Vorstellungskraft über sich:

Mark B., Schriftsteller:»Mein Geist arbeitet, indem er Verbindungen zwischen den Dingen herstellt. Vor kurzem suchte ich im Louvre nach der Mona Lisa. Ich kam um eine Ecke und war geblendet von den Blitzen von 1000 Kameras, die das winzige Bild aufnahmen. Aus irgendeinem Grund speicherte ich diese visuelle Vorstellung in meinem Kopf ab. Dann bemerkte ich ein Schild mit der Aufschrift ›Keine Fotos mit Blitzlicht‹, und ich speicherte auch das ab. Ich dachte, es sei merkwürdig, weil ich mich daran erinnerte, gelesen zu haben, dass Blitzlicht Bilder schädigen kann. Dann las ich etwa sechs Monate später, dass die Mona Lisa in diesem Jahrhundert mindestens zweimal gestohlen wurde. Und plötzlich hatte ich das Puzzle zusammen. Die einzige Erklärung für all diese Tatsachen ist, dass gar nicht die echte Mona Lisa im Louvre ausgestellt ist. Die echte Mona Lisa wurde gestohlen, und das Museum, das fürchtete, wegen seiner Unvorsichtigkeit in die Schlagzeilen zu geraten, hängte eine Fälschung auf. Ich weiß natürlich nicht, ob das wahr ist, aber was wäre es für eine großartige Story.«

Andrea H., Innenarchitektin:»Bei mir muss alles zusammenpassen, oder ich beginne, mich unwohl zu fühlen. Für mich stellt jedes Möbelstück eine Idee dar. Es dient einer eigenen Funktion, sowohl eigenständig wie im Zusammenspiel mit jedem anderen Stück. Die ›Idee‹ jedes einzelnen Stücks ist so stark in meinem Geist, sie *muss* beachtet werden. Wenn ich in einem Raum sitze, in dem die Stühle in irgendeiner Weise nicht ihre eigenständige Funktion erfüllen, sei es, dass es die falschen Stühle sind, dass sie falsch herum stehen oder dass sie zu nah am Kaffeetisch stehen, bemerke ich, dass ich mich körperlich unwohl und abgelenkt fühle. Später bekomme ich das nicht aus meinem Kopf. Ich werde nachts um drei Uhr aufwachen, und ich gehe im Geiste durch jenes Haus, stelle die Möbel um und streiche die Wände neu. Das habe ich schon gemacht, als ich noch sehr jung war, etwa sieben Jahre alt.«

Wettbewerbsorientierung

Kampfgeist hat seinen Ursprung im Vergleich. Wir verfolgen aufmerksam die Leistung anderer und verwenden diese als Messlatte zur Beurteilung unserer eigenen Leistung. Denn es ist ganz klar, dass es letztendlich keine Rolle spielt, wie hart und mit welchen guten Vorsätzen man gearbeitet hat, wenn man zwar das Ziel erreicht, dabei aber von anderen mehrmals überrundet wird. Wie alle kämpferischen Naturen brauchen auch Sie andere Menschen, an denen Sie sich messen können. Aus dem Vergleich erwächst der Wunsch, es mit den anderen aufzunehmen, und weil Sie sich auf diesen Wettkampf einlassen, besteht auch die Möglichkeit, dass Sie als Sieger daraus hervorgehen. Eigentlich gibt es nichts, was Sie lieber tun, als zu siegen. Sie haben nichts gegen alle möglichen Formen der Bewertung, weil sie den Vergleich erst objektiv machen. Genauso wenig haben Sie gegen Ihre Konkurrenten, denn durch den Wettkampf mit ihnen werden Sie erst so richtig stark. An Wettkämpfen gefällt Ihnen, dass sie auf einen Sieg hinauslaufen. Ganz besonders gefallen Ihnen Wettkämpfe, bei denen Sie als Sieger hervorgehen könnten. Sie sind zwar freundlich zu Ihren Konkurrenten und stecken auch Niederlagen mit stoischer Gelassenheit weg. Sie kämpfen jedoch nicht um des Kämpfens willen, sondern Sie kämpfen, weil Sie gewinnen wollen. Mit wachsender Erfahrung werden Sie Wettkämpfen aus dem Weg gehen, bei denen Sie nur verlieren können.

Und so sprechen wettbewerbsorientierte Menschen über sich:

Mark L., Verkaufsleiter:»Ich habe mein ganzes Leben lang Sport getrieben und nicht nur einfach zum Spaß. Lassen Sie mich das so sagen: Ich mache gern Sportarten, in denen ich gewinne und nicht solche, in denen ich verliere, denn wenn ich verliere, bin ich nach außen zwar freundlich, innerlich aber rase ich vor Wut.«

Harry D., Manager:»Ich bin kein großartiger Segler, aber ich liebe den America's Cup. Beide Boote sind angeblich genau gleich, und beide Crews bestehen aus Superathleten. Aber es gibt immer einen Gewinner. Eine Mannschaft hatte irgendein Geheimnis im Ärmel, das den Ausschlag gab und es ihr ermöglichte, öfter zu gewinnen als zu verlieren. Und das ist es, wonach ich suche – dieses Geheimnis, diesen winzigen Vorteil.«

Summer Redstone, Vorstandsvorsitzender der *Viacom Corporation,* nach der Übernahme des Fernsehkonzerns *CBS:* »Für mich war es immer das Größte, die Nummer Eins zu sein. Was ich sah, war, dass wir die Nummer Eins unter den Kabelnetzen waren! Die Nummer Eins unter den Rundfunknetzen! Die Nummer Eins unter den Außenwerbungsfirmen! Die Nummer Eins unter den Fernsehprogrammen! Quer durch die Reihe – überall die Nummer Eins!«

Wiederherstellung

Sie lösen für Ihr Leben gern Probleme. Während bestimmte Menschen angesichts von Dauerpannen zunehmend aus der Fassung geraten, werden Sie bei wachsenden Problemen erst so richtig munter. Mit einem wahren Feuereifer machen Sie sich an die Fehleranalyse, finden heraus, wodurch die Störung verursacht wurde und wie diese beseitigt werden kann. Möglicherweise lösen Sie lieber ganz praktische Probleme, oder Sie beschäftigen sich vorzugsweise mit Problemen auf intellektueller oder persönlicher Ebene. Vielleicht suchen Sie geradezu nach Problemen, mit denen Sie schon häufig konfrontiert waren und mit denen Sie deswegen umso schneller fertig werden. Oder Sie finden es besonders aufregend, wenn Sie komplexen, völlig neuartigen Problemen gegenüberstehen. Hier hängen Ihre Vorlieben von Ihren sonstigen Stärken und Erfahrungen ab. In jedem Fall bringen Sie die Dinge wieder zum Laufen. Es macht Sie regelrecht glücklich, Fehler aufzuspüren, auszumerzen und dafür zu sorgen, dass alles wieder reibungslos funktioniert. Sie sind sich dessen bewusst, dass ohne Ihr Eingreifen der Gegenstand Ihrer Bemühungen, unabhängig davon, ob es sich um eine Maschine, einen Menschen oder ein Unternehmen handelt, womöglich bereits nicht mehr lebensfähig beziehungsweise funktionstüchtig wäre. Sie haben jedoch das Problem aus der Welt geschafft und die ursprüngliche Funktionsfähigkeit wieder hergestellt. Lebensrettung ist Ihre Spezialität.

Und so sprechen Menschen mit der Fähigkeit wiederherzustellen über sich:

Nigel L., Software-Ingenieur: »Ich habe diese lebhaften Erinnerungen an die Hobelbank meiner Kindheit mit Hämmern und Nägeln und Holz. Ich liebte es, Dinge zu reparieren und Dinge zusammenzubauen und alles in Ordnung zu bringen. Und heute mit den Computerprogrammen ist das genauso. Sie schreiben das Programm, und wenn es nicht richtig läuft, müssen Sie wieder von vorn anfangen und alles neu machen und reparieren, bis es funktioniert.«

Dr. Jan K., Internist: »Dieses Talent spielt auf so viele verschiedene Arten in mein Leben hinein. Zum Beispiel war meine erste Liebe die Chirurgie. Ich liebe das Trauma, liebe es, im OP zu sein und nähe gern. Ich arbeite einfach gern im OP. Dann wiederum waren einige meiner besten Augenblicke, als ich am Bett eines sterbenden Patienten saß und einfach mit ihm sprach. Es kann einem unglaublich viel geben, zu erleben, wie jemand den Übergang von der Wut zur Akzeptanz des Kummers bewältigt, wie er sich mit Familienmitgliedern versöhnt und in Würde entschläft. Im Umgang mit meinen Kindern ist dieses Talent jeden Tag wichtig. Wenn ich sehe, wie meine dreijährige

Tochter zum ersten Mal ihre Strickjacke zuknöpft und sie falsch zuknöpft, fühle ich diesen starken Drang, hinzugehen und die Knöpfe ordentlich zuzumachen. Ich muss dem natürlich widerstehen, weil sie es lernen muss, aber Junge, das ist wirklich schwer.«

Marie T., Fernsehproduzentin: »Ein morgendliches Fernsehprogramm zu produzieren, ist ein prinzipiell schwerfälliger Prozess. Wenn ich nicht gern Probleme lösen würde, würde dieser Job mich die Wände hinauftreiben. Jeden Tag geht etwas Schwerwiegendes schief, und ich muss das Problem finden, es lösen und mich dem nächsten zuwenden. Wenn mir das gut gelingt, fühle ich mich wie neu. Wenn ich andererseits nach Hause gehe, und die Probleme nicht gelöst sind, dann fühle ich das Gegenteil. Ich bin niedergeschlagen.«

Wissbegierde

Sie lernen leidenschaftlich gerne. Auf welchen Gegenstand sich Ihre Wissbegier konzentriert, ist von Ihren übrigen Interessen und Erfahrungen abhängig. Mehr als für den Lernstoff oder das Lernergebnis interessieren Sie sich jedoch für den Lernprozess als solchen. Sie finden es richtig aufregend, etwas zu lernen. Sie schöpfen Kraft aus dem Prozess, mit dem Sie Unwissenheit in Kompetenz umwandeln. Das beginnt mit dem prickelnden Gefühl, das Sie beim Kontakt mit den ersten Fakten ergreift, danach folgen die ersten Versuche, das Gelernte anzuwenden, hierauf folgt eine Zeit beharrlichen Übens, und als Krönung beherrschen Sie schließlich eine neue Fertigkeit. Dieser gesamte Prozess ist für Sie schlicht unwiderstehlich. Kein Wunder, dass Sie überall, wo es etwas zu lernen gibt, mit großem Engagement bei der Sache sind, egal, ob es sich um Yoga, Klavierunterricht oder ein Aufbaustudium an der Universität handelt. In einer dynamischen Arbeitsumgebung, in der von Ihnen erwartet wird, kurzfristig in ein neues Projekt einzusteigen und sich dafür eine Menge neues Wissen anzueignen, um anschließend flugs das nächste Projekt in Angriff zu nehmen, blühen Sie so richtig auf. Dies bedeutet nicht unbedingt, dass Sie auf einem bestimmten Gebiet zum Profi werden wollen, oder dass Sie nach gesellschaftlicher oder akademischer Anerkennung streben. Der Lernprozess interessiert Sie mehr als das Lernergebnis.

Und so sprechen wissbegierige Menschen über sich:

Annie M., Leitende Redakteurin:»Ich werde kribbelig, wenn ich nicht irgendetwas lerne. Im vergangenen Jahr hatte ich das Gefühl, dass ich nicht genug lernte, obwohl mir meine Arbeit Spaß machte. Also begann ich Stepptanz zu lernen. Das klingt sonderbar, nicht wahr? Ich weiß, dass ich niemals auftreten werde, aber ich genieße es, mich auf die rhythmische Kunst des Steppens zu konzentrieren, jede Woche etwas besser zu werden und von den Anfängern zu den Fortgeschrittenen aufzusteigen. Das war ein Kick für mich.«

Miles A., Betriebsleiter:»Als ich sieben Jahre alt war, sagten meine Lehrer zu meinen Eltern: ›Miles ist nicht der intelligenteste Junge in unserer Schule, aber er saugt den Lehrstoff auf wie ein Schwamm, und er wird es wahrscheinlich sehr weit bringen, weil er sich selbst fordert und ständig neue Dinge aufnimmt.‹ Gerade jetzt beginne ich mit einem Spanischkursus für Geschäftsreisende. Ich weiß, dass es wahrscheinlich zu ehrgeizig ist, anzunehmen, ich könnte fließend Spanisch lernen und die Sprache vollkommen beherrschen, aber zumindest möchte ich nach Spanien reisen und die Sprache kennen.«

Tim S., Coach für Führungskräfte:»Einer meiner Klienten ist so neugierig, dass es ihn verrückt macht, dass er nicht alles tun kann, was er will. Ich bin ganz anders. Ich bin nicht neugierig im weitesten Sinne. Ich gehe lieber bei bestimmten Dingen in die Tiefe, sodass ich sie durchschaue und sie bei meiner Arbeit einsetzen kann. Zum Beispiel wollte vor kurzem einer meiner Klienten, dass ich mit ihm zu einer geschäftlichen Besprechung nach Nizza flog. Ich begann ein wenig über die Region zu lesen, kaufte Bücher, surfte im Internet. Es war sehr interessant, und ich genoss es, etwas Neues zu erfahren, aber ich hätte das alles nicht getan, wenn ich nicht aus beruflichen Gründen dorthin gereist wäre.«

Zukunftsorientierung

Fasziniert von der Zukunft, lassen Sie Ihren Blick gerne über den Horizont hinausschweifen. Sie malen sich bis ins Detail aus, welche aufregenden Möglichkeiten die Zukunft für Sie bereithält. Es kann sich hier, in Abhängigkeit von Ihren Stärken und Interessen, um die verschiedensten Dinge handeln, um ein optimiertes Produkt, ein reibungslos funktionierendes Arbeitsteam, ein besseres Leben oder eine bessere Welt, allein die Vorstellung wirkt in hohem Maße inspirierend auf Sie, und lässt Sie Ihrem Ideal entgegeneilen. Sie machen sich konkrete Vorstellungen davon, was Sie in der Zukunft erwartet und lassen sich Ihre Visionen nicht so leicht nehmen. Immer, wenn Ihnen die Gegenwart niederdrückend erscheint und Ihre Mitmenschen außer bloßem Pragmatismus nichts im Sinn haben, ziehen Sie sich zu Ihren Zukunftsvisionen zurück und schöpfen daraus neue Energie. Auch andere Menschen können Sie durch Ihre Visionen damit versorgen. Häufig interessieren sich Ihre Mitmenschen für Ihre Visionen und lassen sich auf diese Weise ihren Blickwinkel erweitern und neue Perspektiven eröffnen. Machen Sie von dieser Möglichkeit Gebrauch. Wählen Sie Ihre Worte sorgfältig und zeichnen Sie Ihr Bild von der Zukunft so plastisch wie möglich. Andere Menschen werden Ihnen für die Hoffnung, die Sie in ihr Leben tragen, dankbar sein.

Und so sprechen zukunftsorientierte Menschen über sich:

Dan F., Angestellter der Schulbehörde: »In jeder Situation bin ich der Typ, der sagt: ›Haben Sie jemals daran gedacht ...? Ich frage mich, ob wir ... Ich glaube nicht, dass es nicht gemacht werden könnte. Es ist einfach so, dass es noch niemand bisher gemacht hat ... Lassen Sie uns überlegen, wie wir es machen.‹ Ich suche immer nach Alternativen, nach Wegen, nicht von dem Status Quo kaltgestellt zu werden. Tatsächlich gibt es so etwas wie den Status Quo nicht. Man bewegt sich entweder vorwärts, oder man bewegt sich rückwärts. Das ist die Realität des Lebens, zumindest aus meiner Perspektive. Und gerade jetzt glaube ich, dass mein Berufsstand sich rückwärts bewegt. Staatliche Schulen werden im Service von Privatschulen, Stiftungsschulen, Internaten, Internet-Schulen überrundet. Wir müssen uns von unseren Traditionen befreien und eine neue Zukunft schaffen.«

Dr. Jan K., Internist: »Hier in der Mayo-Klinik gründen wir ein neues Team: Anstatt die Patienten während ihres Krankenhausaufenthaltes von einem Arzt zum anderen weiterzureichen, stelle ich mir eine Familie von Dienstleistern vor. Ich stelle mir 15 bis 20 Ärzte beider Geschlechter und verschiedener Hautfarbe mit 20 bis 25 Krankenschwestern vor. Es wird vier oder fünf neue Krankenhausabteilungen geben, von denen die meisten mit Chirurgen arbeiten und operationsbegleitende Pflege ebenso leisten werden wie die Sorge für Pflegefälle. Wir definieren das Pflegemodell neu. Wir kümmern uns nicht nur um die Patienten, wenn sie im Krankenhaus sind. Wenn ein Patient wegen einer Knieprothese in das Krankenhaus kommt, wird ein Mitglied dieses neuen Teams vor der Operation mit ihm sprechen und ihn vom Tag der Operation an während seines Krankenhausaufenthaltes betreuen und dann wieder mit ihm sprechen, wenn er sechs Wochen später zur Nachsorge kommt. Wir wollen die Patienten mit einer vollständigen Pflegefolge versorgen, sodass sie sich bei den Überweisungen von Arzt zu Arzt nicht verloren fühlen. Und um die Finanzierung für dieses Projekt zu bekommen, sah ich im Geiste das detaillierte Bild vor mir und beschrieb es dem Vorstand der Abteilung. Ich glaube, dass ich es so real erscheinen ließ, dass sie keine andere Wahl hatten, als mir die Mittel zu bewilligen.«

Teil III

Stärken umsetzen

Kapitel 5
Fragen, die Sie beschäftigen

- Gibt es Hindernisse, die mich davon abhalten könnten, meine Stärken zu stärken?
- Warum sollte ich mich auf meine Talente konzentrieren?
- Ist die Reihenfolge meiner Talente wichtig?
- Warum scheinen einige Sätze in der Talent-Beschreibung nicht auf mich zuzutreffen?
- Warum unterscheide ich mich von anderen Menschen, mit denen ich einige Talente gemeinsam habe?
- Sind manche Talente »Gegensätze«?
- Kann ich neue Talente entwickeln, wenn ich meine nicht mag?
- Werde ich zu einseitig, wenn ich mich auf meine Talente konzentriere?
- Wie kann ich mit meinen Schwächen umgehen?
- Kann ich anhand meiner Talente erkennen, ob ich den richtigen Beruf ergriffen habe?

Sie haben die Fragen des StrengthsFinder-Profils durchgearbeitet, kennen nun Ihre dominierenden fünf Talente und haben die Beschreibungen und die Zitate gelesen. Und jetzt werden Ihnen, wenn Sie wie die meisten Menschen reagieren, eine ganze Menge Fragen durch den Kopf gehen. Auf der Basis früherer Erfahrung haben wir die am häufigsten gestellten Fragen ausgewählt und beantwortet.

Gibt es Hindernisse, die mich davon abhalten könnten, meine Stärken zu stärken?

Ja. Abgesehen von der Personalpolitik Ihres Unternehmens, (die wir im letzten Kapitel ansprechen werden), gibt es ein Hindernis, das Ihren Weg, sich weiterzuentwickeln versperrt: Ihr eigener Widerwille. Das hört sich wahrscheinlich merkwürdig an. Warum sollte man widerwillig an seinen Stärken arbeiten? Viele Menschen haben einen inneren Widerwillen. Sie entscheiden sich lieber dafür, ihre Zeit und Energie mit der Ermittlung ihrer Schwächen zu verbringen. Wir haben das herausgefunden, weil wir folgende Frage stellten: »Was glauben Sie, was Ihnen mehr helfen wird, sich zu verbessern: Ihre Stärken oder Ihre Schwächen zu kennen?«

Gleichgültig, ob wir die Frage an Amerikaner, Briten, Franzosen, Kanadier, Japaner oder Chinesen stellten, ob die Menschen jung oder alt, reich oder arm, eine mehr oder weniger gute Ausbildung genossen hatten, die Antwort war immer dieselbe: Schwächen, nicht Stärken, verdienen die meiste Aufmerksamkeit. Zugegeben, die Antworten auf diese Frage variierten sehr stark. Die Kultur, die sich am meisten auf Stärken konzentrierte, sind die Vereinigten Staaten, wo 41 Prozent der Befragten sagen, dass die Kenntnis ihrer Stärken ihnen am besten helfen wird, sich zu verbessern. Die am wenigsten auf Stärken konzentrierten Kulturen sind Japan und China. Nur 24 Prozent der Befragten dort glauben, dass der Schlüssel zum Erfolg in ihren Stärken liegt. Jedoch ist trotz der großen Abweichungen folgende Schlussfolgerung generell richtig: Die Mehrheit der Weltbevölkerung glaubt nicht, dass das Geheimnis zur Verbesserung in einem tiefgehenden Verständnis ihrer Stärken begründet ist. (Interessanterweise war in jeder Kultur die Gruppe, die am wenigsten auf ihre Schwächen fixiert war, die der Älteren, die Altersgruppe ab 55 Jahren. Ein wenig älter und ein wenig weiser, haben diese Menschen wahrscheinlich ein gewisses Maß der Selbstakzeptanz erworben und erkannt, dass der Versuch, die dauerhaften Schwächen in ihrer Persönlichkeit zu überspielen, vergeblich ist.)

Bei der gesamten Forschungsarbeit, die wir für dieses Buch leisteten, waren diese Entdeckungen wahrscheinlich diejenigen, die uns am stärksten überrascht haben. Sie erfordern eine Erklärung. Warum weichen so viele Menschen der Konzentration auf ihre Stärken aus? Warum sind Schwächen so faszinierend? Wenn wir diese Fragen nicht an dieser Stelle beantworten, drohen Ihre Anstrengungen, Ihre Stärken auszubauen, zu verebben, bevor Sie eine Chance hatten, in Schwung zu kommen.

Es gibt so viele Erklärungen, wie es Menschen gibt, aber alle diese Gründe beruhen auf drei grundlegenden Ängsten: die Angst vor Schwächen, die Angst vor dem Versagen und die Angst vor dem eigenen wahren Ich.

Angst vor Schwächen

Die Angst vor unseren Schwächen ist stärker als das Vertrauen in unsere Stärken. Wenn das Leben ein Kartenspiel wäre und jeder von uns eine Hand voll Stärken und Schwächen im Blatt hätte, würden die meisten von uns annehmen, dass unsere Schwächen unsere Stärken übertrumpfen.

Wenn zum Beispiel jemand ausgezeichnet im Verkauf ist, aber mit dem strategischen Denken kämpft, wird er seine Aufmerksamkeit auf die Strategie richten, weil die Unfähigkeit, strategisch zu denken, sich irgendwann auswirken wird. Wenn wir leicht Beziehungen aufbauen, aber stammeln, wenn wir eine Präsentation halten müssen, nehmen wir an dem allgegenwärtigen Rhetorikkurs teil, weil Reden in der Öffentlichkeit eine Voraussetzung für den Erfolg ist. Was auch immer die Schwäche, was auch immer die Stärke ist, die Stärke ist einfach eine Stärke – die bewundert und dann einfach akzeptiert wird – aber die Schwäche, ja, die Schwäche ist »ausbaufähig«.

Diese Fixierung auf Schwächen ist in unserer Ausbildung und Erziehung tief verwurzelt. Wir legten Eltern das folgende Szenario vor: »Sagen wir, Ihr Kind kommt mit den folgenden Schulnoten nach Haus: eine Eins in Englisch, eine Eins in Sozialkunde, eine Drei in Biologie und eine Fünf in Mathematik. Über welche dieser Noten würden Sie am längsten mit Ihrem Sohn oder Ihrer Tochter sprechen?« 77 Prozent der Eltern entschieden sich für die Fünf in Mathematik, nur 6 Prozent für die Eins in Englisch, und eine noch kleinere Gruppe, 1 Prozent, für die Eins in Sozialkunde. Natürlich erfordert die Mathematik-Note einige Aufmerksamkeit, weil dieses Fach für die schulische Laufbahn und für einen Studienplatz wichtig ist. Aber die Frage war sehr sorgfältig formuliert: »Über welche dieser Noten würden Sie *am längsten* mit Ihrem Sohn oder Ihrer Tochter sprechen?« Trotz der Anforderungen des heutigen Ausbildungssystems stellt sich die Frage, ob wirklich die meiste Zeit in die Schwächen des Kindes investiert werden muss.

Die Schwächenorientierung ist im Forschungs- und im akademischen Bereich überall anzutreffen. In einer Rede vor Berufskollegen berichtete Martin Seligman, der frühere Präsident der Vereinigung Amerikanischer Psychologen, dass er mehr als 40 000 Studien über Depressionen gefunden hatte, aber nur 40 über das Thema Freude, Glück oder Erfüllung. Wie bei dem Mathematik-Beispiel ist hier der springende Punkt, dass nicht Depressionen erforscht werden sollten. Depression ist eine ernste Krankheit, und ihre Patienten brauchen alle Hilfe, die ihnen die Wissenschaft bieten kann. Tatsächlich wurden dank der leidenschaftlichen Konzentration der Wissenschaft auf seelische Erkrankungen während der letzten 50 Jahre Therapien für 14 verschiedene Arten von Depressionen entwickelt. Das Problem liegt darin, dass wir aus dem Gleichgewicht geraten sind. Unsere Perspektive ist so zur Schwäche und Krankheit hin verzerrt, dass wir herzlich wenig über Stärke und Gesundheit wissen. Martin Seligman sagt dazu: »Die Psychologie ist unausgereift, sozusagen halbgar. Der Teil über seelische Krankheit ist ausgereift. Der Teil über Besserung und Schaden ist ausgereift. Aber die andere Seite ist unausgereift. Die Seite der Stärken, die Seite dessen, worin wir gut sind, die Seite ... dessen, was das Leben lebenswert macht.«

Jeder von uns hat natürlich Schwächen. Tätigkeiten, die für manche mühelos sind, sind für andere frustrierend und schwierig. Und wenn diese Schwächen unseren Stärken in die Quere kommen, müssen wir Strategien entwickeln, um sie zu umschiffen. Wir werden diese Strategien später im Kapitel ausführlich aufführen. Um unsere verzerrte Perspektive zu klären, müssen wir jedoch daran denken, dass es zwar manchmal erforderlich ist, unsere Schwächen kritisch zu sehen und hart an ihnen zu arbeiten, aber dies hilft uns nur, Fehlschläge zu verhindern. Es hilft uns nicht, Ausgezeichnetes zu leisten. Was Seligman sagt, und was uns viele der von uns befragten Experten sagten, ist, dass man sehr gute Leistung nur erreicht, wenn man seine Stärken versteht und kultiviert. Schon in den 30er Jahren stellte C. G. Jung, der angesehene Denker und Psychologe, es so dar: Kritik hat »die Macht, Gutes zu bewirken, wenn es etwas gibt, das vernichtet, aufgelöst oder verringert werden muss, aber [sie wird] nur Schaden anrichten, wenn etwas aufzubauen ist.«

Angst vor dem Versagen

Versagen macht niemals Spaß, und deshalb möchte manch einer lieber gar nicht erst ein Risiko eingehen. In Verbindung mit den Herausforderungen eines starken Lebens wird die Furcht vor dem Versagen besonders resistent, und es ist schwer, sie zu überwinden.

Nicht alle Fehlschläge entstehen auf dieselbe Weise. Einige sind ziemlich leicht zu schlucken, es sind meistens diejenigen, die wir leicht wegerklären können, ohne uns zu blamieren. Es klingt im Kindergarten (»He, ich war noch nicht fertig!«) wahrscheinlich etwas anders als in der Arbeitswelt (»Ich fürchte, das ist nicht mein Spezialgebiet«), aber das Prinzip ist dasselbe: Wenn die Ursache des Versagens scheinbar nichts mit dem zu tun hat, wie wir wirklich sind, können wir es akzeptieren.

Aber manche Fehlschläge vergessen wir nicht. Dauerhaft bleiben diejenigen in unserem Gedächtnis, wenn wir etwas aufs Spiel setzen, alles wagen und dennoch versagen. Die Qualen, die diese Art des Versagens begleiten, können schlimm sein. Erinnern Sie sich an die Szene in dem Film *Die Stunde des Siegers*, in der der Läufer Abrahams sich seiner Freundin zuwendet, nachdem er ein Rennen verloren hat, auf das er sich eifrig vorbereitet hatte und dann mit einem Flüstern fassungslos bekennt: »Ich glaube einfach nicht, dass ich noch schneller laufen kann.«?

Ob wir ein Rennen antreten wie Abrahams oder uns selbst hohe

Ziele stecken – das Gefühl, versagt zu haben, ist am durchdringendsten, wenn sich unsere Kraft als unzureichend herausstellt. Trotz des gutgemeinten Ratschlags der Gesellschaft:»Versuchen, immer wieder versuchen«, sind wir verzweifelt. »Ich erkannte mein Talent, kultivierte es zu einer Stärke, verbesserte mich und versagte dennoch! Was mache ich jetzt?«

Ein zusätzlicher Schmerz, wenn man trotz einer Stärke versagt, ist, dass die Gesellschaft diejenigen verachtet, die von sich behaupten, stark zu sein und dann versagen. Denken Sie an Donald Trumps öffentlichen Schlag bei seinem Bankrott in den frühen 90er Jahren. Denken Sie an Richard Bransons Kampf beim Start von *Virgin Cola*. Es gibt wahrscheinlich nur sehr wenige unter uns, Hand aufs Herz, die sagen können, dass sie nicht ein bisschen Schadenfreude empfinden, wenn derart hohe Ansprüche fehlschlagen. Unsere Grundinstinkte bringen uns dazu, über das Unglück anderer Freude zu empfinden – leider scheint diese Freude sich direkt proportional zu dem Ego des anderen zu verhalten. Je stärker sein Ego, desto größer ist unsere Freude bei seinem Versagen.

Aus diesen beiden Gründen vermeiden es viele von uns, ihre Stärken zu kultivieren. Stattdessen bleiben wir in der Werkstatt und flicken die Löcher unserer Schwächen. Das ist fleißig, das ist bescheiden, und die Gesellschaft respektiert es. Leider werden Sie durch das Flicken Ihrer Schwächen nie hervorragende Leistungen erbringen. Was also sollten Sie tun? Wie können Sie diese potenzielle Angst vor dem Versagen, das auf einer Stärke beruht, überwinden?

Es ist mehr als wahrscheinlich, dass Sie weder Ihre Angst vor Ihrem eigenen Versagen noch Ihr kleines Vergnügen an dem Versagen Anderer jemals ganz überwinden können. Beide scheinen tief in jenen Aspekten der menschlichen Natur verwurzelt zu sein, die uns allen gemeinsam ist. Bei näherem Hinsehen können Sie sie jedoch zumindest so weit entmystifizieren, dass weder das eine noch das andere Sie davon abhält, auf Ihren Stärken aufzubauen.

Beginnen wir mit dem Ego-Problem. Ist es selbstsüchtig, Ihr Leben der Kultivierung Ihrer Stärken zu widmen? Alles, was wir aufgrund unserer Forschung wissen, besagt, dass es nicht so ist. Das Stärken Ihrer Stärken einerseits und Selbstsucht andererseits sind nicht dasselbe.

Selbstsüchtig oder egoistisch ist es, Anspruch auf ausgezeichnete Leistung zu erheben, aber dies ohne Bezug auf irgendetwas Substanzielles. Diese prahlerische Einstellung, ein Leben nach dem Motto »große Worte, aber nichts dahinter«, ist lächerlich.

Bei der Kultivierung Ihrer Stärken geht es jedoch nicht zwangsläufig um das Ego, sondern es geht um Verantwortung. Ihre naturgegebenen Talente sind wie Ihr Geschlecht, Ihre Haut- oder Ihre Haarfarbe, je nach Auffassung, Gaben Gottes oder genetische Zufälle. In beiden Fällen haben sie nichts mit Ihnen zu tun. Sie haben jedoch die Chance, sie in Stärken umzuwandeln. Es ist Ihre Gelegenheit, Ihre natürlichen Talente aufzugreifen und sie durch Fokus, Praxis sowie Lernen in beinahe perfekte Leistungen umzuwandeln.

Aus dieser Sicht ist es kein Zeichen von Bescheidenheit, Ihre Stärken zu meiden und sich auf Ihre Schwächen zu konzentrieren: Alles andere wäre nahezu unverantwortlich. Im Gegenteil: Sie tragen die Verantwortung, dem in Ihren Talenten liegenden Stärkenpotenzial ins Auge zu sehen und dann Wege zu finden, um es umzusetzen.

Könnten Sie versagen? Ja. Sich ein starkes, erfolgreiches Leben zum Ziel zu setzen, bedeutet, dass Sie die Leistung zum endgültigen Maßstab Ihrer Stärken werden lassen. Leistung, richtig bewertet, ist unerbittlich, und zweifellos wird es Zeiten geben, in denen Ihre Ansprüche auf Stärke negativ beurteilt werden.

Das macht nichts. Was ist wirklich das Schlimmste, das passieren könnte? Sie erkennen ein Talent, kultivieren es zu einer Stärke, und es gelingt Ihnen dann nicht, Ihren Erwartungen gerecht zu werden. Das tut natürlich weh, aber es sollte Sie nicht völlig verunsichern. Es ist eine Chance, zu lernen und das Gelernte in weitere Leistungen umzusetzen. Und was ist, wenn diese weiteren Anstrengungen Ihren Normen noch immer nicht gerecht werden? Nun, das tut noch mehr weh. Aber es sollte Ihnen auch etwas sagen: Vielleicht suchen Sie an den falschen Stellen nach Stärken. Trotz des Schmerzes sind Sie jetzt frei, Ihre Suche neu und produktiver auszurichten. Wie der Komiker W. C. Fields riet: »Wenn Sie beim ersten Mal keinen Erfolg haben, versuchen Sie es erneut. Danach geben Sie es auf. Es hat keinen Zweck, dass Sie einen Narren aus sich machen.«

Das ist leicht gesagt und schwierig umzusetzen. Aber wenn Sie Ihre Stärken verfeinern und dabei manchmal zwei Schritte vor und einen zurückgehen, lassen Sie sich durch die Tatsache trösten, dass ein starkes, erfolgreiches Leben tatsächlich so gelebt werden muss. Dieser Prozess – handeln, lernen, verfeinern, handeln, lernen, verfeinern – ist, so schwerfällig er auch sein mag, die Essenz der Stärke. Sie sollten kühn sein und scharfsinnig genug, um auf Feedback über Ihre Leistung von anderen zu hören, und vor allem, um Ihre Stärken weiterhin zu ermitteln, trotz der vielen Einflüsse, die Sie ablenken. Wiederum erkannte C. G. Jung dieses Prinzip, als er sagte:»Sich selbst treu zu sein ist ... eine Herausforderung an das Leben.«

Lassen Sie sich vor der drohenden Gefahr warnen, die Sie unterminieren kann: Selbsttäuschung. Sie tritt ein, wenn Sie immer wieder handeln, immer wieder versagen, ohne es zu erkennen. Sie glauben, dass Sie gut frei reden können, doch Sie erkennen nicht, dass Ihr Publikum gar nicht mehr zuhört. Oder Sie sehen sich selbst als Vollblutverkäufer, fragen sich aber niemals, warum niemand Ihnen etwas abkauft. Vielleicht sehen Sie sich selbst als die größte Führungspersönlichkeit seit Vince Lombardi, bemerken aber niemals, dass Ihre Mitarbeiter Ihnen aus dem Weg gehen. Oder, was sehr gefährlich ist, Sie registrieren dunkel Ihre schwachen Leistungen, finden aber irgendwie eine Million Gründe, warum dies nichts mit Ihnen zu tun hat. Selbsttäuschung plus Verleugnung ist eine tödliche Kombination.

Wenn Sie davon befallen sind, wird nichts in diesem Buch Sie kurieren. Das Einzige, was wir Ihnen sagen können, ist, dass Sie selbst die Person sind, der Sie am meisten schaden. Der Philosoph Baruch Spinoza sagte einmal:»Das zu sein, was wir sind, und das zu werden, was wir in der Lage sind zu werden, ist der einzige Zweck des Lebens.« Sie mögen mit seinem Nachdruck nicht einverstanden sein, aber gewiss ist es eines der Ziele Ihres Lebens, Ihre Stärken zu entdecken und sie zu nutzen. Wenn Ihre Sinne durch Selbsttäuschung und Verleugnung vernebelt sind, werden Sie aufhören, nach diesen Stärken zu suchen und damit enden, eine zweitrangige Version des Lebens eines anderen zu führen, anstatt eine Weltklasseversion Ihres eigenen.

Angst vor dem eigenen Ich

Sie mögen zögern, Ihre eigenen Stärken zu ermitteln, weil Sie einfach glauben, dass Ihr wahres Ich nichts Besonderes ist. Vielleicht ist es ein Gefühl der Unzulänglichkeit oder das »Hochstaplersyndrom« oder die schlichte altmodische Unsicherheit – die Symptome sind bekannt. Trotz Ihrer erreichten Leistungen fragen Sie sich, ob Sie tatsächlich so talentiert sind, wie alle Sie sehen. Sie argwöhnen, dass Glück und die Umstände, nicht Ihre Stärken, einen großen Teil Ihres Erfolgs erklären könnten. Die ängstliche kleine Stimme in Ihrem Ohr flüstert: »Wann kommen sie dir auf die Schliche?« Wider besseres Wissen hören Sie auf sie.

Zum Teil ist das der Grund, warum Menschen auf die Frage nach ihren Stärken selten ihre natürlichen Talente erwähnen. Stattdessen sprechen sie über Dinge, die sie in ihrem Leben gesammelt haben, wie Zertifikate und Diplome, Erfahrungen und Auszeichnungen. Das ist dann der »Beweis«, dass sie sich verbessert haben, dass sie etwas Wertvolles zu bieten haben.

Diese Angst ist nicht völlig negativ. Schließlich ist die Kehrseite der Unsicherheit die Selbstzufriedenheit. Wir möchten Sie jedoch daran erinnern, dass Sie das Wunder Ihrer Stärken verpassen werden, wenn Sie aus Angst, keine Stärken zu finden, aufhören, danach zu suchen. Wir sagen »erinnern«, weil so viele von uns ihre Stärken für selbstverständlich halten. Wir leben tagein, tagaus mit ihnen, und da sie uns so leicht zufallen, sind sie nichts mehr wert. Wie der New Yorker, der die Sirenen von Polizei und Krankenwagen nicht mehr hört, sind wir unseren Stärken so nah, dass wir sie nicht mehr erkennen.

Vor einigen Jahren gewann Bruce B. einen der angesehensten amerikanischen Preise, die an Lehrer verliehen werden. Nach den Auskünften von seinen Kollegen, seinen Schülern und deren Eltern schaffte er eine sehr gute, konzentrierte und doch fürsorgliche Lernatmosphäre. Wir befragten ihn im Rahmen der *Gallup*-Studie über ausgezeichnete Leistungen, und gaben ihm dann Feedback zu seinen Stärken. Eines seiner stärksten Talente war Einfühlungsvermögen. Wir sprachen ihn

auf seine Stärke an, dass er die Gefühle jedes einzelnen Schülers aufgreifen konnte, sodass dieser sich gehört und verstanden fühlte. Wir
beschrieben ihm, wie dieses Talent ihn in die Lage versetzte, die unausgesprochenen Fragen zu hören, die Lernschwächen jedes Schülers
vorauszusehen und seinen Lehrstil so anzupassen, dass sie gemeinsam
einen Weg fanden, die Hürden zu umgehen. Wir malten ihm so lebhaft
wie möglich ein Bild davon aus, wie er dieses Talent zu einer enormen
Stärke kultiviert hatte.

Als wir fertig waren, saß Bruce mit einem eigenartigen Gesichtsaus-
druck da. Er war nicht überrascht. Er war nicht fasziniert. Er schien
sich nicht einmal besonders geschmeichelt zu fühlen. Er war einfach
verwirrt.

»Tut das nicht jeder?« fragte er.

Die Antwort war natürlich: »Nein. Nicht jeder tut das, aber Sie tun
es, Bruce. Sie tun es. Das ist es, was Sie so gut in Ihrem Beruf macht.
Wenn jeder Lehrer ein solches Einfühlungsvermögen hätte wie Sie,
wäre jeder Lehrer so gut wie Sie. Aber die meisten sind es nicht.«

Bruce war in die Falle gegangen, in die viele von uns laufen. Für ihn
war es natürlich, die Hinweise auf den Gemütszustand eines Schülers
zu erkennen. Er konnte nicht anders, als auf die von ihm erkannten
Emotionen zu reagieren, ihre Schmerzen zu teilen und sich an ihren
Erfolgen zu freuen. Und weil es für ihn selbstverständlich war, hielt er
es nicht für wertvoll. Es war leicht, und deshalb war es banal, alltäglich,
offenkundig. »Tut das nicht jeder?«

Ein altes Sprichwort besagt, dass man den Wald vor lauter Bäumen
nicht sieht. Nun, Sie verbringen Ihr ganzes Leben im Wald Ihrer Stärken, deshalb ist es kaum ein Wunder, dass Sie nach einer Weile ihnen
gegenüber blind werden. Wir hoffen, dass wir Ihnen durch das Aufdecken Ihrer fünf Signatur-Talente gezeigt haben, dass Ihre instinktiven
Reaktionen auf die Welt – jene Dinge, bei denen »Sie nicht anders
können, aber ...« – nicht banal, alltäglich und offenkundig sind. Im
Gegenteil, Ihr instinktives Verhalten ist einzigartig. Es unterscheidet Sie
von allen anderen Menschen. Deshalb sind Sie außergewöhnlich.

Warum sollte ich mich auf meine Talente konzentrieren?

Der Hauptzweck des StrengthsFinder ist es nicht, Sie zu charakterisieren oder Ihnen eine vollständige Beschreibung Ihrer Persönlichkeit zu bieten. Er dient dazu, beständig beinahe perfekte Leistungen zu erreichen, die sowohl ausgezeichnet wie befriedigend sind. Diese Art des Stärkenaufbaus erfordert aus verschiedenen Gründen besonderes Augenmerk.

Erstens liegt, obwohl Sie in Ihrem bisherigen Leben ohne Zweifel einige Augenblicke des Erfolgs und der Befriedigung erlebt haben, das Geheimnis des erfolgreichen Lebens in der Fähigkeit, diese Augenblicke immer wieder zu reproduzieren. Um dies zu können, müssen Sie sie sehr gut verstehen. Sie müssen unterscheiden, welche Stärken im Spiel waren, und wie sie kombiniert waren, um entweder die Leistung oder die Zufriedenheit oder beides zu bewirken. Sie müssen *bewusst kompetent* sein. Diese bewusste Kompetenz mit nur fünf Talentmotiven zu erreichen, ist eine ziemlich große Herausforderung.

Zweitens ist bei näherer Betrachtung der Unterschied zwischen jemandem, dessen Leistung akzeptabel ist, und jemandem, dessen Leistung laufend beinahe perfekt ist, nur sehr gering. Der beinahe perfekte Könner handelt selten drastisch anders. Konfrontiert mit dem täglichen Sperrfeuer von 1000 spontanen Entscheidungen, trifft er einfach einige wenige, aber oft bessere.

Wie wenige? Beim Baseball sind Sie, wenn Sie tausendmal am Schlagmal stehen und den Ball 270-mal mit Erfolg schlagen, ein mittlerer Spieler. Wenn es Ihnen gelingt, eine Quote von 320 Treffern pro 1000 zu erzielen, werden Sie als einer der Besten der Liga gepriesen. Also liegt im Baseball der Unterschied zwischen dem Mittelfeld und dem Superstar bei etwa 25 besseren Entscheidungen pro Saison (im Durchschnitt erreicht ein Schlagmann etwa 500-mal pro Saison das Wurfmal). Beim professionellen Golf ist der Unterschied zwischen ausgezeichneter Leistung und dem Durchschnitt ähnlich gering. Die Spitzenspieler brauchen im Durchschnitt 27 Schläge pro Runde. Der mittelmäßige Spieler dagegen 32.

In der Arbeitswelt könnten drei zusätzliche Besuche pro Woche oder das Auffangen von zwei zusätzlichen emotionalen Signalen während einer Präsentation den Unterschied zwischen dem sich abplagenden und dem großartigen Verkäufer ausmachen. Oder es ist die genau im richtigen Moment eines Gespräches aufgeschnappte Information. Den Unterschied zwischen dem beispielhaften Mentor und dem ganz gewöhnlichen Boss könnten einfach einige zusätzlich gestellte Fragen und einige zusätzliche Augenblicke des Zuhörens ausmachen. Unabhängig von Ihrem Beruf liegt das Geheimnis der beständigen, beinahe perfekten Leistung in dieser Art der subtilen Verfeinerungen.

Diese feinen Veränderungen zu erreichen, erfordert Sachverstand. Sie müssen sich mit Ihren stärksten Talent-Leitmotiven auseinandersetzen und herausfinden, wie sie sich zu Ihren Stärken kombinieren lassen. Wenn Sie sie auf diese Weise betrachten, erkennen Sie plötzlich, dass eine kleine Verlagerung des Schwerpunktes von einem Talent zu einem anderen oder eine Vertiefung Ihres Wissens auf einem bestimmten Gebiet alles ist, was Sie für den Sprung vom Mittelmaß zur ausgezeichneten Leistung brauchen.

Wenn zum Beispiel eines Ihrer Signatur-Talente das Ideensammeln ist, könnten Sie erkennen, dass Sie, obwohl Sie sehr viel lesen, nicht die Disziplin aufbringen, interessante Artikel und Fakten zu archivieren. Deshalb beschließen Sie, Ihr Wochenprogramm ein wenig zu ändern: Sie sammeln Zeitungsausschnitte und lesen sie in spätestens einem Vierteljahr noch einmal. Sie werden schnell entdecken, dass Sie mit dieser Informationsfülle im Kopf umsichtiger, hilfsbereiter und kreativer sind.

Oder wenn vielleicht die Verbundenheit eines Ihrer Signatur-Talente ist, haben Sie schon immer die Seelenruhe empfunden, die dieses Talent Ihrem persönlichen Leben bringt, aber Sie haben niemals daran gedacht, sie in Ihrem Berufsleben anzuwenden. Und jetzt stellen Sie sich um. Sprechen Sie mit Ihren Kollegen darüber, wie die Leistungen jedes einzelnen kombiniert werden können, um die Gesamtleistung des Teams zu optimieren. Zeigen Sie auf, wie die Aufmerksamkeit des einen für ein bestimmtes Detail die Arbeit des anderen erleichtert. Sie heben hervor, dass es erforderlich ist, einander zu unterstützen. Als Folge davon werden Sie sich einen Ruf als derjenige erarbeiten, der Teams am besten koordiniert.

Ein Talent noch mehr zu stärken, damit es zu einer wahren Stärke wird, wird Ihr Selbstbewusstsein und Ihren Einfallsreichtum auf eine Probe stellen. Alle fünf Motive zu verfeinern dauert ein ganzes Leben.

Ist die Reihenfolge meiner Talente wichtig?

Theoretisch ist die Antwort ja, aber in der Praxis nein. Das StrengthsFinder-Profil bewertet jede Ihrer Antworten, berechnet die stärksten Talente und präsentiert Ihre fünf stärksten in absteigender Reihenfolge. So ist das erstgenannte Talent theoretisch gesehen auch Ihr stärkstes. Das fünfte Talent ist also Ihr fünftstärkstes.

Wir empfehlen Ihnen jedoch, der Reihenfolge Ihrer Signatur-Talente nicht zu viel Bedeutung beizumessen. Zunächst kann der tatsächliche Unterschied zwischen Ihrem stärksten und Ihrem fünftstärksten Talent und den dazwischen liegenden unendlich klein sein. In der Welt der Mathematik bestehen die Unterschiede, aber in der realen Welt können sie bedeutungslos sein.

Zweitens ist es die Zielsetzung des StrengthsFinder, ein Schlaglicht auf Ihre *dominierenden* Denk-, Gefühls- oder Verhaltensmuster zu werfen. Hier ziehen wir einen Strich zwischen Ihren Signatur-Talenten und Ihren Talenten, mit denen Sie positiv auf bestimmte Situationen reagieren. Ihre Signatur-Talente sind jene, in denen Sie führend sind. Situationsunabhängig filtern sie Ihre Welt, zwingen Sie, sich auf gewisse, immer wiederkehrende Weisen zu verhalten. Demgegenüber kommen Ihre Talente nur gelegentlich zum Vorschein, gewöhnlich in ganz bestimmten Situationen, in denen Sie mit diesem Talent-Leitmotiv reagieren.

Wenn zum Beispiel eines Ihrer Signatur-Talente *Entwicklung* ist, werden Sie aktiv nach Möglichkeiten suchen, andere Menschen auf Erfolgskurs zu bringen. Sie denken viel über die Entwicklung anderer nach. Wenn *Entwicklung* ein positiv reagierendes Talent ist, schaltet es sich nur dann ein, wenn die andere Person Ihnen gegenübersitzt und Sie um Ihren Rat zu ihrer Karriere fragt. Ähnlich werden Sie, wenn

Strategie eines Ihrer Signatur-Talente ist, jede Situation mit der Frage »Was wenn?« angehen. Ob Sie unter der Dusche stehen oder joggen oder mitten in der Nacht wach liegen, Ihr Geist wird nicht in der Lage sein, damit aufzuhören, instinktiv einen Plan für Notfälle zu entwickeln. Wenn *Strategie* jedoch ein positiv reagierendes Talent ist, kommt es nur dann zum Zuge, wenn die Zeit gekommen ist, den geschäftlichen Fünfjahresplan aufzustellen.

Positiv reagierende Talente können sich manchmal als sehr nützlich erweisen, weil sie Sie in die Lage versetzen, akzeptable Leistungen zu erbringen, so lange alles auf Sie eingestellt ist, aber Ihre Signatur-Talente sind von Stichworten unabhängig. Sie sind stark, eben weil sie instinktiv sind. Jedes von ihnen, eins bis fünf, ist ein Talent, das von selbst aktiviert wird und eine kritische Komponente bei dem Ausbilden von Stärken.

Warum scheinen einige Sätze in der Talent-Beschreibung nicht auf mich zuzutreffen?

In einem gewissen Sinne gibt es die 34 Talent-Leitmotive nicht wirklich. Leistungsorientierung ist nicht in einer Ecke des Gehirns eines Menschen und Überzeugung nicht in einer anderen zu finden. Die immer wiederkehrenden Denk-, Gefühls- oder Verhaltensmuster werden von den Charakterzügen, von Fäden in seinem Netz geschaffen. Einige sind stark. Einige sind gerissen. Aus all den offenkundigen Gründen – genetisches Erbe, Erziehung, Kultur – ist das Netz jeder Person einzigartig.

Als *Gallup* die zwei Millionen ausgezeichneter Fachleute befragte, um etwas über menschliche Stärken zu erfahren, untersuchten wir die individuelle Konfiguration des Netzes jeder Einzelperson. Im Gegensatz dazu mussten wir diese Einzigartigkeit ignorieren, um die Ergebnisse zusammenzufassen und allgemein verständlich erklären zu können. Wir webten die häufigsten Fäden zu Mustern, und diese Muster wurden zu den 34 Talent-Leitmotiven des StrengthsFinder. Wir haben versucht, in den Beschreibungen die vorherrschenden Züge jedes Musters oder Talents wiederzugeben. Weil aber jedes Talent eine Zusammenfassung ist, ist es wahrscheinlich, dass einige der Fäden Ihnen nicht so stark entsprechen wie andere.

Um die Analogie noch auszuweiten: Die Talente sind ebenso Muster wie es das Schottenmuster, Paisley und das Fischgrätenmuster sind. Jede Jacke in Fischgrätenmuster enthält etwas unterschiedliche Fäden, aber jede ist als Fischgrätenmuster zu erkennen. Das ist auch der Fall, wenn Sie das Talent *Wettbewerbsorientierung* besitzen. Sie können sich zu Streitgesprächen mit anderen mit demselben Talent angezogen fühlen, aber bei den Gesprächen, die für jeden von Ihnen wirklich wichtig sind, werden Sie sich nicht als »guter Verlierer« bezeichnen.

Warum unterscheide ich mich von anderen Menschen, mit denen ich einige Talente gemeinsam habe?

Nur sehr wenige Menschen teilen mit Ihnen Ihre Signatur-Talente. Tatsächlich gibt es 33 Millionen mögliche Kombinationen der fünf häufigsten, deshalb sind die Chancen, dass Sie ein perfektes Ebenbild treffen werden, äußerst gering. Dies ist wichtig, weil keines Ihrer fünf Motive allein dasteht. Stattdessen ist jedes Ihrer Themen so mit jedem anderen verwoben, dass es modifiziert und durch Assoziation geändert wird. Die folgende Aufstellung von Talentpaaren ist Beispiel dafür, wie durch den Austausch nur eines Talents im Paar sich das Gesamtmuster des Verhaltens drastisch ändert.

Das Talent *Vorstellungskraft* beschreibt eine Vorliebe für Ideen und Gedankenverbindungen. Das Thema *Kontext* beschreibt ein instinktives Bedürfnis, zu untersuchen, wie die Dinge so wurden, wie sie sind. Gemeinsam produzieren sie einen kreativen Theoretiker, der sich die Zeit nimmt, in der Vergangenheit nach Hinweisen für die Erklärung der Gegenwart zu suchen. Stellen Sie sich als Extremfall Charles Darwin vor, der sich fragte, warum die Schnäbel von Galapagosfinken sich in Form und Größe unterschieden, und der damit begann, die Anfänge seiner Theorie der natürlichen Selektion zu erkennen. Nun ändern Sie eines der Motive. Behalten Sie *Vorstellungskraft*, aber ersetzen Sie *Kontext* durch *Zukunftsorientierung* – eine Faszination am Potenzial der Zukunft. Vorstellungskraft und Zukunftsorientierung zusammen schaffen einen visionären Träumer, der aus der Gegenwart Trends entschlüsseln kann, und dann projiziert, wie diese Trends zehn Jahre später zusammenlaufen werden. Denken Sie an Bill Gates, den Gründer von *Microsoft*, und sein visionäres Ziel eines Computers in jedem Haushalt.

Nun behalten Sie *Zukunftsorientierung*, aber Sie ersetzen *Vorstellungskraft* durch *Überzeugung*, durch das Bedürfnis, das eigene Leben um einen Kern von Werten herum zu orientieren, die normalerweise altruistisch sind. Die Talente Zukunftsorientierung und Überzeugung schaffen ebenfalls einen visionären Träumer, aber seine Träume unterscheiden sich stark von dem vorherigen Beispiel. Während Bill Gates und seinesgleichen sich eine bessere Welt vorstellen, kann der zukunftsorientierte und überzeugte Träumer nicht anders, als sich eine bessere Welt *für die Menschen* vorzustellen. Er ist weniger besorgt um die Kreativität seines Traumes als vielmehr um dessen Nutzen. Dr. Martin Luther King Jr. ist wahrscheinlich das überzeugendste Beispiel. Er richtete sein Leben nicht nur nach dem Wert der Rassengleichheit aus, sondern projizierte diesen Wert auch in ein lebhaftes Bild der Zukunft, in dem ein schwarzes Mädchen und ein weißer Junge aus demselben Wasserhahn trinken, im selben Klassenraum sitzen und Hand in Hand dieselbe Straße hinunterschlendern würden.

Schließlich behalten Sie *Überzeugung* bei, aber ersetzen die *Zukunftsorientierung* durch *Bindungsfähigkeit*, einen Wunsch, Leute kennen zu lernen und enge Beziehungen zu ihnen aufzubauen. Die Kombination von Überzeugung und Bindungsfähigkeit schafft einen Missionar, keinen Visionär. Diese Person hat wenig Zeit für inspirierende Vorstellungen, die zu entfernt, zu ätherisch sind. Stattdessen möchte sie die Menschen treffen, denen sie hilft. Sie möchte ihren Namen kennen lernen und ihre einzigartigen Lebensumstände verstehen. Nur dann kann sie sicher sein, dass sie ihre Werte in die Tat umsetzt. Diese Person erinnert eher an Mutter Teresa als an Martin Luther King Jr.

Daran, wie wir von Charles Darwin bis zu Mutter Teresa gesprungen sind, indem wir einfach jeweils ein Talent auswechselten, können Sie sehen, warum Ihr Verhalten sich wesentlich von dem von Menschen unterscheiden kann, die ein, zwei, drei oder sogar vier Ihrer Signatur-Talente mit Ihnen gemeinsam haben. Versuchen Sie deshalb nicht, jedes Ihrer Motive für sich allein zu erforschen. Ergründen Sie stattdessen, wie jedes einzelne die anderen modifiziert. Finden Sie heraus, wie sich die Kombinationen auswirken. Darin liegt das Geheimnis eines wahren Selbstbewusstseins.

Sind manche Talente »Gegensätze«?

Die Antwort auf diese Frage lautet: Nein. Persönlichkeitstests beruhen gewöhnlich auf der Annahme, dass sich viele menschliche Charaktereigenschaften gegenseitig ausschließen. Sie können zum Beispiel introvertiert oder extrovertiert, aber nie beides sein. Sie können entweder ego-getrieben oder altruistisch sein, entweder rechthaberisch oder versöhnlich, entweder zukunftsorientiert oder nostalgisch. Diese Annahme des Entweder-oder wird dann in Fragebögen eingebaut. Jede Frage ist so konzipiert, dass ein positives Ergebnis bei einer Charaktereigenschaft automatisch ein negatives Ergebnis bei dem Gegenteil hervorruft. Diese Fragen werden als »ipsativ« bezeichnet, was bedeutet, dass, wenn Sie in Wirklichkeit beide Eigenschaften haben, die Frage es Ihnen unmöglich macht, beide zu zeigen.

Das StrengthsFinder-Profil ist nicht auf diese Weise aufgebaut, aus dem einfachen Grunde, dass diese Annahme des Entweder-oder sich in der Realität nicht bestätigt. Während unserer Interviews fanden wir Hunderttausende von Menschen, die Talente besaßen, welche auf den ersten Blick für Gegensätze gehalten werden. David G., der Präsident einer Filmgesellschaft in Hollywood, wies sowohl das dominierende Talent *Kontaktfreudigkeit*, also die Liebe zur Herausforderung, andere für sich zu gewinnen, als auch *Intellekt*, also das Bedürfnis, für sich allein nachzusinnen und zu grübeln, auf. Sein Talent *Kontaktfreudigkeit* ermöglicht es ihm, am Tag Hunderte von Telefongesprächen in seinem Bestreben zu führen, wünschenswerte Filmprojekte zu gewinnen. Sein Talent *Intellekt* verlieh ihm ein nachdenkliches Auftreten und erlaubte ihm, sich in das Innenleben der von ihm gelesenen Rollen und der Autoren, die sie schrieben, zu versetzen. Als wir David über seine scheinbare Unbeständigkeit befragten, sagte er, dass die Kombination der Kontaktfreudigkeit und des Intellekts ihm vollkommen sinnvoll erscheine. »Ich bin ein Mensch, der sich davor fürchtet, auf Partys zu gehen, der sich dann aber plötzlich pudelwohl fühlt, wenn er dort ist.«

Mit dem folgenden Beispiel enthüllte Leslie T., eine Investment-Bankerin, zwei ihrer stärksten, aber scheinbar »gegensätzlichen« Talente, *Harmoniestreben*, der Wunsch, falls irgend möglich, Konflikte zu vermeiden, und *Autorität*, das Bedürfnis zu konfrontieren: »Als Präsidentin meines Hauseigentümerverbandes hatte ich das Ausschreibungsverfahren für ein Landschaftsprojekt in der Nachbarschaft zu überwachen. Weil es ein sehr umfangreicher Auftrag war, wollte ich die Ausschreibung selbst durchführen. Aber in der Versammlung stand eines meiner Vorstandsmitglieder plötzlich auf und argumentierte, dass er es abwickeln sollte, weil er sich im Geschäft auskenne, Freunde in der Bauindustrie habe und so weiter. Ich hätte auf meinem Standpunkt bestanden, aber er war so beharrlich, dass ich ihm mein Okay gab. Aber einen Monat später, als ich den abgeschlossenen Vertrag sah, entdeckte ich, dass er nicht einmal das Ausschreibungsverfahren eröffnet hatte. Er hatte einfach bis zur letzten Minute abgewartet und dann den Auftrag einem seiner Freunde zugeschoben. Ich war wütend. Situationen wie diese können schwierig sein, weil man das Gefühl hat, man sei nicht mehr sein eigener Herr, aber ich war der Meinung, dass ich sein Verhalten nicht unbeachtet lassen konnte. Also bat ich ihn zu einem Gespräch und machte ihm klar, wie enttäuscht ich war. Es war sehr schwierig. In der Tat, die Sache steht immer noch zwischen uns.«

Dies sind einfach zwei Beispiele von vielen. Wir fanden Gemeindepfarrer, die ihr Leben der Hilfe für andere gewidmet hatten (das Talent *Überzeugung*), die aber auch den Trieb hatten, zu gewinnen (das Talent

Wettbewerbsorientierung). Wir fanden Marktbeobachter, die Ideen liebten (das Talent *Vorstellungskraft*), die aber genauso angetan von Daten und Beweisen waren (das Talent *analytisch*). Wir fanden sogar Schriftsteller, deren Leidenschaft für die Vergangenheit (das Talent *Kontext*) nur noch von ihrer Leidenschaft für die Zukunft (das Talent *Zukunftsorientierung*) übertroffen wurde. Diese Kombinationen mögen absurd sein, aber sie spiegeln die Realität wider, dass Individuen sich nicht zu Typen vereinfachen lassen. Jeder von uns ist einzigartig, was manchmal wunderbar und manchmal schwierig ist, aber immer einzigartig. Wir konzipierten das StrengthsFinder-Profil, um diese Einzigartigkeit zu enthüllen. In der Praxis bedeutet dies, dass es niemals ausgeschlossen ist, ein Talent und gleichzeitig irgendein anderes zu haben.

Kann ich neue Talente entwickeln, wenn ich meine nicht mag?

Die kurze Antwort lautet: Nein. Das StrengthsFinder-Profil misst Ihre spontanen Reaktionen auf eine Reihe von Aussagenpaaren. Durch das Zusammenweben dieser Reaktionen zu einem Muster zielt das Profil darauf ab, die stärksten Aspekte Ihres mentalen Netzes, Ihre Signatur-Talente zu identifizieren. Und wie wir bereits vorher erwähnten, sind diese Signatur-Talente dauerhaft. Ganz gleich, wie sehr Sie sich danach sehnen werden, sich zu wandeln, diese Talente werden sich einer Änderung widersetzen. In Tests und in Forschungen, in denen wir 300 Einzelpersonen baten, das Profil zweimal auszufüllen, war die Korrelation zwischen den beiden Ergebnisreihen 0,89 – eine perfekte Korrelation ist 1,0.

Bevor Sie sich auf Ihre fünf stärksten Talente konzentrieren, müssen wir zwei Dinge erwähnen: Erstens, obwohl sich Ihre Signatur-Talente während des Verlaufes Ihres Lebens nicht stark ändern werden, *können* Sie neues Wissen und Fertigkeiten erwerben, und diese neuen Kompetenzen können Sie sehr wohl in spannende neue Arenen führen.

Einer der Menschen, die wir in unserer Untersuchung befragten, war Danielle J. Geleitet von Motiven wie *Einfühlungsvermögen* und *Autorität* hatte Danielle sich mit großem Erfolg eine Karriere als Journalistin erarbeitet. Ihr Einfühlungsvermögen ermöglichte es ihr, dass ihre Interviewpartner entspannt waren, während ihr Talent der Autorität es ihr einfach machte, harte Fragen zu stellen. Diese Aspekte (und weil sie ihre Informationen über das geschriebene Wort vermitteln konnte) zeichneten sie aus, und sie wurde zur Redakteurin für Dokumentationen befördert. Dann, zehn Jahre nach dem Beginn ihrer Laufbahn, schaltete sie ihren Computer plötzlich ab und richtete ihr Leben neu aus. Sie wurde Therapeutin in einem Hospiz für Sterbende.

Der Journalismus war interessant, aber unbefriedigend. Aufgerüttelt durch wiederholte Besuche in einem Krankenhaus während einer langen Krankheit ihrer Mutter, bewertete sie ihr Leben neu. Sie erkannte, dass sie der Gesellschaft einen besseren Beitrag leisten konnte, indem sie zu denjenigen stieß, die Familien halfen, mit dem Tod eines Angehörigen fertig zu werden. Deshalb machte sie eine Ausbildung als Therapeutin und nahm eine Arbeit in ihrem örtlichen Hospiz auf. Interessanterweise trieben sie jedoch, trotz der Tatsache, dass das Wissen und Können, das sie jetzt anwandte, ganz anders war, dieselben Talente, *Einfühlungsvermögen* und *Autorität*, und halfen ihr, ausgezeichnete Arbeit zu leisten. Ihr Einfühlungsvermögen versetzte sie nicht nur in die Lage, zu erkennen, ob der Schmerz des Patienten physisch oder emotional bedingt war, sondern es ließ sie auch die richtigen Worte finden, um der Familie zu helfen, die Flut ihrer Gefühle zu beschreiben. Um ihre eigenen Worte zu gebrauchen, es ermöglichte ihr, der Familie emotional »beizustehen«.

Ihr Talent der Autorität erwies sich als noch stärker. Sie selbst beschrieb, wie sie es in ihrer neuen Aufgabe einsetzte: »Wenn die Familie soeben erfahren hat, dass ihr Angehöriger sterben wird, ist das vorherrschende Gefühl Schock. Sie können es nicht glauben. Sie sind wütend, verwirrt und oft ablehnend. Das Letzte, was sie in dieser Situation wollen, ist, dass jemand sie mit Gefühlsduselei überschüttet. Stattdessen wollen sie, dass jemand die Leitung übernimmt. Sie brauchen jemanden, der ihnen sagt, was sie zu erwarten haben, worauf sie sich vorbereiten müssen und was genau sie zu tun haben. Ich fand, dass ich sehr gut darin war, die Kontrolle auf die von ihnen gewünschte Weise zu übernehmen. Ich bot die Gegenwart und die Klarheit, die sie brauchten.«

Danielle ist einer der zahlreichen Menschen, deren Talente konstant blieben, die aber dessen ungeachtet den Fokus ihres Lebens durch den Erwerb neuen Könnens und Wissens änderten. Ihr Leben könnte ein weiteres Beispiel sein. Sie könnten sich mit Brian M. identifizieren, einem Tänzer, dessen Liebe zur Bühne (das Talent *Bedeutsamkeit*) zu einer Liebe zum Theater des Gerichtssaales wurde, nachdem er seine Tanzschuhe an den Nagel hängte und Jura studierte. Oder Sie könnten sich in Gillian K. wieder erkennen, einer Lehrerin, deren Wunsch, anderen beim Lernen zu helfen (das Talent *Entwicklung*) eine neue Anwendung in ihrer Aufgabe als Produkt-Support-Spezialistin für ein Pharmazieunternehmen fand, wo sie dafür bezahlt wurde, Ärzte über neue Medikamente zu informieren.

Wie Danielle, Brian und Gillian haben Sie vielleicht Ihr Leben neu ausgerichtet, indem Sie Neues lernten. Wenn Sie das nicht getan haben, aber sich von Ihren Signatur-Talenten eingeengt fühlen, lernen Sie aus ihrem Beispiel. Sie werden nicht in der Lage sein, Ihr Gehirn neu zu verdrahten, aber durch den Erwerb neuen Wissens und neuer Fertigkeiten *können* Sie Ihrem Leben eine neue Richtung geben. Sie können *keine* neuen Talente erlernen, aber Sie *können* neue Stärken entwickeln.

Darüber hinaus können Sie das StrengthsFinder-Profil – jeweils mit einer neuen Zugangsnummer – mehr als einmal ausfüllen. Wenn Sie dies tun, könnten Sie herausfinden, dass ein oder zwei neue Talente auf der Liste Ihrer fünf stärksten erscheinen. Was ist geschehen? Haben Sie sich verändert? Haben Sie plötzlich neue Signatur-Talente entwickelt? Das trifft nicht ganz zu. Ihr Gesamtmuster der Antworten hat sich sehr wenig geändert. Nur Ihr Reaktionsmuster hat sich ganz leicht verändert, und als Ergebnis dieser winzigen Änderungen sind die an sechster und siebter Stelle stehenden Talente an die Stelle von zwei Ihrer fünf Hauptmotive getreten. Ihre Reihenfolge hat sich geändert, aber nicht Ihr Wesen. Vertrauen Sie den Ergebnissen des Profils aber nicht, wenn Sie sich aus irgendeinem Grund dafür entscheiden, es kurz hintereinander dreimal auszufüllen. Beim dritten Mal werden Sie die Spontaneität, die beim Ausfüllen wichtig ist, verloren haben, und deshalb wird das Profil viel von seiner Aussagefähigkeit verlieren.

Werde ich zu einseitig, wenn ich mich auf meine Talente konzentriere?

Dies ist eine häufig gestellte Frage und eine berechtigte Sorge. Sie befürchten, dass Sie sich durch die Konzentration auf Ihre Signatur-Talente so sehr mit sich selbst beschäftigen, dass Sie bald unfähig oder unwillig sein werden, auf die Veränderungen um Sie herum zu reagieren. Sie befürchten, dass Sie einseitig, selbstbezogen und engstirnig werden. Wenn Sie diese Sorge jedoch genauer untersuchen, werden Sie erkennen, dass Ihre Befürchtungen grundlos sind. Durch die Konzentration auf Ihre fünf Talente werden Sie tatsächlich stärker, robuster und offener gegenüber neuen Entdeckungen und, was das Wichtigste ist, verständnisvoller gegenüber Menschen werden, die ganz andere Talente als Sie haben.

Im Verlauf unserer Untersuchung befragten wir viele religiöse Führungspersönlichkeiten. Eine von ihnen, die Priorin eines Benediktinerinnen-Konvents, beschrieb ihre Lebensphilosophie so: »Ich versuche, mein Leben so zu leben, dass, wenn ich sterbe und mein Schöpfer fragt: ›Hast Du das Leben gelebt, das ich Dir gab?‹, ich ehrlich mit ›ja‹ antworten kann.«

Unabhängig von Ihrem Glauben kann die Frage »Hast du *dein* Leben gelebt?« sehr einschüchternd sein. Sie impliziert, dass Sie ein bestimmtes Leben haben, das Sie leben sollen und dass jedes andere Leben falsch oder nicht authentisch ist. Weil viele von uns geplagt sind von dem quälenden Argwohn, dass wir unser Leben verstreichen lassen, haben wir Angst, diese Frage auch nur in Betracht zu ziehen. Und das schränkt uns ein. Unsicher, wer wir wirklich sind, definieren wir uns mit dem Wissen, das wir erworben haben, oder den Leistungen, die wir im Laufe unseres Lebens erbracht haben. Indem wir uns so definieren, zögern wir, uns zu ändern und andere Wege einzuschlagen, weil wir dann in einer neuen Laufbahn gezwungen wären, unsere kostbare Beute an Sachkunde und Leistung über Bord zu werfen. Wir müssten uns von unserer Identität verabschieden.

Weil wir unsicher sind, wer *wir* wirklich sind, zögern wir, zu untersuchen, wer *andere* wirklich sind. Stattdessen suchen wir Zuflucht darin, andere durch ihre Ausbildung, ihr Geschlecht, ihre Hautfarbe oder ähnlich oberflächliche Merkmale zu definieren. Wir suchen in diesen Verallgemeinerungen Schutz.

Sei es im Hinblick auf neue Erfahrungen oder auf neue Menschen, unsere Ungewissheit über uns selbst begrenzt unsere Neugier auf andere Dinge. Sie können dieses Unwissen vermeiden. Durch die Konzentration auf Ihre fünf führenden Talente können Sie erfahren, wer Sie wirklich sind. Sie können lernen, dass Sie Ihr Leben nicht aktiv gestalten, während Sie vor sich hinleben. Ihre Erfolge und Leistungen sind kein Zufall. Ihre Signatur-Talente beeinflussen jede einzelne Ihrer Entscheidungen. Ihre fünf Talente erklären Ihre Erfolge und Leistungen. Diese Art des Selbstbewusstseins führt zu Selbstvertrauen. Sie können sich dieser einschüchternden Frage stellen: »Lebst du *dein* Leben?«, indem Sie antworten, dass unabhängig von Ihrer Berufswahl, der Richtung Ihrer Karriere, Sie in der Tat *Ihr* Leben führen, wenn Sie Ihre führenden fünf Talente anwenden, verfeinern und polieren. Sie leben dann tatsächlich das Leben, das Sie leben sollten. Diese Art Selbstbewusstsein macht Sie wirklich neugierig auf Neues.

Zum Beispiel wird Ihnen dieses Selbstbewusstsein das Selbstvertrauen geben, sich über eine neue Karriere zu informieren. Das Wunderbare an Talent-Leitmotiven ist, dass sie von einer Situation auf eine andere übertragbar sind. Danielle, die im vorigen Abschnitt erwähnte Journalistin/Hospiz-Therapeutin, konnte ihren drastischen Karrieresprung zumindest zum Teil machen, weil sie wusste, dass ihre Talente Einfühlungsvermögen und Autorität sich in ihrer neuen Aufgabe genauso als stark erweisen würden. Dasselbe gilt für Brian, den Tänzer/Rechtsanwalt, und Gillian, die Lehrerin/Produktspezialistin. Jeder von ihnen musste alle in dem früheren Beruf erreichten Erfolge und Leistungen zurücklassen, aber sie nahmen ihre Talente mit sich. Durch ein größeres Verständnis Ihrer eigenen Signatur-Talente können Sie ähnlich drastische Karrieresprünge oder vielleicht seitliche Aufstiege innerhalb Ihres Unternehmens in Betracht ziehen und dabei sicher sein in dem Wissen, dass Sie das Beste dafür mitbringen werden.

In ähnlicher Weise wird Ihnen dieses Selbstbewusstsein das Selbstvertrauen geben, aus der Tyrannei des »Sollen« auszubrechen: Sie »sollten« Rechtsanwalt oder Arzt oder Banker werden, weil Ihre Familie es von Ihnen erwartet. Sie »sollten« die nächste Beförderung in das Management akzeptieren, weil Ihr Unternehmen und die Gesellschaft im Allgemeinen es von Ihnen erwarten. Diese Verpflichtungen können viele Formen annehmen, aber unabhängig von ihrer Form können sie unwiderstehlichen Druck schaffen, und Sie sind dann unglücklicherweise taub für den Ruf Ihrer natürlichen Talente. Der beste Weg, diesem Druck zu widerstehen und in eine neue, authentische Richtung vorzustoßen, ist es, Ihre Signatur-Talente zu erkennen. Wenn Sie ein befriedigendes Leben führen wollen, sind diese Talente und die Stärken, die sie bilden, die einzigen Ratschläge, auf die es sich zu hören lohnt.

Schließlich werden Sie durch die Konzentration auf Ihre ausgeprägten Talente das Selbstvertrauen gewinnen, die Motive anderer Menschen einzuschätzen. Warum? Weil Sie, je sachkundiger Sie darin werden, zu erkennen, wie Ihre Signatur-Talente zusammenspielen, Sie in Ihrer Einzigartigkeit umso sicherer werden. Unabhängig von Rasse, Geschlecht, Alter oder Beruf werden Sie einsehen, dass niemand die Welt auf genau dieselbe Weise sieht wie Sie. Und daraus folgt, dass, wenn Sie so wunderbar einzigartig sind, auch jeder andere einzigartig sein muss. Oberflächliche Ähnlichkeiten beiseite gelassen, muss jede Person der Welt eine individuelle Perspektive entgegenbringen. Sie mögen die Herausforderungen des nächsten zu besteigenden Berges reizvoll finden (das Talent *Leistungsorientierung*), aber ein anderer sehnt sich danach, anderen zu helfen (das Talent *Überzeugung*). Sie mögen darin glänzen, Muster in Daten zu finden (das Talent *analytisch*), aber ein anderer hat die Vision, die Auswirkungen Ihrer Entdeckungen zu sehen (das Talent *Zukunftsorientierung*). Sie mögen instinktiv in der Lage sein, eine Anhängerschaft von Menschen zu sammeln, die Sie kennen und bereit sind, Ihnen auf jede Weise zu helfen (das Talent *Kontaktfreudigkeit*), aber ein anderer bringt es fertig, engere Beziehungen zu diesen Menschen aufzubauen (das Talent *Bindungsfähigkeit*). Je größer Ihr Sachverstand in der Komplexität Ihrer eigenen Talente ist, umso mehr werden Sie in der Lage sein, rational diejenigen anderer Menschen zu erkennen und zu bewerten. Umgekehrt werden Sie, je weniger respektvoll Sie gegenüber Ihrer eigenen Kombination der Talente sind, auch entsprechend weniger respektvoll gegenüber der anderer Menschen sein.

Wie kann ich mit meinen Schwächen umgehen?

Ja, wie steht es mit Ihren Schwächen? Wie zuvor beschrieben, sind viele von uns von ihren Schwächen besessen. Ganz egal, wie stolz wir auf unsere Stärken sind, und egal, wie mächtig diese Stärken manchmal erscheinen mögen, wir argwöhnen, dass unsere Schwächen drachengleich in den Tiefen unserer Persönlichkeit lauern. Wir hoffen, dass Sie inzwischen erkannt haben, dass Ihre Schwächen viel weniger imposant sind – vielleicht eher Kobolde statt Drachen. Wenn man sie sich selbst überlässt, können jedoch auch Kobolde noch immer eine Menge Chaos anrichten. Deshalb ist es nicht der beste Ratschlag, sich auf Ihre Stärken zu konzentrieren und Ihre Schwächen zu ignorieren, sondern sich auf Ihre Stärken zu konzentrieren und *Wege zu finden*, Ihre *Schwächen zu managen*. Wie managt man eine Schwäche am wirksamsten?

Zunächst einmal müssen Sie wissen, was eine Schwäche ist. Unsere Definition einer Schwäche ist *alles, was sich einer ausgezeichneten Leistung in den Weg stellt*. Einigen mag dies als eine offensichtliche Definition erscheinen, aber bevor Sie weitermachen, denken Sie daran, dass es nicht die gebräuchlichste Definition ist. Die meisten von uns würden sich wahrscheinlich an das Merriam-Webster Dictionary und das Oxford Dictionary halten und eine Schwäche als »Gebiet, auf dem es uns an Können mangelt« definieren. Wenn Sie danach streben, Ihr Leben um Ihre Stärken herum aufzubauen, raten wir Ihnen, sich von dieser Definition aus einem sehr praktischen Grund zu distanzieren: Wie alle von uns haben Sie zahllose Gebiete, auf denen es Ihnen an Können mangelt, aber die meisten von ihnen sind es einfach nicht wert, sich damit zu befassen. Warum ist das so? Weil sie sich einer ausgezeichneten Leistung nicht in den Weg stellen. Sie sind irrelevant. Sie müssen nicht gemanagt, sondern einfach nur ignoriert werden.

So sind zum Beispiel weder Ihre Unfähigkeit, einen Massenspektrometer zu bedienen, noch Ihre Unkenntnis der Reihenfolge der Elemente im Periodensystem Schwächen, weil Sie höchstwahrscheinlich kein Wissenschaftler sind. Wenn Ihnen nicht gerade eine Antwort beim *Trivial Pursuit* nicht einfällt, brauchen Sie sich wahrscheinlich wirklich nicht darum zu sorgen, dass es Ihnen auf diesen Gebieten an Wissen mangelt.

Dies sind plausible Beispiele, weil sie sich auf Spezialwissen und -können beziehen, aber wie steht es mit Talent-Leitmotiven? Sicher, wenn Sie ein geringes Können in einem Talent wie *Strategie* haben, sollten wir dann diese Schwäche nicht kennzeichnen und Sie ermutigen, sie zu umschiffen? Nach unserer Definition von Schwäche ist die Antwort, dass, wenn Sie ein begrenztes Talent, strategisch zu denken haben, dies *keine Schwäche* ist, genauso wenig, wie die Unkenntnis der Quadratwurzel von Pi eine Schwäche ist. Es gibt Hunderttausende von Aufgaben, die es nicht erfordern, dass Sie »Was-wenn?«-Spiele spielen und Pläne für Notfälle entwerfen, und deshalb ist Ihr Mangel am Talent *Strategie* einfach ein fehlendes Talent. Sie sollten es ignorieren.

Aber ebenso wie die Kobolde in dem Film *Gremlins*, die in kleine freche Viecher verwandelt werden, wenn sie bespritzt oder nach Mitternacht gefüttert werden, können irrelevante Defizite unter einer Bedingung zu realen Schwächen mutieren: Sobald Sie sich in einer Position wiederfinden, die es von Ihnen *erfordert*, dass Sie eines Ihrer fehlenden Talente oder ein Gebiet geringen Könnens oder Wissens ausspielen. Das ist eine Schwäche. So wird zum Beispiel Ihre Unkenntnis der Geschwindigkeit einer Boeing 747, die meistens irrelevant ist, zu einer verheerenden Schwäche, wenn Sie zufällig das Flugzeug fliegen. Ähnlich wird Ihre Schwierigkeit zu kommunizieren, die in Ihrer früheren Aufgabe als juristischer Sachbearbeiter harmlos war, in dem Augenblick zu einer Schwäche, in dem Sie beschließen, als Rechtsanwalt vor Gericht aufzutreten.

Wenn Sie aber erst einmal wissen, dass Sie eine echte Schwäche haben, einen Mangel, der sich Ihrer ausgezeichneten Leistung tatsächlich in den Weg stellt, wie können Sie am besten damit umgehen? Als Erstes müssen Sie erkennen, ob die Schwäche eine Schwäche des Könnens, des Wissens oder des Talents ist. So könnten Sie zum Beispiel als Verkäufer für medizinische Geräte versagen, nicht weil Ihnen das Talent fehlt, Menschen anzusprechen (das Talent *Autorität*), sondern weil Sie Ihre Zeit damit vergeuden, an Ärzte verkaufen zu wollen, während die Realität der heutigen Krankenhäuser ist, dass der Verwaltungschef die letzte Entscheidung trifft. Oder vielleicht haben Ihre Schwierigkeiten, als Manager wirksam delegieren zu können, weniger etwas mit einem gehemmten Talent *Entwicklung*, sondern vielmehr damit zu tun, dass Sie einfach nicht wissen, wie Sie eine konzentrierte, zielgerichtete Besprechung mit Ihren Mitarbeitern abhalten. In solchen Fällen ist die Lösung klar: Gehen Sie hin und erwerben Sie das Können oder Wissen, das Sie brauchen.

Wie können Sie sicher sein, dass das fehlende Element Wissen oder Können und nicht Talent ist? Da die Entwicklung ausgezeichneter Leistung keine präzise Wissenschaft ist, ist es schwierig, dies genau zu wissen, aber unser Rat lautet: Wenn nach dem Erwerb des Wissens und des Könnens, das Sie nach Ihrem Gefühl brauchen, Ihre Leistung noch immer unterdurchschnittlich ist, dann *muss* durch das Ausschlussprinzip der fehlende Aspekt das Talent sein. Und an dieser Stelle sollten Sie aufhören, Ihre Zeit mit dem Versuch zu vergeuden, die ausgezeichnete Leistung zu erreichen und sich stattdessen einer kreativeren Strategie zuwenden.

Betrachten Sie die folgenden fünf kreativen Strategien für das Management einer Talentschwäche, die sich in unseren Interviews mit ausgezeichneten Fachleuten abgezeichnet haben:

1. Werden Sie etwas besser in Ihrer Schwäche. Diese erste Strategie klingt nicht sehr kreativ, aber in einigen Fällen ist sie die einzige durchführbare Strategie. Manche Tätigkeiten sind Grundanforderungen für fast jede Aufgabe: zum Beispiel in der Lage zu sein, Ihre Gedanken mitzuteilen, anderen zuzuhören, Ihr Leben so zu organisieren, dass Sie pünktlich sind oder die Verantwortung für Ihre Leistung zu übernehmen. Wenn Sie auf diesen Gebieten, Kommunikationsfähigkeit, Einfühlungsvermögen, Disziplin oder Verantwortungsgefühl, keine dominierenden Talente besitzen, werden Sie an sich arbeiten müssen, um etwas besser zu werden. Aus all den Gründen, die wir in den vorherigen Kapiteln beschrieben haben, wird Ihnen dies keine Freude bereiten. Wahrscheinlich werden Sie keine ausgezeichnete Leistung erbringen, wenn dies alles ist, was Sie tun, aber Sie müssen es dessen ungeachtet versuchen. Andernfalls könnten diese Schwächen alle Ihre großen Stärken auf anderen Gebieten aufheben.

Wenn der Versuch, etwas besser zu werden, zu sehr an Ihren Kräften zehrt, versuchen Sie die nächste Strategie: Entwickeln Sie ein einfaches Hilfssystem zur Neutralisierung Ihrer Schwächen.

2. Entwickeln Sie ein Hilfssystem. Jeden Morgen, bevor Kevin L. seine Schuhe anzieht, nimmt er sich einen Augenblick Zeit und stellt sich vor, wie er das Wort »was« auf seinen linken Schuh und das Wort »wenn« auf seinen rechten Schuh malt. Dieses seltsame kleine Ritual ist sein Hilfssystem für sein Management einer gravierenden Schwäche. Kevin ist Landesverkaufsleiter für ein Software-Unternehmen, und es überrascht kaum, dass eine seiner Aufgaben die Festlegung der nationalen Verkaufsstrategie ist. Kevin bringt viele Talente für diese Aufgabe mit: Er ist analytisch, kreativ, ungeduldig, aber unglücklicherweise ist das Talent *Strategie* nicht dabei. Dies bedeutet, dass obwohl er klug genug ist, die Hindernisse vorauszusehen, die seine Pläne stören könnten, sein Geist sich nicht auf natürliche Weise die Zeit nimmt, alle alternativen Wege durchzuspielen und sich im Detail vorzustellen, wohin sie führen könnten. Sein Schuhbekritzeln am frühen Morgen ist das beste Verfahren, das er sich ausdenken konnte, um ihn daran zu erinnern, die Frage »was, wenn?« zu stellen und so die Hindernisse vorauszusehen.

Während unserer Untersuchung fanden wir immer mehr eigenartige Hilfssysteme dieser Art. Wir hörten von einer von Geburt an chaotisch veranlagten Managerin, deren Hilfssystem die selbstauferlegte Verpflichtung war, einmal im Monat ihren Schreibtisch aufzuräumen. Wir interviewten eine andere Person, eine Lehrerin, die mit einer chronischen, derart kurzen Aufmerksamkeitsspanne geplagt war, die es ihr einfach unmöglich machte, lange genug konzentriert zu arbeiten, um die Hefte aller ihrer Schüler durchzusehen. Ihr Hilfskonstrukt? Die Regel, niemals mehr als fünf Hefte auf einmal durchzusehen. Fünf Hefte nachsehen, dann aufstehen und eine Tasse Kaffee kochen. Weitere fünf Hefte, dann die Katze füttern.

Sie haben wahrscheinlich Ihr eigenes System, das Ihnen als Krücke für eine Ihrer hartnäckigen Talentschwächen dient. Sie könnte so einfach sein wie der Kauf eines Laptop, der Ihnen als Terminplaner durchs Leben hilft, oder so ausgefallen, dass Sie sich Ihr Publikum vor einer Rede nackt vorstellen, um Ihre Nerven zu beruhigen. Aber was immer es auch ist, unterschätzen Sie nicht den Nutzen. Sie haben nur eine gewisse Zeit für die Investition in sich selbst. Ein System, das Sie davon abhält, sich um eine Schwäche zu sorgen, setzt Zeit frei, die Sie sinnvoller damit verbringen können, herauszufinden, wie Sie Ihre Stärke kultivieren.

Manchmal müssen Sie nicht sehr weit schauen, um das richtige Hilfssystem zu finden, weil es sich einfach aus einem Ihrer starken Talente ergeben kann. Deshalb stellen wir Ihnen die nächste Strategie vor:

3. Setzen Sie eines Ihrer stärksten Talente ein, um eine Schwäche zu überwinden. Mike K. ist ein Berater, der davon lebt, Reden vor Geschäftsleuten zu halten. Nach allen gängigen Maßstäben ist er ausgezeichnet in dieser Rolle. Die Tatsache, dass er Tausende von Reden hält und dass sein Terminkalender für die nächsten zwölf Monate ausgebucht ist, scheint das Urteil zu bestätigen, dass er ein überzeugender Redner ist.

Niemand ist überraschter über diesen Gang der Ereignisse als Mike selbst. Wenn Sie ihm vor 20 Jahren gesagt hätten, dass er eines Tages Woche für Woche vor Gruppen von 500 Leuten sprechen und sie mit seinen Storys und Ideen unterhalten würde, hätte er wahrscheinlich das Schlimmste angenommen – dass Sie, wie jedermann sonst, nur versuchten, ihn zu demütigen. Als Mike vier Jahre alt war, begann er zu stottern.

Es war nicht einfach dieses gelegentliche Stottern unter Druck. Es war ein ständiges Leiden. Jedes Wort war eine Falle. Worte, die mit einem Konsonanten begannen, konnte er nicht einmal beginnen. Beim Versuch, sie zu betonen, kam der Impuls zum Sprechen in Mike durchaus auf. Er konnte ihn fühlen, aber der Ton konnte einfach nicht durch diesen ersten Buchstaben dringen. Und deshalb fror er ein. Ein vages Geräusch summte aus seinem Mund, aber es folgte kein Wort. Bei Worten, die mit einem Vokal begannen, war es noch schlimmer. Der erste Laut kam leicht über die Lippen, es war schließlich ein weicher Vokal, aber dann blieb der Rest des Wortes stecken. Und so wiederholte sich dieser Vokal immer wieder wie das Geräusch einer Dampflokomotive, die aus dem Bahnhof, aber irgendwie abgekoppelt von ihren Waggons, dampft.

Es muss nicht gesagt werden, dass Mike seine Schwäche als beschämend empfand. Er hatte das Unglück, ein Internat in England zu besuchen, und einige seiner jungen Mitschüler waren in ihrer Grausamkeit besonders kreativ. Seine besorgten Eltern schleppten ihn auf der Suche nach Heilung zu vielen Kinderpsychologen, aber außer dass ihm gesagt wurde, er solle nicht mehr mit seinem älteren Bruder wetteifern, lernte Mike nichts, das ihm hätte helfen können. Er besuchte die Schule und fürchtete die Tage, wenn er in der Klasse laut vorlesen musste, war böse auf seine ausgelassenen Klassenkameraden, und als Heranwachsender wurde er von der Furcht geplagt, niemals heiraten zu können, weil er die Worte: »Willst du mich heiraten?«, nicht herausbringen konnte.

Dann geschah an einem Morgen ein Wunder. Mike musste während einer morgendlichen Schulversammlung einen Text vorlesen. Als er seinen Namen auf der Liste las, geriet er in Wut. Er wusste, dass die Schule es nicht böse meinte, dass sie einfach ihrer Routine folgte und jedem älteren Schüler einen Text zuteilte, aber trotzdem, dachten sie nicht nach? Wussten sie nicht, dass sein Vorlesen zu einem lächerlichen Spektakel würde? Konnten sie nicht die Tagesordnung ändern und ihm die Erniedrigung ersparen?

Mike sprach bei seinem Rektor vor, aber dies war England, und ein englisches Internat und – nun, der Ablauf konnte nicht geändert werden. Am Morgen vor seinem Beitrag schob sich Mike an das Pult, entsetzt von seinem drohendem Versagen. Am Abend zuvor hatte er das Stück mit dem Rektor geübt, und sein Stottern hatte den fünfminütigen Text zu einer Viertelstunde des Leidens werden lassen. Er wusste, was jetzt geschehen würde, war aber machtlos. Er konnte es nicht vermeiden. Wie alle Tragödien war es unumgänglich, und deswegen ging er um das Pult herum, legte seine Hände auf den Rand, sah in die grinsende Menge hinein und atmete tief ein.

Und plötzlich begannen die Worte zu fließen. Sie flossen so schnell, dass er kaum mithalten konnte. Sie flossen so, wie sie fließen mussten, wie der Wortfluss eines normalen Menschen. Er war zur rechten Zeit mit der Hälfte des Textes fertig. Es gab ein momentanes Verhaspeln bei dem Wort »Sarkasmus« – eine Ironie, die er heute genießt, und dann stürmte er durch die zweite Hälfte des Textes, überwand leicht die schwierigen Worte »unvermeidbar«, »Vielzahl« und »prächtig« und glitt dem Ende entgegen. Er war fertig. Er hatte den Text vorgelesen, ohne zu stottern. Und es war seltsam, unfassbar, er hatte es genossen. Er schaute auf und sah in die offenen Münder, ein ungläubiges Starren einiger seiner Schulhofpeiniger, und, eine wunderbare Erinnerung, etwa ein Dutzend grinsender Gesichter seiner engsten Freunde.

Sie bestürmten ihn hinterher: »Was ist geschehen?« Eine gute Frage, dachte er. Nachdem er ein Jahrzehnt vergeblich versucht hatte, sein Stottern zu therapieren, war es plötzlich und in aller Öffentlichkeit verschwunden. Was zum Himmel *war* geschehen?

Als er sich besann, erkannte er, dass er unmittelbar vor dem Beginn des Lesens über die Menge geschaut hatte, ihre Gesichter gesehen und sich ... energiegeladen gefühlt hatte. Langsam und dann mit zunehmender Sicherheit kam ihm die Erkenntnis, dass er es liebte, auf der Bühne zu stehen – in der Sprache des StrengthsFinder die Kombination von *Bedeutsamkeit* und *Kommunikationsfähigkeit*. Der Druck, vor sehr vielen Leuten aufzutreten, der viele so abschreckt, ermutigte ihn. Während manche Menschen vor einer Menge erstarren, wurde er locker. Sein Gehirn schien schneller zu arbeiten, und die Worte kamen leichter aus seinem Mund. Auf der Bühne konnte er das tun, was ihm im Alltag immer entgangen war: Er war in der Lage, die in seinem Kopf gefangenen Gedanken zu befreien. Er war in der Lage, sich auszudrücken.

Mike griff die entdeckte Stärke auf und wandte sie auch im normalen Leben an. Jedes Mal, wenn er mit jemandem sprach, auf dem Schulhof, im Auto auf dem Weg nach Hause, am Telefon, stellte er sich vor, dass er vor 200 Zuhörern sprach. Er malte sich die Szene aus, sah die Gesichter, ordnete seine Gedanken sorgfältig, und ganz plötzlich begannen die Worte zu fließen. Seit diesem Augenblick war er auf dem College, an seinen Arbeitsstellen, bei Freunden und in der Familie nie wieder »M-M-M-Mike«.

Mike steht als ein Beispiel dafür, wie Stärke Schwächen überwinden kann. Nachdem er ein Jahrzehnt lang über seine Schwäche definiert worden war, verzweifelt versucht hatte, sie zu beheben und dabei scheiterte, hatte Mike das Glück, die Talente zu erkennen, die ihn, richtig genutzt, befreien konnten. Wenn Sie danach streben, Ihre Schwächen zu umschiffen, halten Sie Ihren Geist offen für die Talente, die dasselbe für Sie bewirken könnten.

4. Finden Sie einen Partner. Partnerschaften sind eine der verlorenen Künste der Geschäftswelt. Mit bis zu zwei Seiten langen Stellenbeschreibungen des perfekten Kandidaten und noch längeren Listen der geforderten Kompetenzen ist uns die Vorstellung auferlegt worden, dass ein leistungsfähiger Mitarbeiter ein rundum perfekter ist. Angesichts dieser Indoktrination wundert es niemanden, dass so viele von uns vergessen, dass dieser perfekte Mitarbeiter das Hirngespinst von irgendjemandem ist, und dass stattdessen die »abrundende« Hilfe, die wir brauchen, durchaus in den Leuten liegen kann, die uns umgeben.

Demgegenüber fanden wir unter den von uns befragten Fachleuten Tausende, die zu Experten in der Kunst der Ergänzung durch Partner wurden. Sie konnten nicht nur ihre Stärken und Schwächen in lebhaften Details beschreiben, sondern erkannten, dass jemand in ihrer Nähe durch seine Stärken ihre Schwächen ausglich. Einige dieser Schwächen lagen im mangelnden Wissen oder Können, und dann waren die passenden Stärken sehr schnell zu finden. Wir fanden »zahlenblinde« Unternehmer, die ganz bewusst Partnerschaften mit »zahlenwütigen« Buchhaltern eingegangen waren, und genstrotzende Genies, die ganz besonnen Juristen gesucht hatten, die wussten, wie man die Zulassung für ihr Wundermedikament erreicht. Die beeindruckendsten Beispiele waren jedoch jene Partnerschaften, die auf einander ergänzende Talent-Leitmotive aufgebaut waren.

Es gab den leitenden Angestellten, der das *Konzept* verstand, dass jeder seiner unmittelbar Untergebenen anders war, der aber auch erkannte, dass ihm das Talent fehlte (das Talent *Einzelwahrnehmung*) genau zu erkennen, *wie* jede Person anders war. Statt zu versuchen, diese Tatsache zu vertuschen, stellte er einen Personalfachmann ein, dessen Hauptaufgabe es war, ihm dabei zu helfen, die Eigenarten jeder einzelnen Person zu verstehen.

Da war der Rechtsanwalt, der im Gerichtssaal überzeugende Argumentationen vortrug, aber das Suchen nach Präzedenzfällen in der Bibliothek verabscheute (das Talent *Kontext*). Als er seine Praxis erweiterte, wusste er, dass sein wichtigster Mitarbeiter jemand sein würde, dessen Leidenschaft für die Nachforschung seiner eigenen Leidenschaft für die Darstellung gleichkommen würde. Er fand schnell jemanden, dessen Augen bei der Aussicht aufleuchteten, tagelang Kleingedrucktes lesen zu können, und gemeinsam bauten sie eine florierende Kanzlei auf.

Ein charmanter, aber lammfrommer Flugbegleiter schreckte vor dem Gedanken zurück, einen unhöflichen Passagier ermahnen oder auch nur einem angenehmen Passagier eine schlechte Nachricht übermitteln zu müssen (das Talent *Autorität*). Und so fragte er vor jedem Flug, bevor die Passagiere an Bord kamen, herum, ob einer seiner Kollegen die Fassung behielte, wenn ausgefallene Flüge anzukündigen, Sitzplatzverwechslungen zu klären oder aufgebrachte Kunden zu beruhigen wären. Er fand nicht immer, aber recht oft den perfekten Partner, und diese Partnerschaften haben ihm geholfen, die Situationen zu vermeiden, in denen er in der Vergangenheit nervös wurde, die Ruhe verlor und den Passagier verärgerte.

Was an diesen Beispielen beeindruckend ist, ist nicht die Qualität der erforderlichen Analyse – tatsächlich waren bei jedem dieser Fälle die fehlenden Talente ziemlich offenkundig. Beeindruckend ist vielmehr die Bereitschaft jeder Person, einfach ihre Unvollkommenheit zuzugeben. Es erfordert eine starke Persönlichkeit, um Hilfe zu bitten.

5. Hören Sie einfach damit auf. Diese Strategie ist eine letzte Zuflucht, aber wenn Sie aus dem einen oder anderen Grund gezwungen sind, sie auszuprobieren, könnten Sie überrascht sein, wie stärkend sie sich auswirken kann.

Viele von uns verlieren eine ganze Menge Zeit, Vertrauen und Respekt damit, Dinge zu lernen, die sie einfach nicht benötigen, weil wir dazu ermutigt werden. Übereifrige Personalabteilungen beharren darauf, zu definieren, *wie* Aufgaben gelöst werden sollten, statt einfach zu definieren, *was* mit der Arbeit erreicht werden soll. Sie schreiben die Art und Weise, nicht das Ergebnis vor und verdammen damit jeden Mitarbeiter dazu, den gewünschten Stil zu erlernen. Und dann erlebt man Mitarbeiter, denen das Talent *Zukunftsorientierung* fehlt, weil jemand bestimmt hat, dass jeder Mitarbeiter eine Vision haben sollte. Oder sie sehen humorlose Manager, die ihre Witze üben und hoffen, damit etwas geistreicher zu werden, weil irgendwo geschrieben steht, dass es eine erforderliche Management-Kompetenz sei, »seinen Humor angemessen einzubringen«.

Unsere Interviewpartner wiesen diese stilistische Konformität zurück. Ihr Ratschlag, wie man mit einer besonders hartnäckigen Schwäche fertig wird? Hören Sie einfach damit auf, und achten Sie darauf, ob es jemanden kümmert. Wenn Sie dies tun, könnten, laut Aussage unserer Interviewpartner, drei Ergebnisse Sie überraschen. Erstens, wie wenig sich jemand darum kümmert. Zweitens, welchen Respekt Sie bekommen. Und drittens, wie viel besser Sie sich fühlen.

Mary K., eine Managerin, der das Talent *Einfühlungsvermögen* fehlte, nutzte diese Strategie. Nachdem sie wieder einmal einen Tag lang erfolglos versucht hatte, in die Mysterien des Gemütszustandes jeder einzelnen Person einzudringen, fasste sie sich ein Herz. Sie gestand jedem ihrer Mitarbeiter, dass es ihr an Einfühlungsvermögen mangelte und sagte dabei: »Von jetzt an werde ich es nicht mehr vertuschen. Ich werde Sie niemals intuitiv verstehen. Wenn Sie also möchten, dass ich weiß, was Sie fühlen, sagen Sie es mir besser einfach. Und glauben Sie nicht, dass es reicht, es nur einmal zu Beginn des Jahres zu sagen. Wie Sie sich fühlen, bleibt nicht leicht in meinem Gedächtnis haften, und deshalb müssen Sie mich daran erinnern, sonst werde ich es nie behalten.«

Dieses Geständnis traf auf Erleichterung. Ihre Mitarbeiter wussten, dass sie im Grunde ein netter Mensch war, aber es überraschte sie nicht, dass ihr das Talent fehlte, sich in andere hineinzuversetzen. Sie hätten sie abwesend oder reserviert nennen können, statt nicht-empathisch. Wie einer von ihnen sagte: »Mary lässt sich so von Gefühlen verwirren, dass sie deine beste Freundin sein könnte und es nicht einmal wüsste.«

Es erfordert Mut, aber mit dem Eingeständnis ihrer Schwäche machte Mary als Managerin einen bedeutenden Schritt vorwärts. In den Augen ihrer Mitarbeiter wurde sie authentisch. Sie hatte einen Fehler, war sich aber dessen bewusst und wurde deshalb zu einer vertrauenswürdigeren Managerin. Ihr Verhalten verlor seine unechte, »schauspielernde« Art, und stattdessen wurde sie berechenbar – unvollkommen, aber in berechenbarer Weise. Ihren Mitarbeitern gefiel das.

Mit dem Eingeständnis einer Ihrer Schwächen und der Ankündigung dazu zu stehen, könnten Sie dasselbe Ergebnis erzielen. Räumen Sie ein, dass Sie die Schlacht gegen Ihre Schwäche verloren haben, und Sie können sehr wohl das Vertrauen und den Respekt Ihrer Umgebung gewinnen.

Jede dieser Strategien

- Werden Sie etwas besser in Ihrer Schwäche
- Entwickeln Sie ein Hilfssystem
- Setzen Sie eines Ihrer stärksten Talente ein, um eine Schwäche zu überwinden
- Finden Sie einen Partner
- Hören Sie einfach damit auf

kann Ihnen helfen, wenn Sie danach streben, Ihr Leben um Ihre Stärken herum aufzubauen. Aber unabhängig von der von Ihnen angewandten Strategie, verlieren Sie niemals Ihre Perspektive. Diese Strategien verwandeln Ihre Schwächen nicht in Stärken. Sie sind konzipiert, um Ihnen zu helfen, mit Ihren Schwächen umzugehen, sie zu umschiffen, damit sie Ihren Stärken nicht im Wege stehen. Wie wir gesehen haben, kann diese Schadensbegrenzung wertvoll sein, aber für sich allein reicht sie nicht aus, um Sie dazu bringen, ausgezeichnete Leistungen zu zeigen.

Ein letztes Wort zum Schwächenmanagement. Manche Leser fragen sich, ob ein starkes Talent so dominierend werden kann, dass es sich einer ausgezeichneten Leistung in den Weg stellt und so der Definition nach eine Schwäche ist. Wenn zum Beispiel jemand ein derartig starkes Talent *Tatkraft* hat, dass er vergisst, sich auf die Zukunft zu konzentrieren? Oder kann bei einem anderen das Talent *Autorität* so überwältigend sein, dass er sehr oft die Menschen seiner Umgebung vor den Kopf stößt? Wir sehen das anders. Eine Person kann niemals zu viel von einem bestimmten Talent haben. Es kann nur sein, dass sie nicht genug von einem anderen hat. Zum Beispiel haben ungehobelte Menschen nicht zu viel Autorität. Sie haben zu wenig Einfühlungsvermögen. Ungeduldige Menschen haben nicht zu viel Tatkraft. Sie haben zu wenig von dem Talent der Zukunftsorientierung.

Diese Unterscheidung ist nicht esoterisch, im Gegenteil, sie hat praktische Auswirkungen. Wenn Sie annehmen, dass eine Person um ausgezeichnete Leistung kämpft, weil sie zu viel von einem bestimmten Talent hat, dann empfehlen Sie ihr, das Talent zu dämpfen, aufzuhören, sich so zu verhalten, und weniger von dem zu sein, was sie wirklich ist. Dieser Rat ist repressiv. Er kann gut gemeint sein, aber er ist selten wirksam. Wenn Sie umgekehrt annehmen, dass der Mensch kämpft, weil er zu wenig von einem Talent hat, raten Sie ihm in positiver Weise: Schlagen Sie ihm vor, dass er seine Schwächen umschifft. Sagen Sie ihm, dass er sich für fünf Strategien entscheiden muss, die er für am erfolgversprechendsten hält, dass er eine oder zwei davon auswählen und sie seiner speziellen Situation anpassen muss. Dieser Rat ist oft schwierig umzusetzen, aber wie es nun einmal mit Ratschlägen ist, er ist kreativ, sinnvoll und damit wirksamer.

Kann ich anhand meiner Talente erkennen, ob ich den richtigen Beruf ergriffen habe?

Von all den Fragen, die Sie möglicherweise nachts wach halten, wenn Sie über Ihre Karriere nachdenken, sind folgende die dringendsten:

Erstens, haben Sie das richtige Berufsfeld für Ihre Persönlichkeit ausgesucht (Gesundheitsdienst, Bildungswesen, Ingenieur, Computerwissenschaft, Mode usw.)? Zweitens, spielen Sie die für Sie richtige Rolle, sind Sie in der richtigen Funktion? Sollten Sie Verkäufer, Manager, Verwaltungsfachmann, Schriftsteller, Designer, Berater, Analyst oder davon eine einzigartige Kombination sein?

Wenn Sie die richtige Funktion, aber das falsche Gebiet wählen, könnten Sie als Verkäufer enden, der Dienstleistungen verkauft, an die er nicht glaubt, oder als genialer Designer von Produkten, die Sie kalt lassen. Ähnlich ist es, wenn Sie Ihrer Leidenschaft für ein bestimmtes Gebiet gerecht werden, aber nicht die richtige Funktion wählen: Sie könnten sich in der Verwaltung einer Schule wiederfinden, während Sie unterrichten möchten, oder Zeitungsartikel bearbeiten, statt sie zu schreiben.

Wie können Ihnen die Ergebnisse des StrengthsFinder bei diesen beiden Karrierefragen helfen? Ihre Signatur-Talente sagen tatsächlich wenig über die Frage aus, auf welchem Gebiet Sie arbeiten sollten, und während sie Ihnen eine gewisse Hilfestellung für Ihre Funktion in Ihrem jetzigen Beruf bieten, täten Sie nicht gut daran, dieser Hilfe wie einem Evangelium zu glauben.

Dies überrascht Sie vielleicht, deshalb nehmen Sie sich einen Augenblick Zeit, die Begriffe »Berufsfeld« und »Funktion« etwas genauer zu klären, um zu sehen, wie und ob der StrengthsFinder Ihnen helfen kann.

Berufsfeld

Haben Sie jemals einen Karrieretest gemacht, in dem Sie eine Reihe von Fragen beantworten mussten und erfuhren, für welches Berufsfeld Sie am besten geeignet sind? Diese Tests sind auf der Prämisse aufgebaut, dass jeder, der auf einem gewissen Gebiet tätig ist, eine ähnliche Veranlagung hat. Ihre Disposition wird abgefragt, mit jeder Gruppe in der Datenbank verglichen, und dann werden Sie in diejenige Gruppe gequetscht, der Sie am ehesten entsprechen.

Das StrengthsFinder-Profil gehört nicht zu dieser Sorte Tests. Der StrengthsFinder deckt Ihre Signatur-Talente auf, und während diese Talente gewisse Richtungen andeuten können, die Ihre Karriere nehmen könnte, zwängen sie Sie nicht in das eine oder andere Gebiet. Das StrengthsFinder-Profil kann dies nicht, weil die Forschungsergebnisse keine lineare Beziehung zwischen Talenten und Berufsfeldern unterstützen. Eines der faszinierendsten Ergebnisse unserer Interviews war die Anzahl der Menschen mit ähnlichen Talenten, die auf ganz verschiedenen Gebieten ausgezeichnete Leistungen erbrachten.

Als Jeanne J. und Linda H. das StrengthsFinder-Profil ausfüllten, erwiesen sich als drei ihrer fünf führenden Talente *Bedeutsamkeit* (das Verlangen nach anerkannter Leistung), *Tatkraft* (der Wunsch zu handeln) und *Autorität* (das Auftreten, um andere herauszufordern). Jeanne und Linda ähneln sich stark im Stil: Sie sind beide energisch, klar und etwas einschüchternd. Ihre bisherigen Karrieren ähneln sich ebenfalls. Beide stiegen auf die nationale Bühne, und als sie einmal da waren, zeichneten sich beide durch gute Leistungen aus. Aber ihre jeweiligen Gebiete könnten sich nicht stärker voneinander unterscheiden.

Nach dem Abschluss der Hochschule ging Jeanne direkt in den Einzelhandel. Sie hatte das Verkaufen immer geliebt. Es war so unmittelbar, messbar und direkt. Der gesamte Prozess vom Einkauf über den Verkauf und den Kundendienst faszinierte sie, und sie konnte sich nicht vorstellen, irgendetwas anderes zu tun. In unserer schnelllebigen Welt erwiesen sich Jeannes Talente (Tatkraft, Autorität und Bedeutsamkeit) als besonders wichtig. Sie hatte niemals Angst zu handeln, selbst wenn, was gelegentlich vorkam, sie ungenügende Informationen hatte. Sie scheute sich niemals, den Leuten, mit denen sie arbeitete, zu widersprechen und sie immer wieder zu hohen Leistungen anzuspornen. Und so kletterte sie die traditionelle Karriereleiter nach oben bis in das Management der *Disney Stores,* bis zur Präsidentin von *Victoria's Secret,* weiter zur Präsidentin der Firma *Banana Republic,* mit der sie ihr Team über die Umsatzmarke von einer Milliarde Dollar brachte. Heute ist sie Präsidentin des E-Business von *Wal-Mart,* wo sie die Aufgabe hat, das größte Einzelhandelsunternehmen der Welt im Internet neu zu etablieren.

Linda fand ihr Gebiet auf Umwegen. Während sie an der Universität von Pittsburgh studierte, traf sie einen Kommilitonen, den Jura interessierte. Er war der Herausgeber der Zeitschrift der juristischen Fakultät und verbrachte Stunden in der Bibliothek mit dem Erstellen von Artikeln und Layouts für das Magazin. Linda fühlte sich nicht besonders zu Jura hingezogen, aber sie war (und ist immer noch) fasziniert von Menschen, die in ihrer Arbeit aufgehen, und so verbrachte sie Stunden mit ihm in der Bibliothek und las die Korrekturfahnen der Artikel und überprüfte Präzedenzfälle. So wurden sie Freunde.

Aus ihrer Beziehung wäre sicher mehr geworden, aber er verunglückte eine Woche vor seinem Examen auf der Fahrt zu seinen Eltern bei einem Verkehrsunfall tödlich. Wenn Linda in jenen Tagen der Fassungslosigkeit nach dem Unfall klar denken konnte, war ihr vorherrschendes Gefühl, dass ihr Leben unterbrochen war, abgekürzt. Und so entschied sie sich, ohne zu wissen, wohin es führen würde, sein Leben dort aufzugreifen, wo es geendet hatte. »Es war einfach das Naheliegendste, das ich tun konnte, um ihm Ehre zu erweisen«, sagt sie heute, um es zu erklären. Sie schrieb sich in der juristischen Fakultät ein, half bei der Herausgabe der Zeitschrift, entwickelte dieselbe Leidenschaft für ihr Studium, die ihr Freund gehabt hatte und wurde Zweitbeste ihres Jahrgangs.

Und dann folgte eine Karriere der »ersten Frau«. Sie war die erste Frau in Texas, die Schriftführerin eines Richters am Obersten Gerichtshof der Vereinigten Staaten wurde. Sie war die erste weibliche Partnerin einer großen Anwaltssozietät in Dallas. Sie war die erste Frau, die in die engere Wahl der Bewerber um die Leitung der Börsenaufsichtsbehörde kam. Und nachdem sie diese Position nicht hatte annehmen können, aus Gründen, die sie nicht zu verantworten hatte, war sie die erste Frau, die Vorsitzende des Rechtsausschusses der New Yorker Aktienbörse wurde.

Natürlich hatte Lindas angeborene Intelligenz etwas mit diesen Leistungen zu tun, aber wenn man ihre Karriereentscheidungen ansieht, wird klar, dass sie von mehr angetrieben wurde als dem Wunsch, ihren verstorbenen Freund zu ehren. Tatsächlich kann man an jeder Entscheidung den Einfluss ihrer Signatur-Talente erkennen. Als einzige weibliche Partnerin in der Anwaltssozietät genoss sie den Druck des hohen Status, und dass ihrer Meinung Beachtung geschenkt wurde (Autorität), aber sie sehnte sich nach einer größeren Bühne (Bedeutsamkeit). Und so baute sie, statt sich ihren Kopf an der Glasdecke der texanischen Juristenvereinigung zu stoßen, aktiv (Tatkraft) eine Sachkenntnis auf (die Absicherung von Immobiliensyndikaten), die ihr eine unabhängige Quelle der Macht und Glaubwürdigkeit gab. Dieses Wissen trug ihr die Aufmerksamkeit großer Investmentbanken an der Wall Street ein, was wiederum zu bedeutenden Klientenkontakten, Aufträgen für Vorträge, dem Schreiben von Büchern und Dozententätigkeiten führte, sodass sie schließlich aus Texas heraus und auf die landesweite Ebene katapultiert wurde.

Jeannes und Lindas Geschichten enthüllen, dass es viele Wege gibt, das richtige Berufsfeld zu finden. Bei Jeanne war es von vornherein klar. Linda geriet zufällig durch das Gedenken an einen Freund auf ihr Gebiet. Nebenbei bemerkt, heute denkt sie trotz ihrer Erfolge, dass, wenn sie noch einmal vor der Wahl stünde, sie wahrscheinlich die Wirtschaft, nicht das Recht als ihren Beruf wählen würde. Sie werden Ihr Gebiet auf dieselbe Weise finden müssen, indem Sie auf die Sehnsüchte lauschen, die Sie motivieren und dann sehen, was Sie bewegt. Wenn Sie keine starke Anziehung spüren, werden Sie in der Schule oder in Ihren ersten Jahren in der Arbeitswelt experimentieren und Ihre Perspektive durch das Ausschlussverfahren fokussieren müssen.

Hier wird deutlich, dass der StrengthsFinder nicht dazu dient, Sie in eine bestimmte Richtung zu lenken. Auf ihrer Suche nach dem richtigen Gebiet wäre weder Jeanne noch Linda mit der Kenntnis ihrer Signatur-Talente geholfen, weil trotz ihrer verschiedenen Gebiete ihre Talente sehr ähnlich waren. Dasselbe gilt für Sie. Ihre Signatur-Talente werden Ihnen nicht notwendigerweise helfen, zwischen der Laufbahn eines Einzelhändlers, eines Rechtsanwaltes oder auch eines Tischlers zu wählen. Wobei sie Ihnen helfen können, ist, das Beste aus dem Beruf, für den Sie sich entscheiden, zu machen.

Funktion

Hier hat Ihnen das StrengthsFinder-Profil mehr zu bieten. Aus unseren Untersuchungen ist ersichtlich, dass Menschen, die ausgezeichnete Leistungen in einer bestimmten Funktion zeigen, einige ähnliche Talente besitzen. Zum Beispiel fanden viele der von uns befragten Journalisten, dass das Talent *Anpassungsfähigkeit* zu ihren fünf führenden gehörte. Von einem Tag auf den anderen wissen sie nie, wohin ihre Arbeit sie führen wird. Am Montagabend könnten sie sich im Regen vor dem Hotel Ramada Inn am Flughafen Newark zusammendrängen, um Überlebende eines Flugzeugabsturzes zu interviewen, und am Dienstagmorgen sitzen sie dann wieder in ihrem Büro und schreiben einen Artikel über die Auswirkungen steigender Zinsen. Während manche von uns bei diesen dauernden Änderungen des Themas, der Herangehensweise und des Ortes mentale Peitschenhiebe spüren würden, ziehen mit Anpassungsfähigkeit gesegnete Menschen daraus Energie. Sie schöpfen aus dem Unerwarteten Kraft.

Viele der Ärzte in unserer Studie besaßen, unabhängig von ihrer Spezialisierung, das Talent *Wiederherstellung.* Sie müssen sich um die jeweilige Krankheit jedes Einzelnen kümmern und wissen, dass, gleichgültig wie hingebungsvoll und sorgfältig sie sich ihm zuwenden, die Zukunft ihnen nur weitere kranke Menschen bringen wird. Dies wäre eine hoffnungslose Position, wenn sie nicht von dem Talent geleitet wäre, aus der Genesung eines Patienten tiefe Befriedigung zu empfinden, oder in manchen Fällen dadurch, dass er beginnt, den eigenen Tod zu akzeptieren.

Auf dieselbe Weise fanden wir Tausende von Lehrern mit Talenten wie *Entwicklung, Einfühlungsvermögen* und *Einzelwahrnehmung,* die vermutlich diese Talente mit großem Erfolg dafür einsetzen, jedem Schüler zu helfen. *Autorität, Tatkraft und Wettbewerbsorientierung* waren Talente, die wir häufig unter den fünf führenden bei Verkäufern fanden, denn sie versetzen sie in die Lage, sich der Herausforderung der Konfrontation und Überredungskunst zu stellen, und geben ihnen Gelegenheit, ihre Leistung an der ihrer Kollegen zu messen.

Trotz dieser Entdeckungen müssen Sie jedoch vorsichtig sein, wenn

Sie eine zu direkte Verbindung zwischen einem bestimmten Talent und einer bestimmten Funktion suchen. Wir raten zur Vorsicht, weil unsere Interviews darauf hinweisen, dass viele Menschen mit sehr unterschiedlichen Talent-Kombinationen dieselbe Rolle gleichermaßen gut spielen. Steve S. und Victoria S. sind beide erfolgreiche Unternehmer, aber Steves fünf führende Talente sind Wettbewerbsorientierung, Fähigkeit zur Analyse, Strategie, Vorstellungskraft und Zukunftsorientierung, während Victorias dominierende Talente Einfühlungsvermögen, Entwicklung, Wiederherstellung, Kontext und Gleichbehandlung sind. Wie können sie bei diesen sehr unterschiedlichen Kombinationen in einer ähnlichen Rolle beide ausgezeichnete Leistungen zeigen? Sie tun es, indem sie ihre Funktion ihren Signatur-Talenten anpassen.

Steve betreibt ein Internet-Unternehmen namens *Icebox,* das kurze Zeichentrickfilme für das Web produziert und vertreibt. Seine besondere Fähigkeit liegt darin, dass er in der Lage ist, Filmregisseure und Risikokapitalgeber buchstäblich in seine Zukunftsvision hineinzukaufen. Sein Geschäftsmodell ist unvollständig, der Inhalt war, als dies geschrieben wurde, noch in seinem Regisseurkopf, und die Technologie der Videoübertragung braucht noch einige Jahre bis zur Serienreife. Und doch genießt er die Herausforderung, diese Ungewissheit in ein faszinierendes Bild eines gewinnträchtigen Geschäfts zu verweben. Er hat ein Team von fähigen leitenden Angestellten und Führungskräften um sich geschart, das ihm die Freiheit lässt, das zu tun, was er liebt.

Victoria betreibt eine zwölf Jahre alte Public Relations-Firma in London mit einem Umsatz von 7 Millionen Dollar, die sich auf Hotelketten wie *Four Seasons* und *Swissôtel* spezialisiert. Nach eigenem Eingeständnis ist sie keine Geschäftsstrategin und zieht es vor, diese Aufgaben ihrem Partner, der früher Banker war, zu überlassen. Stattdessen widmet sich Victoria ganz dem operativen Management. Sie ist diejenige, die neue Partner auswählt, ihnen die richtigen Kunden zuweist, herausfindet, was jeder noch lernen muss und ihnen zuhört, wenn sie ein Problem haben. In dieser Rolle setzt sie die meisten, wenn nicht alle ihrer fünf führenden Talente ein, mit dem Ergebnis, dass ihr Geschäft und die 40 Mitarbeiter erfolgreich sind.

Steve würde in Victorias Rolle fürchterlich versagen. Victoria würde vor Steves Tätigkeit zurückschrecken. Und doch leisten beide im Unternehmertum Hervorragendes.

John F. fliegt die Boeing 737 für *American Airlines*. Gilles R. fliegt die 767 für die *Air France*. Johns fünf führende Talente sind Gerechtigkeit, Harmoniestreben, Kontext, Entwicklung und Bindungsfähigkeit. Gilles' Motive sind Gleichbehandlung, Harmoniestreben, Disziplin, Verantwortungsgefühl und Wissbegierde. Wenn man darüber nachdenkt, ergibt dies angesichts der Verantwortung eines Flugkapitäns Sinn. Das Talent Gleichbehandlung lässt sie jeden Passagier gleich behandeln und alle Sicherheitsvorschriften strikt durchsetzen, ganz gleichgültig, wie hochnäsig ein bestimmter Vielflieger werden könnte. Ihr Talent Harmoniestreben stellt sicher, dass sie für Ausgeglichenheit im Cockpit sorgen; wenn Meinungsverschiedenheiten auftreten, werden sie schnell beigelegt, damit Pilot und Copilot das Flugzeug sicher weiterfliegen können.

Aber was ist mit dem Rest ihrer Talente? Wie verhält es sich damit? Johns Motive Entwicklung, Kontext und Bindungsfähigkeit haben ihn in eine ganz bestimmte Richtung gelenkt. Er wurde zum Lehrer. Er ist Flugkapitän und Check Pilot, aber für Laien ist er Lehrer. Er schult die Besatzungen auf die neue Boeing 737-800 um. In dieser Rolle kann er nicht nur seine Talente Bindungsfähigkeit und Entwicklung spielen lassen, wenn er Beziehungen zu seinen Flugschülern aufbaut und ihnen beim Lernen hilft, sondern er setzt auch sein Talent Kontext wirksam ein. Offenkundig ist die beste Ausbildungsmethode für Piloten die Praxis. John beschreibt es so: »Alle zwei Wochen bekomme ich 100 Piloten hierher, und ich spreche im Grunde genommen darüber, wie man das Flugzeug in Situationen fliegt, in die sie kommen könnten. Ich erzähle dann Geschichten von anderen, die weniger Glück beim Abfangen der Maschine hatten, und sage ihnen, wie sie es besser machen. Piloten beschäftigen sich viel mit der Vergangenheit und Geschichte, weil wir so lernen, so bewegen wir uns vorwärts.«

Gilles' drei andere Talente, Disziplin, Verantwortungsgefühl und Wissbegierde treten anders hervor. Gilles fliegt gern. Um genauer zu sein, Gilles liebt es zu landen. Er weiß, dass er als Flugkapitän für die Sicherheit der Passagiere verantwortlich ist, und deshalb ist er stolz darauf, bei jedem Flug auf jedes Detail zu achten, insbesondere auf die Landung. Für ihn gibt es kein schöneres Gefühl, als das Flugzeug so butterweich aufzusetzen, dass die Passagiere kaum merken, dass die Räder den Boden berührt haben. Er erhält nur selten ein Dankeschön für seine Präzisionsleistung, aber er weiß, dass er die Maschine – in der Pilotensprache – »sauber hingesetzt« hat.

So drücken sich seine Talente Verantwortungsgefühl und Disziplin aus. Wie steht es mit seinem Talent Wissbegierde? Es stellt sich heraus, dass Gilles neben der Freude über die komplizierten Details des Fliegenlernens dieses Talent niemals eingesetzt hat. Stattdessen hat er sich damit die Zeit auf seinen langen Zwischenstopps vertrieben. Er liest dann ständig. Er ist zu einem versierten Pianisten und Orgelspieler geworden. Er hat Deutsch und Spanisch gelernt. Warum? »Es gibt eigentlich keinen Grund. Es geht mir nicht darum, Dinge zu lernen, die ich nutzen kann. Ich lerne sie einfach, weil ich Lernen liebe. Es gefällt mir, neue Fertigkeiten zu erwerben.«

Jedes dieser Beispiele zeigt, dass es, unabhängig von der Rolle, viele Wege gibt, ausgezeichnete Leistung zu erreichen. Manche Talente scheinen zu gewissen Rollen zu passen, aber Sie sollten nicht zwangsläufig beschließen, dass Sie für Ihren Job eine Fehlbesetzung sind, nur weil einige Ihrer Talente auf den ersten Blick scheinbar nicht zu Ihrer Rolle passen.

Unsere Untersuchung menschlicher Stärken stützt nicht die gewagte und äußerst irreführende Behauptung, dass »Sie jede Rolle spielen können, auf die Sie sich einstellen«, sondern sie führte uns zu folgender Erkenntnis: Egal, auf was Sie sich konzentrieren, Sie werden am erfolgreichsten sein, wenn Sie Ihre Rolle so gestalten, dass Sie häufig Ihre Signatur-Talente nutzen können. Wir hoffen, Ihnen helfen zu können, eine solche Rolle zu gestalten, indem wir Ihre Signatur-Talente hervorheben.

Kapitel 6
Stärken managen

»Fidel«, Sam Mendes und Phil Jackson
»Was ist das Geheimnis ihres Erfolges?«

Es gibt viele Dinge, die Sie tun können, um als Führungskraft nicht zu versagen. Sie können klare Vorgaben machen und Ihren Mitarbeitern den Sinn ihrer Arbeit deutlich machen. Sie können Leute korrigieren, wenn sie etwas falsch gemacht haben und sie loben, wenn sie etwas richtig machen. Wenn Sie diese Ideen oft und gut umsetzen, werden Sie als Führungskraft nicht versagen.

Dies bedeutet aber nicht zwangsläufig, dass Sie Erfolg haben werden. Sich als Führungskraft auszuzeichnen und die Talente Ihrer Leute in produktive Stärken zu verwandeln, erfordert eine zusätzliche, entscheidende Voraussetzung, ohne die Sie, unabhängig davon, wie sorgfältig Sie Vorgaben machen, den Zweck vermitteln, Fehler korrigieren oder gute Leistung loben, niemals Spitzenleistung erbringen. Die entscheidende Voraussetzung heißt *Einzelwahrnehmung*. Dahinter verbirgt sich Folgendes:

Ralph Gonzalez arbeitet als Verkaufsstellenleiter bei *Best Buy*, einer sehr erfolgreichen Elektronik-Einzelhandelskette. Vor einigen Jahren erhielt er den Auftrag, eine schlecht gehende Filiale in Hialeah in Florida zu sanieren. Aufgrund seiner Leidenschaft, seiner Kreativität und seiner etwas irritierenden Ähnlichkeit mit dem jungen Fidel Castro machte er sofort Eindruck. Um seine Mitarbeiter einzubinden und ihnen ein Ziel zu geben, nannte er seine Geschäftsstelle *The Revolution* und gab jedem von ihnen den Spitznamen eines Revolutionärs. Angesichts der Ressentiments gegen Castro in Südflorida eine ganz besonders mutige Entscheidung, und doch klappte es. Er verfasste eine *Revolutionsdeklaration* und verlangte von einigen Projektteams, Kampfanzüge zu tragen. Er brachte alle wichtigen Leistungskennzahlen im Pausenraum an und lobte jede kleine Verbesserung überschwänglich. Und um ganz klar zu machen, dass es überall ausgezeichnete Leistung gibt, gab er jedem der Mitarbeiter eine Trillerpfeife und wies sie an, laut zu pfeifen, wenn sie sahen, dass ein Mitarbeiter, ein Abteilungsleiter oder Manager etwas »Revolutionäres« tat. Heute ertönen die Pfeifen so oft, dass sie die Bob Marley-CD aus den Lautsprechern übertönen, und die Umsatzzahlen des Geschäfts bestätigen das Gepfeife: Egal, welche Zahlen man betrachtet – Umsatzwachstum, Gewinnwachstum, Kundenzufriedenheit oder Mitarbeitertreue, die Filiale in Hialeah ist eine der erfolgreichsten von *Best Buy.*

Aber überraschenderweise schrieb Ralph, als wir ihn interviewten, diesen Erfolg nicht der Revolution, nicht dem Pfeifen oder auch nur seiner Ähnlichkeit mit dem jungen Castro zu. Stattdessen sagte er: »Es läuft alles darauf hinaus, seine Leute zu kennen. Ich beginne immer damit, jeden neuen Mitarbeiter zu fragen: ›Sind Sie ein Menschenmensch oder ein Kartonmensch?‹ Mit anderen Worten, begeistert sich dieser Mitarbeiter mehr dafür, eine Unterhaltung mit unseren Kunden zu führen, oder ordnete er lieber die Ware, sodass jedes Produkt so aussieht, als ob es gleich aus dem Regal fallen würde? Wenn er ein Menschenmensch ist, achte ich weiter darauf, ob er ein natürliches Lächeln besitzt, und in diesem Fall setze ich ihn wahrscheinlich an der Kasse oder im Kundendienst ein. Wenn er aber auch das Talent zum Verkaufen hat, lasse ich ihn während unserer Spitzenzeiten Präsentationen unserer neuen, etwas komplizierteren Produkte durchführen. Und dann beobachte ich ihn, um zu sehen, ob er sich gern führen lässt. Gerade jetzt habe ich einen Warenmanager, der mich braucht, um fest und herausfordernd aufzutreten. Er ist einfach so, und er erwartet das von mir. Aber ich habe auch einen Lagerleiter, der etwas ganz anderes von mir braucht. Er erwartet von mir, dass ich deutlich erkläre, *warum* wir etwas tun müssen. Ich achte immer auf diese Dinge und lerne von jedem etwas. Wenn ich das nicht täte, würde nichts von den anderen Dingen klappen.«

Ralph Gonzalez, der sich in relativer Anonymität in Südflorida abplagt, ist nur einer der großartigen Manager, die ihre Methode mit dem Konzept der Individualisierung gefunden haben. Während unserer Interviews entdeckten wir Zehntausende von ihnen in Fabriken, Verkaufsabteilungen, Krankenhausstationen und Vorstandsetagen. Unabhängig davon, wohin wir sahen, wie anonym oder glamourös die Umgebung war – als wir die besten Manager befragten, schienen sie alle diese Passion für die Individualisierung zu teilen.

Als Sam Mendes, der Regisseur, dessen Film *American Beauty* mit dem Oscar ausgezeichnet wurde, von der britischen Zeitung *The Independent* gebeten wurde, das Geheimnis seines Erfolges zu beschreiben, sagte er:»Ich bin kein Regisseur der Meisterklasse. Ich bin kein Lehrer. Ich bin ein Coach. Ich habe keine Methodik. Jeder Schauspieler ist anders. Und bei den Dreharbeiten müssen Sie ihnen allen ganz nah sein, sie an der Schulter berühren und sagen: ›Ich bin bei dir. Ich weiß genau, wie du arbeitest.‹ ... Kevin Spacey macht gern einmal einen Spaß und ... ahmt gern bis zum letzten Moment vor dem Dreh Leute nach, an seinem Handy, wenn er mit seinem Agenten oder sonst jemanden spricht. Je entspannter er ist, desto jovialer ist er, desto weniger denkt er daran, was er tut. Wenn Sie ›Action‹ rufen, ist er wie ein Laserstrahl. Seine lockere Art führt zu Spontaneität. Also sagt man zu Kevin: ›Ahme einmal Walter Matthau nach.‹ Annette Bening andererseits hört eine halbe Stunde vor dem Anlaufen der Kameras Musik mit ihrem Walkman, ignoriert alle anderen vollkommen und lauscht der Musik, die die von ihr verkörperte Person hören würde ... alles, was ich weiß, ist, dass ich arbeite, indem ich an jeden von ihnen herantrete und zu erfahren versuche, auf welcher Basis sie arbeiten.« Er schloss ab:»Meine Sprache zu jedem Einzelnen von ihnen muss sich ihrem Gehirn anpassen.«

Als Phil Jackson, der Trainer des sechsfachen NBA-Meisters *Chicago Bulls* zu den *Los Angeles Lakers* ging, brachte er alle Methoden mit, die ihn in Chicago zum Erfolg gebracht hatten, die Zen-Philosophie, die Meditationssitzungen, das Dreieck-Offensivspiel. Aber er brachte auch Bücher mit, und wie sich herausstellte, für jeden Spieler ein anderes Buch. Dem jungen Superstar Kobe Bryant gab er ein Exemplar von *The White Boy Shuffle* von Paul Beatty, weil er glaubte, dass die Story von einem schwarzen Jungen, der in einer weißen Gemeinde aufwächst, die Herausforderungen von Kobes eigener Jugend in einem Vorort von Philadelphia widerspiegelte. Für Shaquille O'Neal, einen der besten und berühmtesten Basketballspieler der Welt, suchte er Friedrich Nietzsches Autobiografie *Ecce Homo* aus, weil sie sich mit der Suche des Menschen nach Identität, Prestige und Macht befasst. Rick Fox, der angeblich Ambitionen hat, als Schauspieler Karriere zu machen, erhielt ein Exemplar der Autobiografie des berühmten Hollywood-Regisseurs Elia Kazan.

Warum wählte er für jeden Spieler ein anderes Buch? Jackson sagt dazu:»Die Bücher sollten den Spielern zeigen, dass ich sie schätze und mich mit ihren Persönlichkeiten auseinander setze.«

In Ihrer Rolle als Führungskraft haben Sie dieselbe Möglichkeit. Sie werden sich darauf konzentrieren müssen, wer jeder Mitarbeiter ist. Sie werden das Verhalten jedes Einzelnen kennen lernen müssen, und wie es Sam Mendes tat, die richtige Sprache finden, die»zu ihrem Gehirn passt«. Die Vorgaben, die Sie geben, werden für jeden etwas unterschiedlich sein, ebenso wie die Weise, auf die Sie mit ihnen über die Ziele Ihres Unternehmens sprechen, die Art, wie Sie einen Fehler korrigieren, wie Sie eine Stärke fördern und wie Sie loben, was Sie loben und warum. Alle Ihre Schritte als Führungskraft müssen auf jeden einzelnen Mitarbeiter abgestimmt sein.

So erschreckend dies auch klingen mag, Sie kommen nicht darum herum. Jeder Mitarbeiter funktioniert ein wenig anders. Wenn Sie Ihre talentierten Mitarbeiter halten und jeden Einzelnen von ihnen zu größerer Leistung anspornen wollen, werden Sie erkennen, wie einzigartig jeder Einzelne ist, und dann herausfinden müssen, wie Sie diese Einzigartigkeit nutzen.

Aus einer Reihe von Gründen erweist sich dies oft als schwierig. Erstens arbeitet eine große Mehrheit der Unternehmen mit formalisierten Verfahren und detaillierten Listen von Kompetenzen in der Annahme, dass die meisten Mitarbeiter gleich sind, und wenn sie es nicht sind, dass sie so lange umgeschult werden müssen, bis sie es sind. Der Manager, der individualisiert, wird in einem solchen Unternehmen immer mit dem Kopf gegen die Wand laufen.

Zweitens ist es schwierig, weil die Individualisierung Ihres Managementstils zeitraubender ist als die Gleichbehandlung aller Mitarbeiter. Angesichts ihrer vielen anderen Aufgaben wäre es für Ralph, Sam und Phil viel leichter gewesen, die Persönlichkeit jedes einzelnen Mitarbeiters zu ignorieren und im Kern zu sagen:»Sehen Sie, so führe ich. Wenn es Ihnen gefällt, gut. Wenn nicht, passen Sie sich entweder an, oder suchen Sie sich eine andere Stelle.« Keiner von ihnen tat das, aber angesichts von Mitarbeiterzahlen, die sich in manchen Unternehmen pro Führungskraft auf 30, 40 oder sogar 50 Mitarbeiter belaufen, kann man den Managern, die den leichteren Weg wählen, kaum Vorwürfe machen. Wir können Ihnen hinsichtlich des ersten Grundes nicht helfen, außer vorzuschlagen, dass Sie die Führungskräfte Ihres Unternehmens bitten, das nächste Kapitel zu lesen. Wenn Sie in einem Unternehmen gefangen sind, das versucht, alle Mitarbeiter mit denselben Aufgaben auf genau denselben Stil hinzutrimmen, werden Ihre Versuche zur Individualisierung immer auf Widerstand stoßen. Wir können aber den zweiten Grund, Zeitmangel, ansprechen. Wir werden Ihnen vorschlagen, wie man Einzelpersonen mit verschiedenen Signatur-Talenten führt.

Eins nach dem anderen
»Wie können Sie mithilfe der 34 Talent-Leitmotive des StrengthsFinder Mitarbeiter führen?«

Wenn Sie wirklich wissen wollen, wie Sie mit jemandem zusammenarbeiten, sollten Sie eine Runde Golf mit ihm spielen. Diese Vorstellung mag etwas für sich haben, aber sie ist kein sehr praktikabler Ratschlag. Einige von uns mögen das Spiel nicht, und diejenigen, die es gerne spielen, haben nicht immer gerade dann die 18 Löcher zur Verfügung, wenn sie sie brauchen. Außerdem gibt es andere, weniger zeitraubende Wege, die Einzelheiten der Stärken eines Menschen herauszufinden.

Wenn Sie als Führungskraft erst einmal die fünf führenden Talente jeder Ihrer Mitarbeiter kennen, können Sie die Vorschläge auf den folgenden Seiten für jedes einzelne Talent lesen. Suchen Sie einige aus, die besonders wichtig für jeden Mitarbeiter sind. Falls es angebracht ist, besprechen Sie Ihre Auswahl mit dem Mitarbeiter. Modifizieren Sie sie gemeinsam. Und allmählich werden Sie mit jeweils einem Mitarbeiter eine solch annähernd perfekte Leistung hervorzuzaubern, wie sie auch Ralph Gonzalez, Sam Mendes und Phil Jackson erfreut.

Natürlich kann nichts die Einsichten ersetzen, die Sie dadurch gewinnen, dass Sie einfach ein wenig Zeit mit jedem Mitarbeiter verbringen, insbesondere wenn das Talent *Einzelwahrnehmung* bei Ihnen stark ausgeprägt ist. Und keine Idee wird funktionieren, wenn Ihre Mitarbeiter nicht Ihren guten Absichten vertrauen. Wenn Ihr Problem jedoch nicht Mangel an Vertrauen, sondern Mangel an Zeit ist, können diese Vorschläge Ihnen helfen.

Wie man einen analytisch begabten Mitarbeiter führt

- Wann immer dieser Mitarbeiter an einer wichtigen Entscheidung beteiligt ist, nehmen Sie sich die Zeit, die Probleme mit ihm durchzusprechen. Er wird alle die Entscheidungen beeinflussenden Faktoren kennen wollen.
- Wenn Sie eine bereits getroffene Entscheidung erklären, denken Sie immer daran, ihm die Entscheidungslogik sehr klar darzulegen. Ihnen mag es so erscheinen, als ob Sie die Dinge zu ausführlich erklären, aber für ihn ist dieser Grad der Genauigkeit wesentlich, wenn er sich für die Entscheidung einsetzen soll.
- Bei jeder Gelegenheit sollten Sie seine Argumentationsfähigkeit anerkennen und loben. Er ist stolz auf seinen disziplinierten Geist.

- Wenn Sie eine Entscheidung oder ein Prinzip verteidigen, zeigen Sie diesem Mitarbeiter die entsprechenden Zahlen. Er hält Informationen, die Zahlen enthalten, instinktiv für glaubwürdiger.
- Denken Sie daran, dass er das Bedürfnis nach *genauen, gut belegten* Zahlen hat. Versuchen Sie niemals, ihm zweifelhafte Daten als glaubwürdige Beweise unterzuschieben.
- Ein Höhepunkt in seinem Leben ist es, Muster in Daten zu entdecken. Geben Sie ihm immer die Möglichkeit, Ihnen das Muster im Detail zu erklären. Dies wird ihn motivieren und dazu beitragen, Ihr Verhältnis zu verbessern.
- Sie werden nicht immer mit ihm übereinstimmen, aber nehmen Sie seinen Standpunkt stets sehr ernst. Er hat wahrscheinlich seine Argumentationslinie sehr genau durchdacht.
- Weil die Genauigkeit der Arbeit für ihn so wichtig ist, kann es ihm sehr viel wichtiger sein, eine Arbeit richtig zu machen, statt innerhalb der vorgegebenen Frist. Deshalb suchen Sie, wenn sich der Termin nähert, Kontakt zu ihm, um sicherzustellen, dass er die erforderliche Zeit hat, es richtig zu tun.

Wie man einen anpassungsfähigen Mitarbeiter führt

- Dieser Mitarbeiter lebt, um zu reagieren und zu antworten. Positionieren Sie ihn so, dass sein Erfolg von seiner Fähigkeit abhängig ist, das Unvorhergesehene aufzufangen und dann damit fertig zu werden.
- Informieren Sie ihn über Ihre Planungen, aber wenn er nicht auch gut fokussieren kann, erwarten Sie nicht von ihm, dass er Ihnen bei der Planung hilft. Er wird wahrscheinlich größere Planungsarbeiten unendlich langweilig finden.
- Mit seiner instinktiv flexiblen Natur ist er für fast jedes Team eine wertvolle Ergänzung. Wenn die Dinge ins Stocken geraten oder Pläne schief gehen, wird er sich schnell den neuen Umständen anpassen und versuchen weiterzukommen. Er wird nicht als Zuschauer dabeisitzen und schmollen.

- Er wird am produktivsten bei kurzfristigen Aufgaben sein, die sofortiges Handeln erfordern. Er zieht ein mit vielen schnellen Scharmützeln angefülltes Leben einem langwierigen Feldzug vor.
- Prüfen Sie seine anderen vorherrschenden Talente. Wenn er auch ein Talent für Einfühlungsvermögen hat, könnten Sie versuchen, ihn an einer Stelle einzusetzen, an der er einfühlsam sein und die vielfältigen Wünsche von Kunden oder Gästen erfüllen muss. Wenn eines seiner anderen starken Talente die Entwicklung ist, sollten Sie ihn in eine Mentorrolle hineinwachsen lassen. Mit seiner Bereitschaft,»mit dem Strom zu schwimmen«, kann er ein wunderbares Umfeld sein, in dem andere experimentieren und lernen können.
- Entschuldigen Sie diesen Mitarbeiter bei Besprechungen über die Zukunft, wie Gesprächen über Leistungsvorgaben oder Karriereberatung. Er ist ein Mensch des»Hier und Jetzt« und wird deshalb diese Besprechungen für ziemlich irrelevant halten.

Wie man einen Arrangeur führt

- Dieser Mitarbeiter wird unter Verantwortung aufblühen, deshalb übertragen Sie ihm unter Berücksichtigung seines Wissens und seines Könnens so viel wie möglich.
- Er kann sehr wohl das Talent zum Manager oder Abteilungsleiter haben. Sein Talent versetzt ihn in die Lage herauszufinden, wie Menschen mit sehr unterschiedlichen Stärken zusammenarbeiten können.
- Wenn Sie ein neues Projekt starten, geben Sie ihm die Möglichkeit, die Mitglieder des Projektteams auszuwählen und einzuteilen. Er hat eine gute Fähigkeit herauszufinden, wie die Stärken der einzelnen Mitarbeiter sich zum größten Nutzen für das Team addieren.
- Er ist begeistert von komplexen, vielseitigen Aufgaben. Er blüht in Situationen auf, in denen er viele Dinge gleichzeitig voranbringen muss.
- Er kann findig sein. Versuchen Sie, ihm eine Aufgabe zuzuteilen, bei

der etwas nicht klappt, und er wird mit Freude andere Wege finden, um es zu schaffen.

- Achten Sie auf seine anderen starken Talente. Wenn er auch ein Talent für Disziplin hat, kann er ein ausgezeichneter Organisator sein und Routineabläufe und Systeme für eine reibungslose Abwicklung schaffen.
- Berücksichtigen Sie, dass sein Modus Operandi für die Teambildung auf Vertrauen und Beziehungen aufgebaut ist. Er kann sehr wohl jemanden zurückweisen, von dem er annimmt, dass er unehrlich ist oder minderwertige Arbeit leistet.

Wie man einen Mitarbeiter führt, der große Autorität ausstrahlt

- Wenn Sie einen Karren aus dem Dreck ziehen und die Dinge wieder in ihre Bahn bringen müssen, oder wenn Leute überredet werden müssen, bitten Sie diesen Mitarbeiter, das zu übernehmen.
- Fragen Sie ihn immer wieder nach seinen Einschätzungen, was in Ihrem Unternehmen vor sich geht. Er wird Ihnen höchstwahrscheinlich eine ehrliche Antwort geben. Fragen Sie ihn genauso nach Ideen, die sich von Ihren eignen unterscheiden. Er ist wahrscheinlich kein Ja-Sager.
- Geben Sie ihm so weit wie möglich den Spielraum, zu führen und Entscheidungen zu treffen. Er schätzt es nicht, streng überwacht zu werden.
- Wenn er beginnt, ein eigenes Imperium aufzubauen, Kollegen zu verärgern, vom Fokus abzudriften oder seine Pflichten zu vernachlässigen, geben Sie ihm einen Schuss vor den Bug. Konfrontieren Sie ihn direkt mit spezifischen Beispielen. Ergreifen Sie strikte Maßnahmen, und fordern Sie, falls notwendig, dass er seine Handlungen sofort rückgängig macht. Und dann arrangieren Sie alles so, dass er so produktiv wie möglich arbeitet. Er wird seinen Fehler schnell vergessen, und das sollten auch Sie tun.

- Drohen Sie ihm niemals, wenn Sie nicht absolut bereit sind, Ihre Drohung auch wahr zu machen.
- Dieser Mitarbeiter könnte andere in seiner brüsken, rechthaberischen Art einschüchtern. Sie müssen abwägen, ob der Beitrag, den er leistet, dieses gelegentliche Gewitter rechtfertigt. Anstatt ihm Einfühlungsvermögen und Höflichkeit beizubringen, könnten Sie Ihre Zeit sinnvoller nutzen, wenn Sie seinen Kollegen nahe bringen, dass seine bestimmte Art Teil dessen ist, was ihn so leistungsfähig macht – solange er bestimmt bleibt und nicht aggressiv oder offensiv wird.

Wie man einen Mitarbeiter führt, dem Bedeutsamkeit wichtig ist

- Seien Sie sich über das Unabhängigkeitsbedürfnis dieses Mitarbeiters im Klaren. Gängeln Sie ihn nicht zu sehr.
- Erkennen Sie, dass er ernst gemeinte Anerkennung seiner Beiträge braucht. Geben Sie ihm Bewegungsfreiheit, aber ignorieren Sie ihn nie. Stellen Sie sicher, dass Sie ihm alle Komplimente weitergeben.
- Geben Sie ihm die Möglichkeit, sich von anderen abzuheben, bekannt zu sein. Er genießt den Druck, im Mittelpunkt der Aufmerksamkeit zu stehen. Lassen Sie ihn aus den richtigen Gründen glänzen, bevor er es dann in unpassenden Situationen von selbst tut.
- Setzen Sie ihn so ein, dass er mit glaubwürdigen, produktiven und professionellen Leuten zusammen arbeitet. Er umgibt sich gern mit den Besten.
- Ermutigen Sie ihn, andere Experten in der Gruppe zu loben. Er genießt es, anderen Leuten das Gefühl des Erfolgs zu geben.
- Wenn er für sich herausragende Leistungen beansprucht, und das wird er tun, helfen Sie ihm, die Stärken herauszuarbeiten, die er entwickeln muss, um diese Ansprüche zu realisieren. Wenn Sie sein Coach sind, bitten Sie ihn nicht, seine Ansprüche zu senken. Schlagen Sie ihm stattdessen vor, relevante Stärken zu entwickeln.
- Weil er einen derart hohen Wert auf die Wahrnehmung anderer

legt, kann seine Selbstachtung leiden, wenn andere ihm nicht die verdiente Anerkennung zollen. In solchen Augenblicken lenken Sie seine Aufmerksamkeit zurück auf seine Stärken, und ermutigen Sie ihn, anhand derer neue Ziele zu setzen. Dies wird ihm wieder neue Energie geben.

Wie man einen behutsamen Mitarbeiter führt

- Geben Sie diesem Mitarbeiter keine Aufgabe, die blitzartige Einschätzungen erfordert. Er mag es wahrscheinlich nicht, Entscheidungen nur nach dem Gefühl zu treffen.
- Bitten Sie ihn, in Teams oder Gruppen mitzuarbeiten, die impulsiv sind. Er wird das überlegene Element sein und in die Gruppe dringend benötigten Bedacht und Vorausschau einbringen.
- Vermutlich ist er ein präziser Denker. Bevor Sie eine Entscheidung treffen, bitten Sie ihn, Ihnen dabei zu helfen, Tretminen aufzuspüren, die Ihre Pläne entgleisen lassen könnten.
- In Situationen, in denen Vorsicht angebracht ist, wie zum Beispiel im Hinblick auf Rechts-, Sicherheits- oder Genauigkeitsfragen, bitten Sie ihn, die Führung zu übernehmen. Er wird instinktiv ahnen, wo die Gefahren liegen könnten und wie Ihre Flanken geschützt werden können.
- Er wird wahrscheinlich ausgezeichnet Verträge aushandeln können, insbesondere hinter den Kulissen. Bitten Sie ihn, soweit sich das mit seiner Aufgabenstellung vereinbaren lässt, diese Rolle zu übernehmen.
- Respektieren Sie sein Privatleben. Drängen Sie nicht darauf, schnell mit ihm vertraut zu werden. Und nehmen Sie es genauso wenig persönlich, wenn er Sie etwas auf Distanz hält.
- Bitten Sie ihn nicht, als Empfangsdame, Regenmacherin oder Beziehungsmensch für Ihr Unternehmen aufzutreten. Die Art der Überschwänglichkeit, die diese Rolle erfordert, fällt nicht in sein Repertoire.
- In seinen persönlichen Beziehungen wird er selektiv und differen-

ziert sein. Versetzen Sie ihn nicht schnell von einem Team in das andere. Er muss das Vertrauen haben, dass die Menschen, mit denen er sich umgibt, kompetent und vertrauenswürdig sind, und Vertrauen braucht Zeit.

• Als Manager wird er als jemand bekannt sein, der selten lobt, aber wenn er es tut, ist es wirklich verdient.

Wie man einen bindungsfähigen Mitarbeiter führt

• Erzählen Sie diesem Mitarbeiter, dass Sie sich um ihn kümmern. Höchstwahrscheinlich wird er diese Sprache nicht für unangemessen halten, sondern begrüßen. Er organisiert sein Leben um enge Beziehungen, deshalb wird er wissen wollen, woran er mit Ihnen ist.

• Er wird es genießen, echte Bindungen zu den Menschen aufzubauen, mit denen er zusammenarbeitet. Das braucht Zeit, deswegen geben Sie ihm keine Aufgabe, die ihn oft aus dem Kreis seiner Kollegen und Kunden reißt.

• Helfen Sie ihm, die Ziele seiner Kollegen zu kennen. Er wird sich wahrscheinlich stärker mit ihnen verbunden fühlen, wenn er ihre Ziele kennt.

• Vertrauen Sie ihm vertrauliche Informationen an. Er ist loyal, für ihn hat Vertrauen einen hohen Stellenwert, und er wird Ihres nicht missbrauchen.

• Bitten Sie ihn, ein Vertrauensverhältnis zu den Mitarbeitern, die Ihnen wichtig sind, aufzubauen. Er kann eines der menschlichen Bindeglieder sein, die gute Leute an Ihr Unternehmen binden.

• Achten Sie auf seine anderen starken Talente. Wenn er auch Hinweise auf Fokus, Arrangeur oder Selbstbewusstsein gibt, kann er das Potenzial haben, andere zu führen. Mitarbeiter werden immer engagierter für jemand arbeiten, von dem sie wissen, dass er für sie da ist und der will, dass sie Erfolg haben. Er kann diese Art der Beziehungen leicht aufbauen.

• Oft ist Großzügigkeit eine seiner Stärken. Weisen Sie ihn auf seine

Großzügigkeit hin und darauf, wie er auf andere wirkt und Beziehungen schafft. Er wird Ihre Aufmerksamkeit schätzen, und damit wird Ihre eigene Beziehung zu ihm gestärkt.

Wie man einen disziplinierten Mitarbeiter führt

- Geben Sie diesem Mitarbeiter die Möglichkeit, Struktur in eine planlose oder chaotische Situation zu bringen. Da er sich niemals mit solchen ungeordneten Situationen abfinden wird – dies sollten Sie auch nicht von ihm erwarten –, wird er nicht ruhen, bis Ordnung und Berechenbarkeit wiederhergestellt sind.
- Durcheinander wird ihn ärgern. Erwarten Sie nicht von ihm, dass er es lange in einer unordentlichen Umgebung aushält. Beauftragen Sie ihn entweder damit, Ordnung in die Sache zu bringen, oder finden Sie ein anderes Umfeld für ihn.
- Informieren Sie ihn immer rechtzeitig über Termine. Er hat das Bedürfnis, die Arbeiten vor dem Zeitplan zu erledigen, und das kann er nur, wenn Sie ihm den Zeitplan mitteilen.
- Versuchen Sie in demselben Sinne nicht, ihn mit plötzlichen Änderungen des Plans und der Prioritäten zu überraschen. Überraschungen sind für ihn Schicksalsschläge. Sie können ihm den Tag verderben.
- Wenn es viele Dinge gibt, die in einem bestimmten Zeitraum erledigt werden müssen, respektieren Sie sein Bedürfnis, Prioritäten zu setzen. Nehmen Sie sich die Zeit, dies gemeinsam mit ihm zu tun, und wenn der Zeitplan festgelegt ist, halten Sie sich daran.
- Bitten Sie ihn, falls angebracht, Ihnen bei der Planung und Organisation Ihrer eigenen Arbeit zu helfen. Sie könnten ihn bitten, Ihr Zeitmanagementsystem oder sogar Ihren Plan, Arbeitsabläufe in Ihrer Abteilung zu verändern, zu überprüfen. Sagen Sie seinen Kollegen, dass dies eine seiner Stärken ist, und ermutigen Sie ihn, sie um Ähnliches zu bitten.
- Er kann ausgezeichnet effektive Arbeitsabläufe entwickeln. Wenn er gezwungen ist, in einer Situation zu arbeiten, die Flexibilität und

Reaktionsfähigkeit erfordert, regen Sie an, verschiedene Routinen zu entwickeln, die für die jeweilige Situation geeignet sind. Auf diese Weise kann er auf Überraschungen reagieren.

Wie man einen einfühlsamen Mitarbeiter führt

- Bitten Sie diesen Mitarbeiter, Ihnen dabei zu helfen, in Erfahrung zu bringen, wie sich Ihre Mitarbeiter innerhalb des Unternehmens fühlen. Er ist sensibel für die Gefühle anderer.
- Bevor Sie sich sein Engagement für ein bestimmtes Projekt sichern, fragen Sie ihn, was er darüber denkt und wie andere Leute die Sache sehen. Für ihn sind Emotionen genauso real wie andere, praktischere Faktoren, und sie müssen bei Entscheidungen berücksichtigt werden.
- Seien Sie gefasst darauf, dass er weint, aber überreagieren Sie nicht. Tränen sind ein Teil seines Lebens. Er kann die Freude oder Tragödie in dem Leben eines anderen Menschen deutlicher spüren als dieser Mensch selbst.
- Helfen Sie diesem Mitarbeiter, sein Einfühlungsvermögen als eine besondere Gabe zu sehen. Es kann ihm so natürlich erscheinen, dass er jetzt glaubt, jedermann fühle so wie er, oder ihn könnte die Stärke seiner Gefühle verlegen machen. Zeigen Sie ihm, wie er sein Einfühlungsvermögen zum allgemeinen Vorteil nutzen kann.
- Testen Sie die Fähigkeit dieses Mitarbeiters, Entscheidungen instinktiv statt logisch zu treffen. Es kann sein, dass er nicht in der Lage ist, auszudrücken, warum er eine gewisse Maßnahme für richtig hält, aber er wird dessen ungeachtet oft Recht haben. Fragen Sie ihn: »Was sagt Ihnen Ihr Bauch, was wir tun sollten?«
- Richten Sie es so ein, dass er mit positiven, optimistischen Menschen zusammenarbeitet. Er wird diese Gefühle spiegeln und motiviert werden. Halten Sie ihn demgegenüber von Pessimisten und Zynikern fern, die ihn nur deprimieren.
- Wenn Mitarbeiter oder Kunden Schwierigkeiten haben zu verstehen, warum eine Maßnahme erforderlich ist, bitten Sie ihn um Hilfe. Wahrscheinlich erkennt er, warum sie Vorbehalte haben.

Wie man einen Mitarbeiter mit starker Einzelwahrnehmung führt

- Bitten Sie diesen Mitarbeiter, in der Personalabteilung für Neueinstellungen tätig zu sein. Er wird wahrscheinlich die Stärken und Schwächen jedes einzelnen Kandidaten sehr gut beurteilen können.

- Bitten Sie ihn mitzuhelfen, die Produktivität Ihres Unternehmens zu steigern, indem jeder Mitarbeiter einen Posten bekommt, der seinen Stärken und Schwächen entspricht.

- Setzen Sie ihn in einem Programm für leistungsorientierte Vergütung ein, in der jeder Mitarbeiter gemäß seinen Stärken bezahlt wird.

- Wenn Sie Schwierigkeiten haben, die Sichtweise eines bestimmten Mitarbeiters zu verstehen, besprechen Sie mit ihm, was Sie tun könnten. Seine Intuition ist hilfreich, eine geeignete Lösung zu finden.

- Bitten Sie ihn, wenn es angebracht ist, einen internen Kursus für eine Gruppe von neuen Mitarbeitern abzuhalten. Er kann ein Gespür dafür haben, wie jeder Einzelne lernt.

- Beachten Sie seine anderen dominierenden Talente. Wenn seine Talente Entwicklung und Arrangieren ebenfalls stark ausgeprägt sind, hat er das Potenzial zum Manager oder Abteilungsleiter. Wenn seine Stärke in den Talenten Autorität und Kontaktfreudigkeit liegt, wird er wahrscheinlich sehr gut aus Interessenten Kunden machen können.

Wie man einen Mitarbeiter führt, der gerne Menschen bei ihrer Entwicklung hilft

- Bitten Sie diesen Mitarbeiter, Ihnen zu sagen, welche Kollegen an ihren Aufgaben wachsen. Er wird wahrscheinlich kleinste Fortschritte der Entwicklung wahrnehmen, die anderen entgehen.

- Positionieren Sie ihn so, dass er anderen helfen kann, im Unternehmen zu wachsen. Geben Sie ihm zum Beispiel die Möglichkeit, Mentor für einen oder zwei Kollegen seiner Wahl zu sein, oder eine Gruppe über ein Leitthema des Unternehmens wie Sicherheit, Vergütungen oder Kundendienst zu unterrichten. Unterstützen Sie ihn in seinem Wunsch nach Weiterbildung.
- Teilen Sie ihn als denjenigen ein, der seinen Kollegen Anerkennung zuspricht. Er genießt es, Lob zu verteilen und die angesprochenen Kollegen werden wissen, dass das Lob echt ist.
- Er könnte ein Kandidat für eine Stelle als Abteilungsleiter, Teamführer oder Manager sein.
- Wenn er bereits Manager oder leitender Angestellter ist, suchen Sie in seiner Abteilung nach Leuten, die innerhalb des Unternehmens Aufgaben mit größerer Verantwortung übernehmen können. Er fördert Leute und bereitet sie auf die Zukunft vor.
- Stärken Sie sein Selbstverständnis als Mensch, der Leute ermutigt, sich selbst zu übertreffen und auszuzeichnen. Sagen Sie ihm zum Beispiel: »Die Mitarbeiter hätten niemals allein den Rekord gebrochen. Ihre Ermutigung und Ihr Vertrauen haben sie dabei angefeuert.«
- Seien Sie sich bewusst, dass er einen leistungsschwachen Mitarbeiter noch immer schützen könnte, wenn dieser längst versetzt oder gekündigt sein sollte. Helfen Sie ihm, diesen schützenden Instinkt darauf zu konzentrieren, Menschen zum Erfolg zu bringen, und nicht Leute zu unterstützen, die eine dauernde Last für das Unternehmen sind. Das Beste, was er für solche Mitarbeiter tun kann, ist es, eine Möglichkeit für sie zu entdecken, in der sie sich wirklich beweisen können.

Wie man einen Mitarbeiter führt, dem der Fokus wichtig ist

- Setzen Sie Ziele mit Terminen, und lassen Sie dann diesen Mitarbeiter herausfinden, wie er sie einhält. Er wird am besten in einer

Umgebung arbeiten, in der er seine Arbeitsabläufe selbst steuern kann.

- Gehen Sie bei ihm regelmäßig vorbei, so oft, wie er es für sinnvoll hält. Er wird durch diese regelmäßigen Überprüfungen aufblühen, weil er gern über Ziele und den Fortschritt auf dem Weg zu ihnen spricht. Fragen Sie ihn, wie oft Sie sich treffen sollten, um Ziele und Zielsetzungen zu besprechen.
- Erwarten Sie nicht, dass er gegenüber den Gefühlen anderer immer feinfühlig ist, weil seine Arbeit für ihn absoluten Vorrang vor Gefühlen hat. Wenn er auch ein Talent für Einfühlungsvermögen besitzt, ist dies offenkundig weniger wichtig. Dennoch sollten Sie immer die Möglichkeit berücksichtigen, dass er beim Sturm auf seine Ziele auf Gefühlen anderer herumtrampelt.
- Ständige Änderungen stören ihn. Um dies zu steuern, gebrauchen Sie eine Sprache, die er versteht. Sprechen Sie zum Beispiel von Änderungen in Worten wie »neue Ziele« und »neue Erfolgsmaßnahmen«. Ausdrücke wie diese verleihen der Änderung einen Weg und einen Zweck, die seiner natürlichen Denkweise entsprechen.
- Wenn es Projekte gibt, bei denen Termine eingehalten werden müssen, bitten Sie ihn um seine Beteiligung. Er hält Termine instinktiv ein. Sobald er ein eigenes Projekt mit einem Termin hat, wird er seine ganze Energie darauf konzentrieren, bis es abgeschlossen ist.
- Lassen Sie ihn an einem Zeitmanagementseminar teilnehmen. Er wird dort wahrscheinlich keine besondere Leistung zeigen, aber weil sein Talent Fokus ihn dazu drängt, sich auf Ziele so schnell wie möglich zu zu bewegen, wird er die Effizienz schätzen, die das Zeitmanagement mit sich bringt.
- Seien Sie sich darüber im Klaren, dass ihn unstrukturierte Besprechungen ärgern, deshalb versuchen Sie der Tagesordnung zu folgen, wenn er an einem Gespräch teilnimmt.

Wie man einen Mitarbeiter führt, der nach Gleichbehandlung strebt

- Wenn die Zeit gekommen ist, dem Team nach der Vollendung eines Projektes Anerkennung zu zollen, bitten Sie diesen Mitarbeiter, den Beitrag jedes Einzelnen genau zu erfassen. Er wird sicherstellen, dass jeder die Anerkennung erhält, die er oder sie wirklich verdient.
- Wenn Sie dauerhafte Arbeitsverfahren umsetzen müssen, bitten Sie ihn, dabei zu helfen, die Routineabläufe für Ihr Unternehmen festzulegen. Wenn sich viel verändert, unterstützen Sie ihn, weil er sich bei vorhersehbaren Abläufen wohler fühlt.
- Bei analytischen Aufgaben bitten Sie diesen Mitarbeiter, Gruppendaten statt Einzeldaten zu bearbeiten. Er ist wahrscheinlich begabter, Generalisierungen, die für die Gruppe festzustellen sind, statt Besonderheiten einzelner Mitarbeiter zu erkennen.
- Wenn Sie als Manager mit Situationen kämpfen, in denen Regeln mit sofortiger Wirkung und rigoros durchgesetzt werden müssen, und niemand bevorzugt werden soll, bitten Sie ihn, einzugreifen und dies zu erledigen. Erklärungen und Begründungen dafür werden ihm ganz natürlich zufließen.
- Wenn es erforderlich ist, verschiedene Menschen gleich zu behandeln, bitten Sie ihn, an der Ausarbeitung der Regeln mitzuarbeiten.
- Er hat eine Neigung zum Praktischen und wird es deshalb wahrscheinlich vorziehen, Aufgaben zu erledigen und Entscheidungen zu treffen, statt sich mit abstrakteren Arbeiten wie Brainstorming oder langfristiger Planung zu befassen.

Wie man einen Mitarbeiter führt, der nach Harmonie strebt

- Steuern Sie diesen Mitarbeiter so weit wie möglich um Konflikte herum. Lassen Sie ihn nicht an Konferenzen teilnehmen, in denen es mit einiger Sicherheit Konflikte gibt, weil er in der Konfrontation mit anderen nicht die beste Figur abgibt.

• Suchen Sie Übereinstimmungen mit ihm, und besprechen Sie sie regelmäßig mit ihm. Umgeben Sie ihn mit anderen Mitarbeitern, denen Harmonie ebenfalls wichtig ist. Er wird, wenn er weiß, dass er Unterstützung bekommt, immer konzentrierter, produktiver und kreativer sein. Vergeuden Sie Ihre Zeit nicht damit, mit diesem Mitarbeiter kontroverse Themen zu diskutieren. Er wird die Debatte nicht um ihrer selbst willen genießen. Stattdessen konzentrieren Sie Ihre Besprechungen auf praktische Fragen, in denen klare Maßnahmen beschlossen werden können.

• Erwarten Sie nicht von ihm, dass er seine Missbilligung äußert, selbst wenn Sie falsch liegen. Um der Harmonie willen könnte er mit dem Kopf nicken, obwohl er Ihre Idee missbilligt. Infolgedessen nützen Ihnen in einer solchen Situation andere Mitarbeiter, die instinktiv ihre Meinung sagen.

• Manchmal kann er Konfliktparteien helfen. Er wird nicht zwangsläufig das Problem lösen, aber er unterstützt sie dabei, andere Gebiete zu finden, auf denen sie übereinstimmen. Diese Gemeinsamkeiten können der Ausgangspunkt für eine erneute produktive Zusammenarbeit sein.

• Er will sich sicher über das sein, was er tut. Helfen Sie ihm, eine maßgebliche Rückendeckung (Expertenmeinung) für seine Aktivitäten zu finden.

Wie man einen Mitarbeiter führt, der Höchstleistungen vollbringt

• Dieser Mitarbeiter interessiert sich dafür, etwas Funktionierendes zu maximieren. Er wird wahrscheinlich nicht besonders daran interessiert sein, etwas Fehlerhaftes zu reparieren.

• Vermeiden Sie es, ihm Aufgaben zu geben, die ständige Problemlösungen erfordern.

• Er wird erwarten, dass Sie seine Stärken verstehen und ihn wegen dieser Stärken schätzen. Er wird frustriert, wenn Sie sich zu sehr mit seinen Schwächen beschäftigen.

- Setzen Sie einen Termin an, um seine Stärken im Detail zu besprechen und eine Strategie festzulegen, wie und wo diese Stärken zum Vorteil des Unternehmens eingesetzt werden können. Er wird diese Gespräche genießen und viele praktische Vorschläge machen, wie seine Stärken am besten eingesetzt werden können. Helfen Sie ihm so viel wie möglich, einen Karriereplan zu entwerfen, der es ihm ermöglicht, sich in seiner derzeitigen Funktion zur Höchstleistung zu steigern. Er wird instinktiv auf dem Weg seiner Stärken bleiben wollen und deshalb Karrierestrukturen ablehnen, die ihn nur von diesem Weg abbringen, weil er mehr verdienen könnte.
- Bitten Sie ihn, eine Arbeitsgruppe zur Ermittlung der besten Arbeitsweisen innerhalb Ihres Unternehmens zu leiten. Er ist von Natur aus wissbegierig, um Höchstleistungen zu erbringen.
- Bitten Sie um seine Mithilfe beim Entwurf eines Programms, um die Produktivität jedes Mitarbeiters zu erkennen und zu würdigen. Er denkt gerne darüber nach, wie die Höchstleistung jeder Aufgabe aussehen sollte.

Wie man einen Mitarbeiter führt, der Ideen sammelt

- Bündeln Sie die natürliche Neugier dieses Mitarbeiters, indem Sie ihn bitten, ein für Ihr Unternehmen wichtiges Thema zu erforschen. Ihm macht Wissen Spaß, das auf Forschungsergebnissen basiert.
- Geben Sie ihm Aufgaben mit einer starken Forschungskomponente.
- Berücksichtigen Sie seine anderen starken Talente. Wenn er auch stark in der Entwicklung ist, kann er sich als Lehrer oder Ausbilder auszeichnen, weil seine Vorträge durch faszinierende Fakten und Anekdoten glänzen.
- Unterrichten Sie ihn ständig über die Neuigkeiten innerhalb Ihres Unternehmens. Er muss eingeweiht sein. Geben Sie ihm Bücher, Artikel und Referate, die ihn interessieren könnten.
- Ermutigen Sie ihn, im Internet zu surfen. Er wird es ebenfalls nut-

zen, um sich zu informieren. Nicht alles wird sofort nützlich sein, aber es stärkt sein Selbstbewusstsein.

- Helfen Sie ihm, ein System zu entwickeln, um die gesammelten Informationen zu speichern, damit er sie zur rechten Zeit dem Unternehmen zur Verfügung stellen kann. Fragen Sie ihn in Besprechungen gezielt nach Informationen. Loben Sie sein Gedächtnis, zum Beispiel:»Das ist erstaunlich. Sie scheinen immer die Fakten zu haben, die wir gerade brauchen.«

Wie man einen Mitarbeiter mit Integrationsvermögen führt

- Dieser Mitarbeiter ist daran interessiert, dass sich jedermann als Teil des Teams fühlt. Bitten Sie ihn, ein Orientierungsprogramm für neue Mitarbeiter auszuarbeiten. Er wird begeistert sein, darüber nachzudenken, wie diese Neuen willkommen geheißen werden können.
- Bitten Sie ihn, eine Arbeitsgruppe für die Einstellung von Angehörigen von Minderheiten zu leiten. Er kann sich instinktiv in Benachteiligte einfühlen.
- Wenn Sie Gruppenfunktionen zu vergeben haben, lassen Sie ihn sicherstellen, dass jeder beteiligt ist. Er wird sich Mühe geben, um zu gewährleisten, dass weder eine einzelne Person noch eine Gruppe übersehen wird.
- Nutzen Sie auf die gleiche Weise das Integrationsbestreben dieses Mitarbeiters, indem Sie ihn mit Kunden arbeiten lassen. Richtig positioniert, kann er Barrieren zwischen Kunden und dem Unternehmen überwinden helfen.
- Wahrscheinlich schätzt er die Eliteprodukte für einen kleinen Markt nicht so sehr wie die Produkte oder Dienstleistungen für den breiten Markt. Positionieren Sie ihn für letzteres. Er genießt es, umfassende Vertriebswege zu planen.
- In manchen Situationen kann es angebracht sein, ihn als Bindeglied zwischen Ihrem Unternehmen und den lokalen sozialen Verbänden einzusetzen.

Wie man einen intelligenten Mitarbeiter führt

- Nutzen Sie die Tatsache, dass Denken diesen Mitarbeiter mit Energie auflädt. Wenn Sie zum Beispiel erklären, warum etwas getan werden muss, bitten Sie ihn, es für Sie zu durchdenken und Ihnen dann die perfekte Erklärung zu geben.
- Zögern Sie nicht, sein Denken herauszufordern. Er sollte sich dadurch nicht bedroht fühlen, im Gegenteil, er wird es als ein Zeichen nehmen, dass Sie ihn beachten, und es wird ihn motivieren.
- Ermutigen Sie ihn, sich ab und zu etwas Zeit zum Grübeln zu nehmen. Für manche Menschen ist reine Denkzeit kein produktives Verhalten, für ihn aber sehr wohl. Er wird dadurch mehr Klarheit und Selbstvertrauen gewinnen.
- Wenn Ihnen Bücher, Artikel oder Vorschläge vorliegen, die bewertet werden müssen, bitten Sie ihn, sie zu lesen und Ihnen Bericht zu erstatten. Er liest sehr gern.
- Sprechen Sie im Detail mit ihm über seine Stärken. Er wird die Selbstbeobachtung und -reflexion wahrscheinlich genießen.
- Geben Sie ihm die Möglichkeit, sein Denken anderen Mitarbeitern in der Abteilung zu präsentieren. Unter dem Druck, sein Denken anderen mitzuteilen, werden sich seine Gedanken differenzieren und klären.
- Lassen Sie ihn mit jemandem mit dem Talent *Tatkraft* zusammenarbeiten. Dieser Partner wird ihn drängen, gemäß seinen Gedanken und Ideen zu handeln.

Wie man einen kommunikativen Mitarbeiter führt

- Erforschen Sie gemeinsam mit diesem Mitarbeiter, wie seine Kommunikationsstärke so entwickelt werden kann, dass er einen noch bedeutenderen Beitrag für das Unternehmen erbringen kann.
- Es fällt ihm leicht, ein Gespräch weiterzuführen. Bitten Sie ihn, zu Versammlungen, Essen oder anderen Veranstaltungen zu kom-

men, auf denen Sie mit Interessenten oder Kunden zusammentreffen.

- Bitten Sie ihn, Anekdoten und interessante Ereignisse aus der Geschichte Ihres Unternehmens zu sammeln, und schaffen Sie dann eine Gelegenheit, diese Geschichten seinen Kollegen zu erzählen. Er wird helfen, Ihre Unternehmenskultur zum Leben zu erwecken und Sie so zu stärken.
- Nehmen Sie sich die Zeit, mit ihm über sein Leben und seine Erfahrungen zu sprechen. Er wird das Zuhören genießen, und Ihr Verhältnis wird dadurch vertrauter werden.
- Besprechen Sie mit ihm Ihre Pläne für die Betriebsfeste. Er wird wahrscheinlich gute Ideen sowohl für den inhaltlichen als auch für den unterhaltenden Teil der Veranstaltung haben.
- Bitten Sie ihn, einigen der Spezialisten in Ihrem Unternehmen dabei zu helfen, deren Präsentationen zu verbessern. Bei manchen Gelegenheiten sollte er selbst die Vorträge übernehmen.
- Wenn Sie ihn zu einer Moderationsausbildung schicken, stellen Sie sicher, dass er an einem kleinen Kurs mit fortgeschrittenen Teilnehmern und einem erstklassigen Dozenten teilnimmt. In einem Anfängerkurs wird er sich sehr schnell langweilen.

Wie man einen kontaktfreudigen Mitarbeiter führt

- Versuchen Sie, diesem Mitarbeiter eine Aufgabe zu geben, bei der er die Chance hat, jeden Tag neue Leute kennen zu lernen: Daraus zieht er Energie.
- Setzen Sie ihn in der Empfangshalle des Unternehmens ein. Er schafft eine freundliche und entspannte Atmosphäre.
- Helfen Sie ihm, ein System zu schaffen, um sein Namengedächtnis zu unterstützen. Setzen Sie ihm das Ziel, von so vielen Kunden wie möglich die Namen und einige persönliche Einzelheiten zu wissen. Er kann Ihrem Unternehmen helfen, Verbindungen zum Markt zu schaffen.
- Wenn er nicht auch stark in Talenten wie Einfühlungsvermögen

und Bindungsfähigkeit ist, wird ihm keine Position gefallen, in der er enge Beziehungen zu Ihren Kunden aufbauen soll. Stattdessen könnte er es sehr wohl vorziehen, neue Menschen zu treffen und für sich zu gewinnen, um sich dann dem Nächsten zuzuwenden.

• Seine Stärke der Kontaktfreudigkeit wird Sie für ihn einnehmen, und Sie werden ihn deshalb mögen. Wenn Sie überlegen, diesem Mitarbeiter neue Aufgaben und Verantwortungen zu übergeben, beachten Sie aber, dass Sie diesen persönlichen Eindruck hinter seine echten Stärken zurückstellen. Lassen Sie sich nicht vom Talent *Kontaktfreudigkeit* blenden.

• Wenn möglich, bitten Sie ihn, die Kontaktperson für Ihr Unternehmen in der Nachbarschaft zu sein. Lassen Sie Ihr Unternehmen durch ihn bei Verbänden und Konferenzen vertreten.

Wie man einen Mitarbeiter führt, der in Kontexten denkt

• Wenn Sie diesen Mitarbeiter bitten, etwas zu tun, nehmen Sie sich die Zeit, die Gedankengänge zu erklären, die zu dieser Maßnahme führen. Er muss den Hintergrund einer Vorgehensweise verstehen, bevor er sich für sie engagieren kann.

• Wenn Sie ihn neuen Kollegen vorstellen, bitten Sie diese Kollegen über ihren eigenen Werdegang zu sprechen, bevor sie wieder zum Tagesgeschäft übergehen.

• Wenden Sie sich in Besprechungen immer ihm zu, um zusammenzufassen, was bisher getan und was daraus gelernt wurde. Ihm ist instinktiv wichtig, dass sich andere über die Zusammenhänge der Entscheidungsfindung klar sind.

• Er denkt in Fallstudien, das heißt, er überlegt sich »Wann standen wir schon einmal vor einer ähnlichen Situation, was taten wir damals, was geschah, was haben wir daraus gelernt?«. Sie können von ihm erwarten, sein Talent einzusetzen, um anderen beim Lernen zu helfen, insbesondere wenn es einen Bedarf für Fallstudien gibt. Bitten Sie ihn, unabhängig von dem Thema aussagekräftige Fälle zu sammeln, die Kernaussagen herauszufiltern und dann vielleicht einen Vortrag über diese Fälle zu halten.

- Er kann dasselbe für Ihre Unternehmenskultur tun. Bitten Sie ihn, Fälle von Mitarbeitern zu sammeln, die sich gemäß den Eckpfeilern Ihrer Unternehmenskultur verhalten. Sie wird durch seine Beiträge in Mitteilungsblättern, Unterrichtsstunden, auf Websites, Videos und so weiter gestärkt.

Wie man einen leistungsorientierten Mitarbeiter führt

- In Zeiten, in denen Mehrarbeit geleistet werden muss, wenden Sie sich an diesen Mitarbeiter. Denken Sie daran, dass der Spruch »Wenn Sie wollen, dass eine Arbeit erledigt wird, fragen Sie einen vielbeschäftigten Menschen« im Allgemeinen wahr ist.
- Erkennen Sie an, dass er gern beschäftigt ist. In Besprechungen zu sitzen, langweilt ihn wahrscheinlich. Also lassen Sie ihn entweder seine Arbeit tun, oder richten Sie es so ein, dass er nur an den Besprechungen teilnehmen muss, in denen Sie ihn wirklich brauchen und er sich voll engagieren kann.
- Helfen Sie ihm, seine Ergebnisse sichtbar zu machen. Es mag ihm gefallen, seine Stunden zu erfassen, aber wichtiger ist, dass es einen Weg gibt, die kumulative Produktion zu messen. Einfache Kriterien wie die Zahl der bedienten Kunden, die Zahl der nach Namen bekannten Kunden, durchgearbeitete Akten, angesprochene Interessenten oder besuchte Patienten werden ihm helfen, seine Leistung zu bestimmen.
- Bauen Sie eine Beziehung zu diesem Mitarbeiter dadurch auf, dass Sie neben ihm arbeiten. Gemeinsam hart zu arbeiten, schweißt zusammen. Und halten Sie Leistungsschwache von ihm fern. »Bummelanten« ärgern ihn.
- Wenn dieser Mitarbeiter einen Auftrag abschließt, ist eine Ruhepause oder eine leichte Aufgabe kaum die von ihm gewünschte Belohnung. Er wird viel mehr motiviert, wenn Sie ihm Anerkennung für seine vollbrachte Leistung zollen und ihm dann ein neues Ziel setzen, das ihn fordert.

- Dieser Mitarbeiter kann sehr wohl weniger Schlaf benötigen und früher aufstehen als die meisten. Erkennen Sie dies an, wenn es bei der Arbeit erforderlich ist. Stellen Sie ihm auch Fragen wie:»Wie lange haben Sie gestern gearbeitet, um das zu schaffen?« oder »Wann sind Sie heute früh gekommen?«. Er wird diese Art der Aufmerksamkeit schätzen.
- Vielleicht sind Sie versucht, ihn zu befördern, einfach weil er ein Selbstläufer ist. Dies könnte ein Fehler sein, wenn es ihn von dem ablenkt, was er am besten kann. Ein besserer Kurs wäre es, seine anderen Talente und Stärken genau zu bestimmen und dann nach Möglichkeiten zu suchen, ihn noch mehr Gutes vollbringen zu lassen.

Wie man einen Mitarbeiter mit positiver Einstellung führt

- Dieser Mitarbeiter bringt Schwung und Energie an seinen Arbeitsplatz. Suchen Sie Wege, ihn so nahe wie möglich an den Kunden zu positionieren. Er wird Ihr Unternehmen positiver und dynamischer erscheinen lassen.
- Bitten Sie ihn, bei der Planung von Kundenveranstaltungen zu helfen, zum Beispiel bei Vorstellungen neuer Produkte oder Dienstleistungen.
- Das Talent positive Einstellung impliziert nicht, dass er immer guter Stimmung ist. Es besagt vielmehr, dass er mit seinem Humor und seiner Haltung die Menschen für ihre Arbeit begeistern kann. Erinnern Sie ihn an diese Stärke, und ermutigen Sie ihn, sie zu nutzen.
- Zyniker werden ihm sehr schnell seine Energie rauben. Erwarten Sie von ihm nicht, dass er negativ eingestellte Menschen aufmuntert. Er ist viel besser, wenn er gebeten wird, im Grunde genommen positiv eingestellte Menschen anzuspornen, die einfach nur einen Zündfunken brauchen.
- Sein Enthusiasmus ist ansteckend. Beachten Sie dies, wenn Sie ihn Projektteams zuteilen.

- Er liebt es, Fortschritte zu feiern. Wenn gewisse Meilensteine erreicht worden sind, bitten Sie ihn um Ideen, um sie anzuerkennen und zu feiern. Er wird kreativer als die meisten anderen sein.
- Beachten Sie seine anderen starken Talente. Wenn er auch stark im Talent Entwicklung ist, könnte er sich als ausgezeichneter Trainer oder Lehrer erweisen, weil er Begeisterung in den Unterrichtsraum bringt. Wenn Autorität eines seiner stärksten Talente ist, könnte er im Verkauf glänzen, weil er Bestimmtheit und Energie kraftvoll kombiniert.

Wie man einen selbstbewussten Mitarbeiter führt

- Geben Sie diesem Mitarbeiter eine Aufgabe, in der er den Spielraum hat, wichtige Entscheidungen zu treffen. Er wird es weder wollen noch brauchen, an die Hand genommen zu werden.
- Positionieren Sie ihn in einer Aufgabe, in der Beharrlichkeit Voraussetzung für den Erfolg ist. Er hat das Selbstvertrauen, den Kurs zu halten, auch wenn der Druck besteht, die Richtung zu ändern.
- Geben Sie ihm eine Aufgabe, die eine Aura der Sicherheit und Stabilität verlangt. In kritischen Augenblicken wird seine innere Autorität seine Kollegen und seine Kunden beruhigen.
- Unterstützen Sie sein Selbstverständnis, dass er ein Mann der Tat ist. Bestärken Sie ihn mit Bemerkungen wie: »Das ist Ihre Sache. Sie machen das.« oder »Was sagt Ihnen Ihre Intuition? Gehen Sie mit Ihrer Intuition daran.«
- Lassen Sie ihn wissen, dass seine Entscheidungen und Handlungen Ergebnisse bringen. Er ist am produktivsten, wenn er glaubt, seine Welt zu steuern. Heben Sie hervor, worin er gut ist.
- Berücksichtigen Sie, dass er manchmal meint, etwas tun zu können, das nicht seiner tatsächlichen Stärke entspricht. Obwohl sich sein Selbstvertrauen oft als nützlich erweist, stellen Sie sicher, diese Punkte sofort anzusprechen, wenn er sich zu viel zutraut oder schwerwie-

gende falsche Entscheidungen trifft. Er braucht ein klares Feedback, um sein Können zu nutzen.
- Achten Sie auf seine anderen starken Talente. Wenn er auch Talente wie Zukunftsorientierung, Fokus, Bedeutsamkeit oder Arrangeur besitzt, kann er sehr wohl eine Führungsposition innerhalb Ihres Unternehmens annehmen.

Wie man einen strategischen Mitarbeiter führt

- Stellen Sie diesen Mitarbeiter an die vorderste Front Ihres Unternehmens. Seine Fähigkeit, Probleme und ihre Lösungen vorherzusehen, werden nützlich sein. Bitten Sie ihn zum Beispiel, aus allen Möglichkeiten die beste Marschroute für Ihre Abteilung herauszufinden. Schlagen Sie vor, dass er die beste Strategie entwickelt.
- Binden Sie ihn in die organisatorische Planung ein. Fragen Sie ihn: »Was können wir erwarten, wenn dieses oder jenes geschieht?«
- Geben Sie ihm immer genügend Zeit, eine Situation zu durchdenken, bevor Sie ihn um seine Meinung bitten. Er muss einige Szenarios im Geiste durchspielen, bevor er seine Meinung zum Ausdruck bringt.
- Erkennen Sie die Stärke dieses Mitarbeiters im Talent Strategie an, indem Sie ihn auf ein Seminar für strategische Planung oder auf einen Zukunftsworkshop schicken. Die neuen Informationen werden seine Ideen schärfen.
- Eine Stärke dieses Mitarbeiters ist es wahrscheinlich, seine Ideen und Gedanken zu formulieren. Bitten Sie ihn, seine Ideen Kollegen vorzutragen oder sie für einen internen Rundbrief aufzuschreiben, um diese Fähigkeit zu maximieren.
- Wenn Sie von Strategien hören oder lesen, die sich in Ihrem Fachgebiet bewährt haben, teilen Sie sie diesem Mitarbeiter mit. Dies wird ihn anregen.

Wie man einen tatkräftigen Mitarbeiter führt

- Fragen Sie diesen Mitarbeiter, welche neuen Ziele oder Verbesserungen von seiner Abteilung erreicht werden sollten. Wählen Sie ein für ihn geeignetes Gebiet und übertragen Sie ihm die Verantwortung für die Planung und Durchführung des Projekts.

- Teilen Sie ihm mit, dass Sie wissen, dass er der Mitarbeiter ist, der etwas fertig bringt, und dass Sie ihn zu kritischen Zeiten um seine Hilfe bitten werden. Ihre Erwartungen werden ihn in Schwung bringen.

- Teilen Sie ihn einem Team zu, das nicht weiterkommt und mehr redet als leistet. Er wird es zu Leistungen anspornen.

- Wenn dieser Mitarbeiter sich beschwert, hören Sie aufmerksam zu – Sie könnten etwas lernen. Aber dann ziehen Sie ihn auf Ihre Seite, indem Sie über neue Initiativen sprechen, die er durchführen könnte, oder über Verbesserungen, die er morgen umsetzen kann. Tun Sie dies schnell, weil er schnell negative Energien freisetzt, wenn er aus dem Gleis gerät.

- Prüfen Sie seine anderen Talente. Wenn er ein starkes Autoritätstalent hat, könnte er das Potenzial zum überzeugenden Verkäufer haben. Wenn er auch stark in Bindungsfähigkeit und Kontaktfreudigkeit ist, könnte er ausgezeichnet Personal für Sie werben, indem er die Kandidaten anwirbt, und sie dann dazu bewegt, sich zu engagieren.

- Um zu vermeiden, dass er gegen zu viele Hindernisse anrennt, geben Sie ihm Kollegen zur Seite, die eine starke Begabung zum strategischen oder analytischen Denken haben. Sie können ihm helfen, um die Ecke zu schauen. Sie müssen ihm bei diesen Partnerschaften jedoch zur Seite stehen, damit sein instinktives Handeln nicht von dem Wunsch der anderen, zu planen und zu analysieren, in den Hintergrund gedrängt wird.

Wie man einen überzeugten Mitarbeiter führt

- Dieser Mitarbeiter wird irgendeine Leidenschaft haben. Entdecken Sie seine Passion, und binden Sie ihn an die zu leistende Arbeit.
- Er wird einige starke dauerhafte Werte haben. Finden Sie heraus, wie Sie seine Werte mit denen des Unternehmens vereinen können. Sprechen Sie zum Beispiel mit ihm darüber, wie Ihre Produkte und Dienstleistungen das Leben der Menschen verbessern, oder besprechen Sie, wie Ihr Unternehmen Integrität und Vertrauen verkörpert, oder geben Sie ihm die Möglichkeit, sich selbst in der Hilfe für Kollegen und Kunden zu übertreffen. Auf diese Weise wird er durch seine Taten und Worte die Werte der Kultur Ihres Unternehmens sichtbar machen.
- Bringen Sie etwas über seine Familie und seine Umgebung in Erfahrung. Er wird dort grundsolide Bindungen haben. Sie werden diese Bindungen verstehen, schätzen und ehren müssen, und er wird Sie deswegen achten.
- Bedenken Sie, dass er mehr Wert darauf legen wird, besseren Service zu leisten, als auf die Möglichkeit, mehr Geld zu verdienen. Finden Sie Wege, diese natürliche Servicefreundlichkeit zu fördern, und Sie werden ihn zu seiner besten Leistung anspornen.
- Sie müssen das Überzeugungssystem dieses Mitarbeiters nicht teilen, aber Sie müssen es verstehen, respektieren und anwenden. Wenn Sie seine Werte nicht entweder auf Ihre eigenen Zielsetzungen oder auf die Ihres Unternehmens anwenden können, sollten Sie ihm vielleicht helfen, eine andere Arbeitsstelle zu finden. Sonst werden schließlich massive Konflikte ausbrechen.

Wie man einen verantwortungsbewussten Mitarbeiter führt

- Dieser Mitarbeiter definiert sich selbst durch seine Fähigkeit, seine Pflicht zu erfüllen. Für ihn wird es äußerst frustrierend, mit Leuten zu arbeiten, die es nicht tun. Vermeiden Sie es so weit wie möglich, ihn in Teams mit gleichgültigen Kollegen einzusetzen.

- Er definiert sich selbst durch die Qualität seiner Arbeit. Es widerstrebt ihm, Qualität für Schnelligkeit zu opfern, daher wird er sich widersetzen, wenn Sie ihn zur Eile ermahnen.
- Bei der Beurteilung seiner Arbeit sprechen Sie zuerst über Qualität.
- Erkennen Sie an, dass er sehr selbstständig ist und wenig Aufsicht braucht, um seine Aufträge zu erfüllen.
- Übertragen Sie ihm Aufgaben, die eine einwandfreie moralische Haltung erfordern. Er wird Sie nicht enttäuschen.
- Fragen Sie ihn von Zeit zu Zeit, welche neue Verantwortung er gern übernehmen würde. Das motiviert ihn.
- Schützen Sie ihn davor, zu viele Aufgaben anzunehmen, besonders, wenn ihm ein Talent wie Disziplin fehlt. Machen Sie ihm klar, dass eine weitere Last dazu führen könnte, dass er das Handtuch wirft. So weit wird er es nicht kommen lassen.
- Wahrscheinlich beeindruckt er Sie, weil er immer viel arbeitet. Sie könnten so beeindruckt sein, dass Sie beschließen, ihn ins Management zu befördern. *Seien Sie vorsichtig.* Er könnte es sehr wohl vorziehen, eine Arbeit selbst zu tun, statt für die anderer verantwortlich zu sein, und in diesem Fall wird er das Management als frustrierend empfinden. Helfen Sie ihm angesichts dieser Situation, sich andere Ziele zu stecken.

Wie man einen Mitarbeiter führt, dem Verbundenheit wichtig ist

- Dieser Mitarbeiter wird wahrscheinlich soziale Standpunkte haben, die er engagiert verteidigt. Hören Sie genau hin, welche es sind. Ihre Akzeptanz wird die Qualität Ihres Verhältnisses beeinflussen.
- Er wird wahrscheinlich spirituell ausgerichtet sein und vielleicht einen starken Glauben haben. Ihr Wissen und zumindest Ihre Akzeptanz seiner Spiritualität wird ihn in die Lage versetzen, Ihnen zunehmend offener gegenüberzutreten.

- Ermutigen Sie diesen Mitarbeiter, Brücken zu den verschiedenen Gruppen in Ihrer Organisation zu bauen. Er denkt von Natur aus darüber nach, wie die Dinge miteinander verbunden sind, und deshalb ist er in der Lage, den verschiedenen Menschen zu zeigen, wie sie voneinander abhängen. Richtig positioniert, kann er Teams in Ihrem Unternehmen aufbauen.
- Er könnte sehr empfänglich dafür sein, über die Aufgaben Ihres Unternehmens nachzudenken und sie weiterzuentwickeln. Er genießt es, sich als Teil von etwas Größerem zu fühlen.
- Falls Ihnen ebenfalls Verbundenheit wichtig ist, tauschen Sie mit ihm Zeitungsartikel, Aufsätze und Ihre Erfahrungen aus. Sie können Ihren Fokus gegenseitig stärken.

Wie man einen Mitarbeiter mit starker Vorstellungskraft führt

- Dieser Mitarbeiter hat kreative Ideen. Positionieren Sie ihn an einer Stelle, wo seine Ideen geschätzt werden.
- Er wird besonders produktiv im Entwerfen sein, unabhängig davon, ob es sich um Verkaufsstrategien, Marketingkampagnen, Kundendienstlösungen oder neue Produkte handelt. Was auch immer sein Gebiet ist, versuchen Sie, das Beste aus seiner Fähigkeit in der Entwicklung zu machen.
- Da er durch Ideen aufblüht, versuchen Sie, ihm neue Ideen nahe zu bringen, die mit den Grundsätzen Ihres Unternehmens übereinstimmen. Er wird nicht nur begeistert von seiner Arbeit sein, sondern diese Ideen auch nutzen, um neue Einsichten und Entdeckungen für sich selbst zu machen.
- Ermutigen Sie ihn, über sinnvolle Ideen nachzudenken, die Ihren besten Kunden mitgeteilt werden können. Die Untersuchung des *Gallup Institutes* hat ergeben, dass die Loyalität der Kunden zunimmt, wenn ein Unternehmen bewusst versucht, sein Wissen weiterzugeben.
- Er genießt die Macht der Worte. Wann immer Ihnen eine Wort-

kombination begegnet, die perfekt auf ein Konzept, eine Idee oder ein Muster passt, teilen Sie sie ihm mit. Es wird sein Denken anspornen.

• Er muss wissen, dass alles zusammenpasst. Wenn Entscheidungen getroffen werden, nehmen Sie sich die Zeit, ihm zu zeigen, dass jede Entscheidung aufgrund einer Theorie oder eines Konzepts schlüssig ist.

• In den wenigen Fällen, in denen eine bestimmte Entscheidung nicht in das Gesamtkonzept passt, erklären Sie ihm, dass diese Entscheidung eine Ausnahme oder ein Experiment ist. Ohne diese Erklärung wird er sich sorgen, dass es der Organisation an Zusammenhang mangelt.

Wie man einen wettbewerbsorientierten Mitarbeiter führt

• Sprechen Sie mit diesem Mitarbeiter in der Sprache des Wettbewerbs. Zum Beispiel lebt er in einer Welt des Gewinnens und Verlierens, und so ist aus seiner Perspektive ein Erfolg ein Gewinn und ein Fehlschlag ein Verlust. Wenn Sie ihn in der Planung oder Problemlösung einsetzen müssen, gebrauchen Sie Vokabeln wie »übertreffen«.

• Messen Sie ihn an anderen Menschen, insbesondere an anderen Wettbewerbsmenschen. Vielleicht veröffentlichen Sie die Beurteilungen aller Ihrer Mitarbeiter, aber denken Sie daran, dass nur Ihre Wettbewerbsleute durch diesen öffentlichen Vergleich einen Kick bekommen werden. Andere könnten ablehnend reagieren und durch den Vergleich gekränkt sein.

• Bieten Sie ihm Möglichkeiten, in denen er sich beweisen kann. Setzen Sie ihn gegen andere Wettbewerber ein, selbst wenn Sie diese in anderen Abteilungen suchen müssen. Fähige Wettbewerber wollen gegen andere antreten, die dasselbe Niveau haben. Sie gegen mäßige Könner antreten zu lassen, wird sie nicht motivieren.

• Finden Sie Gelegenheiten, in denen er gewinnen kann. Wenn er wiederholt verliert, könnte er die Lust am Spiel verlieren. Denken

Sie daran, dass er in den für ihn wichtigen Wettkämpfen nicht aus Spaß am Spiel antritt. Er tritt an, um zu gewinnen.

- Berücksichtigen Sie, dass einer der besten Wege, ihn zu führen, darin besteht, einen anderen Wettbewerbsmenschen einzustellen, der mehr bringt.
- Sprechen Sie mit ihm über Talente. Wie alle Wettbewerbsmenschen weiß er, dass es Talent erfordert, Sieger zu sein. Sagen Sie ihm, dass er seine Talente zügeln muss, um zu gewinnen. »Gewinnen« heißt nicht, befördert zu werden. Helfen Sie ihm, dort zu gewinnen, wo seine echten Talente liegen.
- Wenn dieser Mitarbeiter verliert, könnte er eine Weile trauern. Lassen Sie ihn gewähren. Und dann geben Sie ihm schnell eine andere Möglichkeit zu gewinnen.

Wie man einen Mitarbeiter führt, der die Fähigkeit zur Wiederherstellung hat

- Bitten Sie diesen Mitarbeiter um seine Hilfe, wenn Sie ein Problem in Ihrem Unternehmen bestimmen wollen. Seine Beobachtungen sind besonders scharfsinnig.
- Lassen Sie ihn Probleme für Ihre besten Kunden lösen. Er genießt die Herausforderung, Hindernisse zu entdecken und zu beseitigen.
- Wenn eine Situation innerhalb Ihres Unternehmens sofort verbessert werden muss, wenden Sie sich an ihn. Er wird nicht in Panik geraten, sondern stattdessen konzentriert und geschäftsmäßig reagieren.
- Wenn er ein Problem löst, stellen Sie sicher, diese Leistung anzuerkennen. Für ihn muss jede falsche Situation korrigiert werden, und er wird Ihre Hinweise dafür brauchen. Zeigen Sie ihm, dass andere Menschen seine Fähigkeit schätzen, Hindernisse zu beseitigen und vorwärts zu gehen.
- Bieten Sie Ihre Unterstützung an, wenn er auf ein besonders heikles Problem trifft. Da er sich stark über seine Fähigkeit, Probleme zu lösen, definiert, könnte er es als eine persönliche Niederlage ansehen, wenn die Situation nicht gelöst wird. Helfen Sie ihm.

- Fragen Sie ihn, wie er sich verbessern möchte. Bestärken Sie ihn darin, dass diese Verbesserungen als Ziele für die nächsten sechs Monate gelten sollen. Er wird diese Art der Aufmerksamkeit schätzen.

Wie man einen wissbegierigen Mitarbeiter führt

- Geben Sie diesem Mitarbeiter Aufgaben, bei denen er auf einem sich schnell ändernden Gebiet auf dem Laufenden bleiben muss. Er wird die Herausforderung genießen, immer auf dem neuesten Stand zu sein.
- Unabhängig von seiner Aufgabe wird er eifrig neue Fakten, Fertigkeiten oder Wissen erlernen wollen. Suchen Sie für ihn neue Wege, zu lernen und motiviert zu bleiben, damit er sich nicht ein anregenderes Lernumfeld sucht. Wenn ihm zum Beispiel bei seiner Arbeit die Möglichkeit fehlt zu lernen, ermutigen Sie ihn, Kurse in der Erwachsenenbildung zu belegen. Denken Sie daran, dass er nicht unbedingt befördert werden will. Er muss einfach nur lernen. Es ist der *Prozess* des Lernens, nicht das Ergebnis, das ihn mit Energie auflädt.
- Helfen Sie ihm, seine Lernfortschritte bei Meilensteinen mit Ihnen zusammen zu feiern.
- Ermutigen Sie ihn in demselben Sinn, zum »Fachmann« oder »Experten« auf seinem Gebiet zu werden. Arrangieren Sie für ihn die entsprechenden Kurse. Zollen Sie ihm Anerkennung für seine Erfolge: mit den entsprechenden Zeugnissen und Zertifikaten.
- Lassen Sie diesen Mitarbeiter neben einem Meister arbeiten, der ihn ständig antreibt, mehr zu lernen.
- Bitten Sie ihn, interne Diskussionsgruppen oder Präsentationen durchzuführen. Es gibt keinen besseren Weg zu lernen, als andere zu lehren.
- Helfen Sie ihm, eine weitere Ausbildung zu finanzieren.

Wie man einen zukunftsorientierten Mitarbeiter führt

- Wenn Sie mit diesem Mitarbeiter Karrieregespräche oder Leistungsbesprechungen durchführen, denken Sie daran, dass er für die Zukunft lebt. Bitten Sie ihn, Ihnen seine Vision mitzuteilen – seine Vision von seiner Karriere, Ihrem Unternehmen und vom Markt im Allgemeinen.

- Geben Sie ihm Zeit, über die in der Zukunft benötigten Produkte und Dienstleistungen nachzudenken, zu schreiben und zu planen. Schaffen Sie die Möglichkeit, dass er seine Perspektive in Rundbriefen, Gesprächen oder auf Fachtagungen vermitteln kann.

- Senden Sie ihm alle Daten oder Artikel, die Sie finden und die von Interesse für ihn sein könnten. Er braucht Material für seine Zukunftsmühle.

- Setzen Sie ihn in den Planungsausschuss Ihres Unternehmens. Lassen Sie ihn seine auf Daten gegründete Vision dessen darstellen, wie die Organisation in drei Jahren aussehen könnte. Lassen Sie ihn diese Präsentation etwa alle sechs Monate durchführen. Auf diese Weise kann er sie mit neuen Daten und Einsichten untermauern.

- Spornen Sie ihn an, indem Sie oft mit ihm über seine Visionen sprechen. Stellen Sie ihm viele Fragen, und bringen Sie ihn dazu, seine Zukunft so lebendig wie möglich zu sehen.

- Wenn Ihre Mitarbeiter gefordert sind, sich auf Änderungen einzustellen, bitten Sie ihn, diese Änderungen im Hinblick auf die Zukunft des Unternehmens zu planen. Lassen Sie ihn eine Präsentation machen oder einen Artikel schreiben, um darzustellen, wie die Perspektiven sind. Er kann anderen helfen, von ihren gegenwärtigen Ungewissheiten abzusehen und sich von den Möglichkeiten, die die Zukunft bietet, begeistern zu lassen.

Kapitel 7

Der Aufbau eines Unternehmens, das auf Stärken basiert

- Der Hintergrund
- Eine Anleitung für die Praxis

Der Hintergrund
»Wer setzt die Revolution der Stärken am besten um?«

In der Einführung zu diesem Buch haben wir angemerkt, dass auf die Frage: »Haben Sie an Ihrem Arbeitsplatz die Gelegenheit, jeden Tag das zu tun, was Sie am besten können?«, nur 20 Prozent der Mitarbeiter antworteten: »Stimme entschieden zu.«. Aufgrund dieser Erkenntnis begannen wir, die Revolution der Stärken umzusetzen. Und jetzt müssen wir ein Geständnis machen. Die Daten, die besagen, dass 20 Prozent der Mitarbeiter »entschieden zustimmen« sind präzise, aber unvollständig. Um Ihnen den ganzen Hintergrund zu schildern, müssen wir stärker auf die Daten eingehen.

Einige Unternehmen haben mit der Revolution der Stärken schon begonnen. Bei 25 Prozent der untersuchten Organisationen stimmen 33 Prozent oder ein Drittel der Mitarbeiter entschieden zu, dass sie ihre Stärken jeden Tag einsetzen. Bei 10 Prozent der untersuchten Unternehmen sind es 45 Prozent der Mitarbeiter, die sagen: »Stimme entschieden zu.« Und wenn man die Daten genauer überprüft, entdeckt man noch beeindruckendere Beispiele von Arbeitsstätten, die auf Stärken basieren. Ralph Gonzalez, der im vorigen Kapitel erwähnte Manager von *Best Buy*, der 100 Mitarbeiter an der Einzelhandelsfront führt, hat die Art von Arbeitsumfeld geschaffen, in dem 50 Prozent entschieden zustimmen. In Boca Raton, Florida, hat eine andere Geschäftsstellenleiterin von *Best Buy*, Mary Garey, irgendwie eine Arbeitsstätte geschaffen, in der 70 Prozent ihrer Mitarbeiter glauben, dass sie die perfekte Besetzung für ihre Rollen, ihre Funktionen sind. Dies bedeutet, dass in Marys Filiale 70 ihrer 100 Mitarbeiter, von denen die meisten im Kundendienst, in der Warenannahme, im Versand oder im Lager arbeiten, entschieden zustimmen, dass sie bei ihrer Arbeit jeden Tag die Gelegenheit haben, ihr Bestes zu geben.

Mary und Ralph sind Ausnahmen, aber in buchstäblich jeder Organisation, in der wir diese Frage gestellt haben, haben wir ähnliche Ausnahmen gefunden. Tatsächlich ist jedoch die verblüffendste Entdeckung, die sich aus unserer Untersuchung ergeben hat, die Vielfalt der Antworten, die diese Frage hervorruft. Gleichgültig wie groß das Unternehmen, welche Branche oder welcher Standort, wir fanden ohne Unterschied einige Führungskräfte, deren Abteilungen in den oberen 5 Prozent lagen, und einige Führungskräfte, deren Abteilungen in den unteren 5 Prozent lagen. Selbst wenn alle Mitarbeiter dieselbe Arbeit verrichteten, trat diese breite Streuung dennoch auf.

Der von Managern wie Ralph und Mary gesetzte Standard ist der Rahmen für die Frage, die dieses Kapitel zu beantworten versucht: Wie kann man diesen Bereich einengen? Wie kann man eine Gesamtorganisation schaffen, die die Stärken jedes einzelnen Mitarbeiters so wirksam einsetzt, wie es ihre besten Manager tun? In Zahlen ausgedrückt, wie kann man eine Gesamtorganisation schaffen, in der mindestens 45 Prozent der Mitarbeiter entschieden zustimmen, dass sie ihre Stärken jeden Tag einsetzen, wie sie es bereits bei 10 Prozent der untersuchten Unternehmen tun?

Je eingehender man über die Frage: »Habe ich bei meiner Arbeit die Gelegenheit, jeden Tag das zu tun, was ich am besten kann?«, nachdenkt, desto komplexer wird sie. Es gibt viele Gründe, warum ein bestimmter Mitarbeiter bei einer bestimmten Aufgabe »Nein« sagen könnte. Er könnte wirklich das Gefühl haben, dass ihm das Talent für seine Arbeit fehlt. Oder er besitzt vielleicht das Talent, aber das Unternehmen hat die Aufgabe so bürokratisiert, dass er keine Chance hat, seine Talente einzusetzen. Vielleicht glaubt er, dass er die Talente und den Spielraum für ihren Einsatz hat, aber nicht die erforderlichen Fertigkeiten oder Kenntnisse. Vielleicht ist er objektiv die perfekte Besetzung, aber subjektiv hat er das Gefühl, dass er viel mehr kann. Vielleicht hat er Recht, oder vielleicht unterliegt er einer Selbsttäuschung darüber, wo seine wahren Stärken liegen. Gegebenenfalls war er die perfekte Besetzung für seine letzte Rolle, aber er wurde durch Beförderung auf eine falsche Position versetzt, weil das Unternehmen dies für eine angemessene Belohnung hielt. Möglicherweise lässt das Unternehmen durchblicken, dass es sich um eine »Durchgangsstelle« handelt, und dann wird ein Mitarbeiter mit Selbstachtung niemals sagen, dass er gut für diese Stelle geeignet ist, selbst wenn er dies genau weiß.

Auf den ersten Blick kann diese Komplexität überwältigend sein. Um alle diese Möglichkeiten anzusprechen und damit sicherzustellen, dass Ihre Mitarbeiter die Frage mit »Stimme entschieden zu« beantworten, müssten Sie viele verschiedene Aspekte des Arbeitslebens jedes einzelnen Mitarbeiters berücksichtigen. Um seine Befürchtung anzusprechen, dass ihm das Talent für die Aufgabe fehlt, müssten Sie jemanden auswählen, der ähnliche Talente wie Ihre besten Mitarbeiter für diese Aufgabe besitzt. Um das Problem der Bürokratisierung zu vermeiden, müssten Sie ihn für sein Ergebnis verantwortlich machen, aber nicht Schritt für Schritt definieren, wie er das gewünschte Ergebnis erreichen soll. Um seine Furcht zu überwinden, dass ihm die erforderlichen Fertigkeiten und Kenntnisse fehlen, müssten Sie Coaching-Programme entwerfen, die ihm helfen, seine Talente zu echten Stärken zu entwickeln. Um seine »Selbsttäuschung« anzusprechen, müssten Sie einen Weg finden, mit dem jeder Manager jedem Mitarbeiter helfen kann, seine echten Stärken zu erkennen und zu schätzen. Um das Problem der »Überbeförderung« zu vermeiden, müssten Sie ihm alternative Wege bieten, zu mehr Geld und in eine höhere Position zu kommen, ohne einfach auf der Unternehmensleiter aufzusteigen. Und schließlich müssten Sie ihm, um seine Wahrnehmung zu korrigieren, dass er sich in einer »Durchgangsstelle« befindet, die Botschaft vermitteln, dass keine Funktion nach Ihrer Definition eine Durchgangsstelle ist. Jede hervorragend ausgeführte Aufgabe muss innerhalb des Unternehmens zu Recht respektiert werden.

Einzeln aufgeführt erscheinen die Herausforderungen, die an eine Gesamtorganisation gestellt werden, die auf den kultivierten Stärken jedes einzelnen Mitarbeiters basiert, ziemlich zusammenhangslos. »Ein bisschen hier versuchen, ein bisschen dort tun.« Aber denken Sie eine Weile darüber nach, und Sie werden bald erkennen, dass alle diese Herausforderungen auf zwei Prämissen beruhen:

1. Die Talente jedes Menschen sind dauerhaft und einzigartig.
2. Der größte Spielraum für das Wachstum jedes Menschen liegt in seinen größten Stärken.

Wie Sie sehen, schließt sich hier der Kreis. Wir stellten diese Annahmen bereits als Einsichten über die menschliche Natur dar, die alle großen Manager zu teilen scheinen. Nun sagen wir Folgendes: Solange alles, was Sie tun, auf diesen beiden Kernannahmen basiert, die in der Frage »Habe ich bei meiner Arbeit die Gelegenheit, jeden Tag das zu tun, was ich am besten kann?« enthalten sind, werden Sie Herausforderungen erfolgreich annehmen. Sie werden eine Gesamtorganisation um die Stärken jedes einzelnen Mitarbeiters herum aufbauen. Warum? Lassen Sie uns diese beiden Prämissen verfolgen und sehen, wohin sie führen:

• Da die Talente jedes Menschen dauerhaft sind, *sollten Sie sehr viel Zeit und Geld dafür aufwenden, zunächst einmal die richtigen Leute auszuwählen.* Dies wird das Problem des »Ich glaube, ich habe nicht das richtige Talent für meine Aufgabe« mildern.
• Da die Talente jedes Menschen einzigartig sind, *sollten Sie sich darauf konzentrieren, Ergebnisse vorzugeben,* statt jeden Menschen in eine stilistische Form zu pressen. Dies bedeutet, dass großer Wert auf die sorgfältige Bemessung der richtigen Ergebnisse und weniger auf Vorgehensweisen, Verfahren und Kompetenzen gelegt wird. Dies spricht das Problem des »In meiner Aufgabe habe ich keinen Spielraum, meine Talente auszuspielen« an.

• Da der größte Spielraum für das Wachstum jedes Menschen in seinen größten Stärken liegt, *sollten Sie Ihre Zeit und Ihr Geld für die Ausbildung darauf verwenden, ihn in seinen Stärken zu schulen und Wege herauszufinden, auf diesen Stärken aufzubauen,* statt zu versuchen, seine »Wissenslücken« zu stopfen. Sie werden feststellen, dass bereits diese eine Verlagerung des Schwerpunkts riesige Dividenden einbringt. Auf einen Schlag werden Sie drei potenzielle Fallen für den Aufbau eines auf Stärken basierenden Unternehmens umgehen: Das Problem »Ich habe nicht die Fertigkeiten und das Wissen, das ich brauche«, das Problem »Ich weiß nicht, was ich am besten kann« und das Problem »Mein Manager weiß nicht, worin ich am besten bin«.

• Da sich Menschen am stärksten in dem weiterentwickeln können, was ihnen liegt, *sollten Sie Wege entwickeln, um jeden Mitarbeiter in seiner Karriere fördern zu können, ohne ihn zwangsläufig auf der Unternehmensleiter hinauf und aus den Gebieten seiner Stärken hinaus zu befördern.* In Ihrem Unternehmen wird »Beförderung« bedeuten, Wege zu finden, um Prestige, Respekt und finanzielle Belohnung jedermann zukommen zu lassen, der Weltklasseniveau in irgendeiner Aufgabe erreicht hat, unabhängig davon, wo seine Position in der Hierarchie angesiedelt ist. Auf diese Weise überwinden Sie die beiden verbleibenden Hindernisse für den Aufbau eines Unternehmens, das auf Stärken basiert: das Problem »Obwohl ich jetzt in der falschen Rolle tätig bin, ist es der einzige Weg, in meiner Karriere weiterzukommen« und das Problem »Ich bin in einer Durchgangsstelle, die niemand respektiert«.

Diese vier Schritte stellen einen systematischen Prozess dar, um die in Ihrem menschlichen Kapital gebundenen Werte zu maximieren. Auf den folgenden Seiten werden wir diesen Prozess untermauern. Wir bieten Ihnen eine Anleitung für die Praxis an, die Ihnen zeigt, wie Sie die beiden Kernannahmen einsetzen, um Ihre Mitarbeiter besser auszuwählen, zu beurteilen, zu entwickeln und ihre Karrieren zu lenken. Es ist überflüssig zu erwähnen, dass der einzelne Manager immer ein wichtiger Katalysator ist, die Talente jedes Einzelnen seiner Mitarbeiter in echte Stärken umzuwandeln. Folglich wird ein großer Teil der Verantwortung, nach Talent zu suchen, klare Ziele vorzugeben, sich auf die Stärken zu konzentrieren und die Karriere jedes einzelnen Mitarbeiters zu entwickeln, bei dem Manager liegen. Indem wir die erstmals in *Erfolgreiche Führung gegen alle Regeln* vorgestellten Ideen hier noch einen Schritt weiterführen, zielen wir mit dieser Praxisanleitung auf die Herausforderungen, denen größere Unternehmen gegenüberstehen, die danach streben, die Stärken jedes einzelnen Mitarbeiters zu nutzen.

Eine Anleitung für die Praxis
»Wie können Sie ein auf Stärken basierendes Unternehmen aufbauen?«

- Ein Auswahlsystem, das auf Stärken basiert
- Ein Leistungsmanagementsystem, das auf Stärken basiert
- Ein System zur Karriereförderung, das auf Stärken basiert

Ein Auswahlsystem, das auf Stärken basiert

Das perfekte Personalauswahlsystem ist eine umfassende Angelegenheit, zu der eine Vielzahl von Tätigkeiten gehört: Personalanwerbung, Vorstellungsgespräche, Beurteilungen, Ausbildung, Überwachung und so weiter, die in einem großen Unternehmen immer durchgeführt werden müssen. Um der Klarheit willen werden wir jedoch dieses System als eine einfache Reihe von fünf Schritten darstellen. Wenn Sie bei Null anfangen müssten, wäre dies die Reihenfolge, die Sie befolgen würden.

Zunächst sollte die *Basis Ihres Auswahlsystems ein Instrument zur Bestimmung des Talents* sein. Es gibt eine Anzahl solcher Instrumente, aber es muss zwei strenge Normen erfüllen: Es muss psychometrisch vernünftig sein. Das bedeutet, dass es das misst, was es vorgibt zu messen, und es muss auf objektiven Maßstäben aufgebaut sein, sodass, wenn zwei, drei oder sogar 100 Leute die Antworten einer bestimmten Person analysieren, alle zu demselben Ergebnis kommen. Dies impliziert nicht, dass alle Analysten dieselben Rückschlüsse ziehen würden, welche die geeignetste Aufgabe für diese bestimmte Person oder die beste Weise, sie zu führen, ist, aber es impliziert, dass sie alle dieselben Daten nutzen würden, um ihre individuellen Schlüsse zu ziehen.

Wenn Sie dieses objektive Instrument nicht als Ihre Grundlage etablieren, wenn Sie sich also zum Beispiel darauf verlassen, die Manager darin auszubilden, bessere Vorstellungsgespräche zu führen, oder sich auf die Beurteilungen professioneller Beobachter in einem Assessment Center verlassen oder auf irgendeine andere Methode mit inhärenten Problemen der »gegenseitigen Beeinflussung zwischen den Beurteilenden« (das bedeutet, verschiedene Beurteilende geben demselben Kandidaten verschiedene Einstufungen für seine Stärken und Schwächen), wird Ihr gesamtes Auswahlsystem von Anfang an beeinträchtigt sein. Ohne 100-prozentig zuverlässige Daten werden Sie nicht in der Lage sein, das Verhältnis zwischen dem gemessenen Talent und späterer Leistung zu ermitteln. Aus verschiedenen, undurchschaubaren mathematischen Gründen sind die Daten buchstäblich unbrauchbar, die aus einem System stammen, das durch die gegenseitige Beeinflussung zwischen den Beurteilenden beeinträchtigt wird. Zum Beispiel werden Sie niemals in der Lage sein zu entdecken, welche Talente höhere Kundenzufriedenheit, bessere Sicherheitsergebnisse oder einen niedrigeren Umsatz pro Mitarbeiter oder schnellere Genesung von Krankenhauspatienten bewirken. In allen Ihren Analysen wird der Talentfaktor fehlen. Sie werden gegenüber den Wirkungen der Talente Ihrer Mitarbeiter auf relevante Ergebnisse Ihres Unternehmens funktionell blind sein. Intuitiv werden Sie wissen, dass die Talente jedes Mitarbeiters sich in einer gewissen Weise auf Ihr Unternehmen auswirken, aber Sie werden niemals erfahren, wo oder inwiefern.

Wir schlagen natürlich nicht vor, dass Sie Ihre Führungskräfte nicht darin ausbilden sollten, bessere Vorstellungsgespräche zu führen, oder dass Assessment Center eine komplette Vergeudung von Zeit und Geld sind, aber wir sagen, dass diese Verfahren ungeeignete Grundlagen für das perfekte Auswahlsystem sind. Um eine abgedroschene Analogie zu verwenden: Vorstellungsgespräche durch Manager, Assessment Center und Ähnliches sind analoge Verfahren, die mit allen Begleiterscheinungen der Ineffizienz behaftet sind wie mangelnde Genauigkeit, Vergleichbarkeit und fehlende Konsistenz. Demgegenüber ist ein digitales Verfahren ein objektives Instrument zum Talentmessen. Richtig eingesetzt dient es als gleichbleibendes Betriebssystem, auf dem Ihre gesamte andere »Software«, Ihre Geschäftsanalysen, Ihre Einstellungsstrategien und Ihre Personalplanung, laufen kann.

Der zweite Schritt beim Aufbau Ihres Auswahlsystems besteht darin, *Ihr Instrument anhand der Analyse Ihrer besten Fachkräfte in jeder Schlüsselposition zu eichen.* Dies kann mit einer einfachen Zielgruppe beginnen, der Sie eine Reihe von offenen Fragen stellen, um ein Gefühl für die Aufgabe zu bekommen, aber bei weitem die härteste Methode ist die Durchführung einer umfangreichen parallelen Validitätsstudie. So kompliziert das auch klingt, die Ausführung einer parallelen Validitätsstudie ist im Prinzip ganz einfach: Sie wenden das Talentinstrument auf jeden Mitarbeiter in der fraglichen Funktion an, sammeln die Leistungsdaten dieser Mitarbeiter und verwenden diese Ergebnisse, um eine Studiengruppe von 50 oder mehr Mitarbeitern zu identifizieren (die Leistungsfähigsten für eine Aufgabe) und eine Vergleichsgruppe gleicher Größe (die Leistungsschwächsten). Wenn Ihrem Unternehmen objektive Leistungsergebnisse fehlen, werden Sie die volkstümliche Definition Ihrer Leistungsfähigsten verwenden müssen, nämlich: »Wer sind die, von denen Sie noch mehr einstellen möchten?« Dann eichen Sie Ihr Instrument, indem Sie die in der Studiengruppe vorherrschenden Antworten und Talente identifizieren, die in der Vergleichsgruppe fehlen. Dieser letzte Schritt erfordert jemanden mit statistischer Sachkunde, aber das Ergebnis ist ein für die Funktion angemessenes Instrument und das Verständnis für einige Talente, die für die hervorragende Leistung in der Funktion wichtig sind.

Der dritte Schritt besteht darin, *eine Sprache im ganzen Unternehmen zu etablieren, die sich an den Talenten orientiert.* Dies ist aus einer Reihe von Gründen relevant, aber das Wichtigste ist, dass Sie wollen, dass Ihre Führungskräfte die endgültige Einstellungsentscheidung treffen, und ein umfassendes Verständnis der Talentsprache wird Ihnen helfen, bessere Entscheidungen zu treffen. Viele Organisationen zentralisieren die meisten Einstellungsaktivitäten, so wie es sein sollte. Menschliche Wesen sind aufreizend kompliziert, und daher ist es sinnvoll, eine Abteilung, gewöhnlich eine Personalabteilung, zu schaffen, die sachkundig mit dieser Komplexität umgeht. Ebenso wie Sie von Ihrer IT-Abteilung erwarten, dass sie Einfluss auf die Hightech-Betriebsmittel Ihrer Manager nimmt, sollten Sie erwarten, dass Ihre Personalabteilung auf die von den Managern zu treffenden Personalentscheidungen Einfluss nimmt. Dieser Vergleich ist jedoch vollkommen unangebracht. Mitarbeiter sind keine Computer. Sie werden nicht mit einer Gebrauchsanleitung und Ein-/Aus-Schaltern geliefert. Um ihre volle Leistungsfähigkeit und ihr Potenzial zu erreichen, brauchen Ihre Mitarbeiter eine Führungskraft, der sie vertrauen, die das Beste von ihnen erwartet, und die sich die Zeit nimmt, sich mit ihren Eigenheiten zu befassen. Kurz gesagt, sie brauchen eine Beziehung. Und diese Beziehung beginnt bei der Einstellung – oder sie wird bei der Einstellung abgewürgt.

Also lehren Sie Ihre Führungsetage eine Sprache, die auf Talent basiert. Geben Sie ihnen qualifizierte Bewerber, die Sie mittels Ihres geeichten Instrumentes ausgewählt haben. Dann zeigen Sie ihnen die dominierenden Talente jedes Bewerbers auf und ermutigen sie, diese Talente zu nutzen, um eine so fundierte Entscheidung wie möglich zu treffen. Ja, sie werden gelegentlich Fehler beim Einstellen machen, aber diese Fehler sind im größeren Rahmen weniger bedeutend. Ein auf Stärken basierendes Unternehmen aufzubauen erfordert, dass Ihre Manager ein persönliches Interesse am Erfolg ihrer Mitarbeiter haben, und sie werden dieses kaum bekommen, wenn Sie ihnen ständig von der Zentrale aus Mitarbeiter aufzwingen.

Ein weiterer Grund, die Talentsprache im gesamten Unternehmen zu lehren, ist, dass Sie sie dann bei der Stellenausschreibung nutzen können. Wenn Sie einmal die Stellenangebote in Ihrer Zeitung genau durchsehen, ist das Erste, was Ihnen auffallen wird, die Belanglosigkeit des Talents. Die meisten Stellenanzeigen behaupten marktschreierisch den Bedarf an gewissen Fertigkeiten, Wissen und Jahren der Erfahrung, bleiben aber im Hinblick auf Talente stumm. Es ist ironisch, dass sie genau die Eigenschaften aufführen, die sie in einer Person verändern können, während sie die unveränderbaren ignorieren.

Ein auf Stärken basierendes Unternehmen sollte diesen Fehler nicht machen. Nachdem die für die Aufgabe dominierenden Talente identifiziert sind, sollten Sie Stellenanzeigen schreiben, die den Bewerber herausfordern, diese Talente für sich zu beanspruchen. Sagen wir zum Beispiel, dass Sie in Ihrer zeitlich parallelen Validitätsstudie entdeckten, dass die dominierenden Talente für einen Programmierer analytisch (ein geordneter, zahlenorientierter Geist), Disziplin (ein Verlangen nach Struktur), Arrangeur (die Fähigkeit, die Anforderungen einer sich verändernden Umgebung zu koordinieren) und Wissbegierde (die Liebe zu dem Prozess, etwas zu lernen) sind. Ihre Stellenanzeige könnte dann die folgenden Fragen als Hauptteil enthalten:

- Gehen Sie bei der Problemlösung logisch und systematisch vor? (analytisch)
- Sind Sie ein Perfektionist, der die pünktliche Fertigstellung seiner Projekte anstrebt? (Disziplin)
- Können Sie die Dringlichkeit mehrerer Anfragen nach Prioritäten ordnen und dann die Verantwortung für die Einhaltung der Termine übernehmen? (Arrangeur)
- Wollen Sie lernen, wie Sie mit SQL, Java und Perl arbeiten und Webseiten von Weltklasseniveau aufbauen? (Wissbegier)
- Wenn Sie diese Fragen mit Ja beantworten können, dann rufen Sie bitte ... an.

Sie mögen noch immer gewisse Fertigkeiten und Erfahrungen fordern, aber mit diesen vier fett gedruckten Fragen im Mittelpunkt des Layouts werden Sie die Aufmerksamkeit auf sich lenken und den Leser herausfordern, diese Eigenschaften für sich zu beanspruchen. Natürlich werden sich auch einige (aber nicht sehr viele) Leser bewerben, die sie nicht haben, und deshalb werden Sie wenige qualifizierte Bewerber haben, das perfekte Ergebnis einer aussagekräftigen Stellenanzeige.

Der vierte Schritt beim Aufbau Ihres Auswahlsystems ist es, ein Talent-Profil Ihres gesamten Unternehmens aufzustellen, ein Talent-Inventar, wenn Sie so wollen. Dieses Inventar dient zwei bestimmten Funktionen: Zunächst gibt es Ihnen eine Momentaufnahme des Charakters Ihres Unternehmens. In einer Hinsicht ist dies ein Wert, den man kennen sollte. Vielleicht ist Ihr Leitmotiv eine Wettbewerbskultur ohne Serviceorientierung (stark in Wettbewerbsorientierung, schwach in der Überzeugung), oder Ihr Motiv ist eine serviceorientierte Unternehmenskultur, der es an Offenheit gegenüber neuen Wegen mangelt (stark in Überzeugung, schwach in Vorstellungskraft und Strategie).

Aber auf einer anderen Ebene hat diese Momentaufnahme des gesamten Unternehmens einen klaren praktischen Wert, da sie Ihnen erlauben wird, Ihre Personalstrategie an Ihrer Geschäftsstrategie auszurichten. Lassen Sie uns zum Beispiel sagen, dass Ihr Unternehmen, eine Bank, erkannt hat, dass sich die Mitarbeiter in Ihren Filialen verkaufsorientierter verhalten müssen, wenn Sie Ihre Geschäftsstrategie, die auf Gegenseitigkeit beruht, zum Erfolg führen wollen. In der Vergangenheit hätten Sie Ihre Mitarbeiter in den Zweigstellen zu Verkäufern umschulen müssen, mit den üblichen katastrophalen Ergebnissen: Viele Berater sind stolz auf ihre Kundenbeziehungen, sehen aber das Verkaufen als Teufelswerk an.

Jetzt können Sie eine ausgefeiltere Methode anwenden. Sie können Ihr gesamtes Schalterpersonal betrachten, und jene Mitarbeiter identifizieren, die Talente haben, die auf eine eher verkaufsorientierte Mentalität hinweisen, Talente wie Tatkraft, Autorität und Kontaktfreudigkeit. Sie können dann diese Mitarbeiter in den Fertigkeiten und dem Wissen unterweisen, das für Verkäufer erforderlich ist, und Ihre Teams in den Zweigstellen so umbilden, dass diese umgeschulten Berater die Verkaufsgespräche mit den Kunden führen, während die anderen Mitarbeiter weiterhin das tun, was sie am besten können – ausgezeichneten Kundenservice bieten.

Dieses Beispiel geht davon aus, dass Sie mit den vorhandenen Mitteln auskommen müssen. Dies ist manchmal der Fall, aber oft hat ein Unternehmen den Spielraum, die gesamten vorhandenen Talente zu nutzen, um weitere Mittel einzusetzen. Lassen Sie uns zum Beispiel annehmen, dass Ihr gesamter Bestand an Talent zeigt, dass alle Ihre Manager starke Talente wie Leistungsorientierung, Gleichbehandlung und Fokus haben. (Nebenbei bemerkt, das gibt es recht häufig. Eine in diesen drei Talenten starke Person ist selbstmotiviert, gibt klare Ziele vor und tritt die Gefühle seiner Umgebung nicht mit den Füßen. Und dies sind genau die Eigenschaften, wegen derer man eine Person in das Management befördert.) Lassen Sie uns jedoch annehmen, dass dieser Kader schwache Ausprägungen anderer Talente wie Einzelwahrnehmung, Höchstleistung und Bindungsfähigkeit hat. Angesichts der dauerhaften Art des Talents wird diesem Managementkader keine Umschulung der Welt helfen, im Aufbau von Beziehungen zu ihren Mitarbeitern zu glänzen, ihre Stärken kennen zu lernen und sie für den Erfolg zu stärken. Angesichts solcher Probleme wird Ihr Unternehmen immer darum zu kämpfen haben, talentierte Mitarbeiter zu halten und zu fördern.

Diese Entdeckung muss Sie nicht deprimieren. Sie können jetzt die Millionen einsparen, mit denen Sie diese Manager umschulen würden und sie in die Auswahl eines neuen Managements investieren, das diese Talente besitzt. Damit schlagen wir nicht vor, dass Sie Ihr gesamtes Management ablösen; das ist weder möglich noch wünschenswert. Sie sollten aber, wenn Sie eine neue Kraft ins Management eingliedern, ihr Profil genau untersuchen, um zu sehen, ob diese Person nicht vielleicht stark in den Talenten ist, in denen die Mehrheit schwach ist. Allmählich, aber gezielt werden Sie den Charakter Ihres Unternehmens ändern, einen Charakterzug nach dem anderen.

Die andere Funktion, die dieses Talent-Inventar unterstützt, ist, die Karriere jedes Mitarbeiters für eine geraume Zeit nach seiner Einstellung zu lenken. Wie Sie wissen, ist ein Unternehmen eine flüchtige Gemeinschaft, bei der Mitarbeiter durch das Unternehmenswachstum verschiedene Rollen übernehmen und wieder aufgeben. Damit eine Firma vital und stark bleibt, sollte sie die Talente jedes Mitarbeiters berücksichtigen, wenn über die geeigneten Schritte für ihn entschieden wird. Dies geschieht nur selten. Die meisten Organisationen verfolgen die Fertigkeiten, das Wissen und die Berufserfahrung ihrer Mitarbeiter, lassen aber ihre Talente außer Acht. Selbst wenn einige Informationen über die Talente bei der Einstellung gesammelt werden, gehen sie bald danach verloren und werden nie wieder berücksichtigt. Ihr Auswahlsystem muss diesen grundlegenden Fehler vermeiden. Verwenden Sie ein Talent-Inventar, um das Talentprofil jedes einzelnen Mitarbeiters aufzunehmen und weiterzuverfolgen. Richten Sie ein System, entweder Intranet, Internet oder auf dem Papier ein, sodass die verantwortlichen Personen das Talent-Profil eines Mitarbeiters zu Rate ziehen können, wenn sie ihn für Beförderungen vorsehen. Dieses Profil, das keineswegs die Karriereentscheidungen für diese Person begrenzt, sollte Sie ermutigen, sie auch für drastische Aufstiege vorzusehen, selbst wenn sie nicht die erforderlichen Fertigkeiten, das Wissen oder die Berufserfahrung hat. Wie in Kapitel 5 erwähnt, bringt der Mitarbeiter bei jedem Karriereschritt seine Talente mit. Den Rest können Sie ihm immer beibringen.

Der letzte Schritt beim Aufbau eines auf Stärken basierenden Auswahlsystems ist es, *die Relationen zwischen dem ermittelten Talent und der späteren Leistung genau zu betrachten.* Viele Personalabteilungen haben einen Minderwertigkeitskomplex. Mit den besten Absichten tun sie alles, was sie können, um die Wichtigkeit der Mitarbeiter herauszustellen, aber wenn sie am Vorstandstisch sitzen, argwöhnen sie, dass sie nicht genauso beachtet werden, wie Finanzen, Marketing oder Betrieb. In vielen Fällen haben sie Recht, aber unglücklicherweise verdienen sie es in vielen Fällen nicht. Warum wird die Personalabteilung missachtet? Weil sie keinerlei Daten hat. Die meisten Unternehmer wissen, dass die Qualität ihrer Mitarbeiter irgendwie ihre Geschäftsergebnisse beeinflusst, aber sie erwarten zu Recht viel detailliertere Erklärungen. Es folgen einige wenige Beispiele der Art Fragen, auf die ein tatkräftiger Unternehmer Antworten erwarten sollte:

* Wie gut sind unsere Einstellungsmaßnahmen? Wo finden wir die talentiertesten Bewerber: Universitäten, Wettbewerb, Streitkräfte, Lokalzeitung, Internet? Wie finden wir das heraus?
* Welcher Typ Mensch ist Senkrechtstarter, äußerst produktiv von der Pike auf, aber dafür anfällig zu verblassen und das Unternehmen zu verlassen? Wie finden wir das heraus?

- Heben wir das Talentniveau unserer Führungskräfte bei jedem beförderten Mitarbeiter? Wie finden wir das heraus?
- Welcher Typ Mensch hat das Talent, zukünftige Führungskraft zu sein? Auf wie viele Bewerber trifft das zu? Stellen wir absichtlich mehr von ihnen ein? Wie finden wir das heraus?
- Investieren wir unser Ausbildungsbudget in unsere talentiertesten Mitarbeiter? Wie finden wir das heraus?
- Welcher Typ Mensch bekommt gute Beurteilungen von unseren Managern, aber schlechte von unseren Kunden? Wie finden wir das heraus?

Angesichts des Fehlens objektiv gemessener Talentdaten wird selbst der erfahrenste Personalleiter um Antworten verlegen sein. Aber mit Daten gewappnet kann er den Zusammenhang zwischen gemessenem Talent und späterer Leistung detailliert beschreiben. Lassen Sie uns als Beispiel die letzte dieser Fragen aufgreifen: Welcher Typ Mensch wird positiv von unseren Managern, aber negativ von unseren Kunden beurteilt?

Bei der Zusammenarbeit mit einem großen Telekommunikationsunternehmen erhielt *Gallup* Einsicht in die Unterlagen von über 5 000 Mitarbeitern, die Kundenkontakte hatten: in die Beurteilungen durch die Führungskräfte, in ihre individuellen Talent-Profile und in ihre Leistungsbeurteilungen durch Kunden. Für jeden Mitarbeiter wurden pro Monat 15 Kunden angesprochen und gebeten, die Qualität des Service zu beurteilen. Die Studie lief über zehn Monate mit insgesamt 150 Kundenbeurteilungen für jeden Mitarbeiter. Wir warfen all diese Daten in einen Topf und versuchten, die Zusammenhänge aufzuschlüsseln.

Wir entdeckten Folgendes zuerst: Die Mitarbeiter, die in den Talenten Verantwortungsgefühl und Harmoniestreben stark waren, erhielten von ihren Managern die höchsten Beurteilungen, was nachvollziehbar erscheint. Wenn ein Mitarbeiter beständig pünktlich zur Arbeit erscheint und niemals Wirbel macht, wird er wahrscheinlich bei seinem Chef beliebt sein. Angesichts dieser Entdeckung könnte die Personalleiterin versucht sein, zu ihrem Geschäftsführer zu sagen:

»Wenn wir unsere Beurteilungen durch Manager verbessern wollen, sollten wir mehr Leute mit Verantwortungsgefühl und Harmoniestreben einstellen.« Unglücklicherweise würde dieser Ratschlag, wenn er befolgt würde, das Unternehmen in die falsche Richtung lenken, weil unsere zweite Entdeckung war, dass es keine Beziehung zwischen den Managerbeurteilungen und den Kundenbewertungen gab. In Zahlen ausgedrückt war die statistische Korrelation zwischen diesen beiden Datenmengen gleich Null. Welches Verhalten die Manager auch immer beurteilten, es war für die Kunden irrelevant. Die Manager hätten genauso gut die Schuhgröße der Mitarbeiter bewerten können.

Es war die dritte und wichtigste Entdeckung, die zur richtigen Vorgehensweise führte. Wir fanden heraus, dass die Talente, die den besten Kundenbeurteilungen entsprachen, nicht Verantwortungsgefühl und Harmoniestreben waren, sondern Leistungsorientierung, Enthusiasmus, Wissbegierde, Autorität und Wiederherstellung. Diese Mitarbeiter waren selbstmotiviert, energisch und optimistisch, lernfreudig und bestimmt genug, um sich des Problems jedes Kunden anzunehmen und es zu lösen, und auch bestimmt genug, um ihrem Vorgesetzten zu widersprechen, wenn sie nicht seiner Meinung waren, was ihnen wahrscheinlich schlechtere Beurteilungen einbrachte. Mit dieser Entdeckung könnte das Unternehmen zwei Dinge erreichen: Es könnte seine Stellenausschreibungen und die Personalauswahl an diesen fünf kritischen Talenten ausrichten, und es könnte seinen komplizierten Beurteilungsprozess durch Manager über Bord werfen und durch die objektivere Leistungsmessung ersetzen: die Kundenbeurteilung.

Die besten Personalabteilungen müssen die Sprache des Geschäfts lernen. Sie müssen in der Lage sein, die subtilen, aber bedeutsamen Auswirkungen der menschlichen Natur auf die Geschäftsergebnisse mathematisch zu erklären. Nur dann werden sie sich als genauso wertvoll erweisen wie die anderen Abteilungen und den Respekt bekommen, den sie eigentlich verdienen.

Ein Leistungsmanagementsystem, das auf Stärken basiert

Wenn Sie die stärksten Talente jedes Mitarbeiters entdeckt haben, muss das offensichtliche Ziel sein, diese Talente zu fokussieren und in messbare Leistung umzusetzen. Höchstwahrscheinlich werden alle Unternehmen dieser Aussage zustimmen. Noch überraschender ist, dass die meisten Unternehmen auch den drei Kerngebieten der Leistung, auf die es sich lohnt zu konzentrieren, zustimmen würden.

1. Die Auswirkung des Mitarbeiters auf das Geschäft, wie Umsatzzahlen für einen Verkäufer, Anzahl von Fehlern pro Million für eine Fertigungsgruppe, Ladendiebstahlanteil für einen Verkaufsstellenleiter oder Gewinnzuwachs für einen Restaurantmanager.

2. Die Auswirkung des Mitarbeiters auf den Kunden, entweder intern oder extern. Unternehmen haben verschiedene Wege, dies zu ermitteln: Testkäufer, Kundenumfragen, interne Umfragen, die Überwachung von Kundentelefongesprächen und so weiter, aber der Fokus ist derselbe: die Qualität des Service, der dem Kunden zuteil wird.

3. Und schließlich die Auswirkungen des Mitarbeiters auf seine Kollegen. Wiederum wenden Unternehmen verschiedene Methoden an, um dies zu ermitteln: umfassende Umfragen, bei denen das Verhalten jedes Mitarbeiters auf unterschiedliche Art gemessen wird, Mitarbeiterumfragen, qualitative Managerbeurteilungen. Aber welches System auch gewählt wird, die Kernfrage ist es, jeden Mitarbeiter für seinen Einfluss auf die Unternehmenskultur verantwortlich zu machen.

Die Zustimmung schwindet jedoch, wenn es darum geht, welche Maßnahmen ein Unternehmen ergreifen sollte, um die Leistung eines Mitarbeiters auf diesen Gebieten zu verbessern. Konzeptionell gesprochen, kann die Welt dessen, was oft »Leistungsmanagement« genannt wird, in zwei verschiedene Lager aufgeteilt werden: Beide Lager glauben gemeinsam an die fundamentale Bedeutung und das Potenzial ihrer Mitarbeiter, aber nur eines von ihnen wird die Art von Umfeld schaffen, in dem dieses Potenzial realisiert wird. Nur eines von ihnen wird zu einer Arbeitsstätte führen, die auf den Stärken jedes Mitarbeiters aufgebaut ist. Unglücklicherweise ist heute dieses auf Stärken basierende Lager noch in der Minderheit.

Das größere Lager des Establishments besteht aus jenen Unternehmen, die den *Prozess* der Leistung reglementieren. Wenn Leistung eine Reise von dem Einzelnen zu den Ergebnissen ist, entscheiden sich diese Unternehmen dafür, sich auf die Schritte dieser Reise zu konzentrieren. Sie wenden ihre Kreativität auf die Herausforderung an, die Reise im Detail zu definieren. Nachdem sie sie definiert haben, versuchen sie, jeden Mitarbeiter zu lehren, denselben Pfad zu beschreiten. Diese Unternehmen der »Schritt-für-Schritt-Methode« haben viele Merkmale gemeinsam, sie machen dem Mitarbeiter zu viele Vorschriften und bauen übermäßig auf das Prozess-Reengineering, aber am deutlichsten erkennt man sie wahrscheinlich an ihrer derzeitigen Faszination von Managerkompetenzen. Um den Einfluss jeder Führungskraft auf die Kultur zu verbessern, stellen diese Unternehmen eine Liste von wünschenswerten Verhaltensweisen oder »Kompetenzen« auf, zum Beispiel »setzt seinen Humor angemessen ein«, »akzeptiert Änderungen« oder »denkt strategisch« und wenden dann sehr viel Zeit und Geld dafür auf, jeden Manager zu lehren, diese Kompetenzen zu erwerben. Weil die Ausbildung im Stil im Mittelpunkt steht und das Messen echter Leistung in dieser Art von Unternehmen vernachlässigt wird, ist die wichtigste Frage: »Wir investieren so viel in diese Kompetenzen, wie können wir messen, ob unsere Leute tatsächlich besser werden?«

Für das zweite, auf Stärken aufbauende Lager ist diese Frage irrelevant. Diese Art von Unternehmen konzentriert sich nicht auf die Schritte der Reise, sondern auf ihr Ziel, nämlich auf den richtigen Weg, die Ergebnisse jedes Mitarbeiters auf drei Schlüsselgebieten zu messen. Die Coaching-Maßnahmen dieses Unternehmens sind deshalb so gestaltet, dass sie den Leuten helfen, ihre eigenen Pfade zu dem beschriebenen Ziel zu finden. Diese Unternehmen kämpfen nicht darum, die Effektivität des Coachings zu messen. Sie *beginnen* mit der Definition der Maßstäbe für die richtigen Ergebnisse und bauen dann das Coaching auf, um diese Maßstäbe zu erreichen. Wenn die gemessenen Werte steigen, bewährt sich die Ausbildung. Wenn nicht, tut sie es nicht.

Das Lager des »Schritt-für-Schritt« wird zwar auch einige Leistungsergebnisse messen, insbesondere auf dem Gebiet der Geschäftsergebnisse, und in ähnlicher Weise wird das auf Stärken aufbauende Lager einige Prozesse definieren und lehren. Jeder Modedesigner muss wissen, wie man Stoff zuschneidet, jeder Kreditsachbearbeiter muss lernen, wie er die Kunden seiner Bank einstuft. Dessen ungeachtet ist die Unterscheidung zwischen den beiden Lagern real. »Schritt-für-Schritt«-Unternehmen sind so gestaltet, dass sie die Individualität jedes einzelnen Mitarbeiters bekämpfen. Auf Stärken basierende Unternehmen nutzen sie.

Was also kann Ihr Unternehmen tun, um zu denjenigen zu gehören, die ihre Kompetenz auf den Stärken ihrer Mitarbeiter aufbauen? Wir schlagen vier Schritte vor.

Der erste Schritt ist, *den Modus zu bestimmen, die gewünschte Leistung, das Ziel der Reise, wenn Sie so wollen, zu messen.* Bei Geschäftsergebnissen ist dies recht einfach. Mit einer simplen Frage wie:»Wofür werden die Mitarbeiter in dieser Funktion bezahlt?« können Sie das richtige Messsystem für die jeweilige Aufgabe finden. Selbst hier besteht jedoch noch ein bestimmter Spielraum für Kreativität. Die Spezialisten für technischen Support im Kundendienstzentrum der *Cox Communications* am Stadtrand von San Diego, Kalifornien, werden nicht nur nach offensichtlichen Messgrößen wie Gesprächszeit (durchschnittliche Länge des Telefonanrufs) und Verbindungszeit (durchschnittlicher Anteil von Kundengesprächen pro Arbeitstag), sondern auch nach einer etwas exotischeren Messgröße, den »Servicefahrten«, gemessen. Eine Servicefahrt ist gegeben, wenn der Support-Spezialist nicht in der Lage ist, das Problem des Kunden telefonisch zu lösen und einen Servicewagen schicken muss. Da dies von den Kunden nicht gerne gesehen wird, werden die Support-Spezialisten angeregt, so wenig Servicewagen wie möglich zu entsenden.

Wenn Sie diese Messgrößen für Geschäftsergebnisse für jede Schlüsselaufgabe ausarbeiten, lassen Sie sich nicht von Mitarbeitern mit Behauptungen wie:»Sie können meine Aufgabe nicht messen. Sie ist zu flüchtig, dynamisch und subjektiv.« beeinflussen. Sie mögen Recht haben, das könnte für ihre Aufgabe zutreffen, aber in der heutigen schnelllebigen Geschäftswelt kann das von jeder Aufgabe gesagt werden. Einige Aufgaben mögen stärker von Änderungen betroffen sein als andere, aber Tatsache ist, dass alle Aufgaben, gleichgültig wie dynamisch sie sind, gewisse Ergebnisse bringen müssen. Sie sollten in der Lage sein, wenigstens einige, wenn nicht die meisten dieser Ergebnisse zu zählen, zu beurteilen oder einzustufen. Mit etwas Überlegung und Kreativität werden Sie herausfinden, dass es in der Tat»Servicefahrten« für jede Aufgabe gibt.

Es ist etwas schwieriger, den Einfluss eines Mitarbeiters auf den Kunden zu messen. Die Kunden der Support-Spezialisten von *Cox Communications* erwarten naturgemäß einen Service, der sich von dem eines Bankangestellten sehr unterscheidet. Ähnlich haben die externen Kunden einer Abteilung ganz andere Anforderungen als ihre Kollegen im Innendienst. Angesichts dieser Vielfalt entwerfen viele Unternehmen aufgabenspezifische Fragebögen, um jede einzelne Wechselwirkung zwischen Kunden und Mitarbeitern zu analysieren. Leider machen diese langwierigen Fragebögen die Sache zu kompliziert. Sie können sich gelegentlich als wirksam erweisen, um die Situation zu analysieren:»Was genau geht vor, wenn unsere Mitarbeiter mit unseren Kunden verhandeln?«, aber wegen ihrer übermäßigen Komplexität sind sie als Bewertungsmaßstab buchstäblich nutzlos.

Es ist effektiver, die emotionalen Ergebnisse, die Sie sowohl bei Kunden als auch bei Ihren Mitarbeitern wecken wollen, zu messen. Sie können dann jeden Mitarbeiter dafür verantwortlich machen, dass er die Gefühle durch seine eigenen Stärken hervorruft. Die Untersuchung von *Gallup* über Kundentreue stellt folgende exemplarische Fragen als einfache und genaue Messgröße, um die Wirkung des Mitarbeiters sowohl auf den externen Kunden wie auf seine Kollegen zu bestimmen:

1. Wie weit entsprach der Ihnen gebotene Service Ihren Erwartungen insgesamt? War er besser/schlechter als erwartet?

2. Mit welcher Wahrscheinlichkeit werden Sie dieses Produkt oder diese Dienstleistung anderen empfehlen? Sehr wahrscheinlich/sehr unwahrscheinlich?

3. Mit welcher Wahrscheinlichkeit werden Sie dieses Produkt oder diese Dienstleistung weiterhin nutzen wollen? Sehr wahrscheinlich/sehr unwahrscheinlich?

Mit der heutigen Technologie ist es relativ einfach, einen bestimmten Mitarbeiter zu einem bestimmten Kunden in Beziehung zu setzen. Indem Sie diese drei Fragen Ihren Kunden stellen, können Sie den potenziellen systematischen Fehler oder, wie wir vorher gesehen haben, die mögliche Irrelevanz der Managerbeurteilungen ausschließen und stattdessen eine Evaluation der tatsächlichen Wirkung jedes Mitarbeiters auf den Kunden erhalten.

Das Messen seiner Wirkung auf seine Kollegen kann sich als gleichermaßen anspruchsvoll erweisen. Das Verhältnis zwischen Führungskraft und Mitarbeitern sowie zwischen jedem Mitarbeiter und seinen Kollegen weist so viele Facetten auf, dass Sie kaum die Unternehmen kritisieren können, die versuchen, dieses Verhältnis mit vorbestimmten Kompetenzen zu reglementieren. Wir weisen noch einmal darauf hin, dass es eine wirksamere Methode ist, die *Ergebnisse* einer Produktion zu messen und dann jeden Manager dafür verantwortlich zu machen, dass er diese Ergebnisse mit den Mitteln erreicht, die er für am besten hält. Die folgenden zwölf Fragen definieren die Ergebnisse einer produktiven Unternehmenskultur. Wir empfehlen Ihnen, den Mitarbeitern jedes Managers diese zwölf Fragen zu stellen und dabei eine 5-wertige Skala (5 für »stimme völlig zu«, 1 für »stimme nicht zu«) anzuwenden.

1. Weiß ich, was von mir an meinem Arbeitsplatz erwartet wird?
2. Habe ich das Material und die technische Ausstattung, die ich brauche, um meine Aufgaben richtig zu erledigen?
3. Habe ich bei der Arbeit die Möglichkeit, jeden Tag das zu tun, was ich am besten kann?
4. Habe ich in den letzten sieben Tagen Anerkennung oder Lob für gute Arbeit erhalten?

5. Kümmert sich mein Abteilungsleiter oder sonst jemand am Arbeitsplatz um mich als Person?

6. Gibt es jemanden, der meine berufliche Entwicklung fördert?

7. Scheint meine Meinung wichtig zu sein?

8. Gibt mir die Zielsetzung meines Unternehmens das Gefühl, dass meine Arbeit wichtig ist?

9. Sind meine Kollegen motiviert, Qualitätsarbeit zu leisten?

10. Habe ich einen besten Freund in dem Unternehmen?

11. Habe ich in den letzten sechs Monaten mit jemandem über meinen persönlichen Fortschritt gesprochen?

12. Habe ich in diesem letzten Jahr Möglichkeiten gehabt, zu lernen und mich weiterzuentwickeln?

Wenn Sie *Erfolgreiche Führung gegen alle Regeln* gelesen haben, werden Sie wissen, dass diese Fragen aus einer Liste von Hunderten von Fragen genau deshalb ausgewählt wurden, weil sie, wenn sie genau diesen Wortlaut hatten (vollständig mit Einschränkungen wie »jeden Tag« und »in den letzten sieben Tagen« und »bester Freund«), den Umsatz pro Mitarbeiter, die Produktivität, die Rentabilität und die Kundentreue vorhersagten. Zweimal im Jahr gestellt, bieten sie das zuverlässigste und das wichtigste Maß für die Wirkung einer Führungskraft auf ihre Mitarbeiter. Und dennoch zwingen sie nicht jeden Manager, auf dieselbe Weise zu führen. Nehmen wir die erste Frage »Weiß ich, was von mir in der Arbeit erwartet wird?« als Beispiel, so sollte ein Unternehmen sich nicht darum kümmern, dass ein Manager Zielvorgaben macht, indem er mit jedem Mitarbeiter ein Einzelgespräch führt, während ein anderer es vorzieht, einmal in der Woche Teambesprechungen abzuhalten, solange die Mitarbeiter wissen, was von ihnen erwartet wird. Wiederum wird das gewünschte Ziel reglementiert, nicht der Weg dorthin.

Und wie steht es mit der Wirkung jedes Mitarbeiters auf seine Kollegen? Die oben gestellten zwölf Fragen decken dies nicht ab, weil sie auf das Verhältnis Manager/Mitarbeiter zugeschnitten sind, nicht auf das Verhältnis der Mitarbeiter untereinander. Deshalb stellen Sie die folgenden vier Fragen, die ebenfalls in der Untersuchung hoch produktiver Unternehmen gestellt wurden:

Erledigt dieser Mitarbeiter seine Arbeit

1. pünktlich?
2. genau?
3. auf eine positive, hilfreiche Weise?
4. in einer Weise, die Ihnen das Gefühl gibt, dass Ihre Meinung wichtig ist?

Mit dem Intranet Ihrer Organisation können Sie diese kurze Umfrage zweimal durchführen, indem Sie jeden Mitarbeiter bitten, die Personen zu nennen, mit denen er in den letzten sechs Monaten nennenswerte Kontakte hatte, und Sie können ihn seine Beurteilungen dieser Mitarbeiter anonym auf einer Skala von 1 bis 5 wiedergeben lassen.

Gewappnet mit diesen drei Ergebnisgrößen (Geschäftsergebnisse, Wirkung auf den Kunden und Wirkung auf die Unternehmenskultur) bleiben Ihnen jetzt die drei Schritte zum Aufbau eines Leistungsmanagementsystems, das auf Stärken basiert.

Der zweite Schritt besteht darin, *eine Bewertungskarte (Scorecard) für jeden Mitarbeiter anzulegen*. In letzter Zeit ist viel über die Notwendigkeit für große Unternehmen geschrieben worden, Balanced Scorecards zu verwenden, um ihre Gesamtleistung zu messen. In ihrem Buch *The Balanced Scorecard* weisen Robert Kaplan und David Norton darauf hin, dass man die wahre Stärke einer Organisation nur beurteilen kann, indem man viele verschiedene Aspekte der Leistung der Organisation misst. Klassische Leistungsmessgrößen wie Gewinnzuwachs und Ertragszuwachs sind verzögerte Messgrößen: »grobe Annäherungswerte der jüngeren Vergangenheit«, wie ein Wirtschaftswissenschaftler sie beschrieb, und deshalb offenbaren sie wenig über die Zukunft der Organisation. Wenn Sie voraussagen wollen, wie gesund sie in einiger Zeit sein wird, müssen Sie auf dieser Scorecard vorausschauende Indikatoren hinzufügen, zum Beispiel, ob das Unternehmen eine wachsende Zahl treuer Kunden hat, wie engagiert seine Mitarbeiter sind, ob es mit jeder Einstellung seinen Talentpool stärkt.

Dieser Ansatz ist so sinnvoll, dass er auf jeden einzelnen Mitarbeiter angewendet werden sollte. Jeder Mitarbeiter sollte eine Bewertungstabelle bekommen, die ein objektives Bild seiner Gesamtleistung ergibt.

Die Daten dieser Bewertungstabelle sollten Leistungsdaten aus jedem der drei Leistungsgebiete (Geschäftsergebnisse, Wirkung auf den Kunden und Wirkung auf die Unternehmenskultur) widerspiegeln. Sie sollte einfach zu lesen sein und idealerweise eine Kennzahl für jedes der drei Leistungsgebiete und eine Vergleichszahl (50 Prozent jeder Skala oder, wenn Sie Ihre Leute mit dem Image bester Arbeitsleistung motivieren möchten, 25 Prozent) aufweisen. Und sie sollte mindestens zweimal im Jahr aktualisiert werden.

Diese Bewertungstabelle dient zwei Zielen: Erstens wird sie jedem Mitarbeiter vermitteln, wie groß sein Erfolg in seiner Aufgabe ist. Dies scheint auf der Hand zu liegen, aber Sie wären überrascht darüber, wie viele Mitarbeiter nicht wissen, wie ihr Erfolg bestimmt wird.« Tatsächlich ergibt sich aus unserer Datenbank von 1,7 Millionen Mitarbeitern, dass volle 67 Prozent nicht entschieden der Aussage zustimmen können: »Ich weiß, was von mir in der Arbeit erwartet wird.« Das Problem ist hier nicht nur, dass sie nicht wissen, wie sie ihre Zeit einteilen sollen, weil sie nicht wissen, was von ihnen erwartet wird. Die wichtigere Tatsache ist, dass sie niemals eine Chance haben werden, sich im Unternehmen erfolgreich zu fühlen, weil sie nicht wissen, wie ihr Erfolg gemessen wird.

Zweitens wird diese Bewertungstabelle die Werte des Unternehmens für jeden Mitarbeiter verstärken. Es ist eine Sache, der Führungsebene einzureden, ihre Mitarbeiter respektvoll zu behandeln. Es ist eine andere, sie zweimal im Jahr für die Antworten ihrer Mitarbeiter auf jene zwölf Fragen verantwortlich zu machen. Dasselbe gilt für die Wirkung jedes Mitarbeiters auf den Kunden und auf seine Kollegen. Diese Messung enthüllt qualitative Werte durch quantitative Ergebnisse.

Der dritte Schritt ist *sicherzustellen, dass jeder Manager mit jedem seiner Mitarbeiter ein Gespräch über Stärken führt.* Von allen Schritten wird dieser am häufigsten ausgelassen. Viele Unternehmen ignorieren die einzigartigen Talente jedes Mitarbeiters und nehmen an, dass Mitarbeiter bei derselben Aufgabe dieselbe Art des Managements brauchen. Um eine Analogie zu gebrauchen, diese Unternehmen spielen Dame mit ihren Mitarbeitern. Sie nehmen an, dass alle Mitarbeiter bei derselben

Aufgabe ähnliche Züge machen, und dass sie deshalb alle auf dieselbe Art der Ausbildung ansprechen, auf dieselbe Weise lernen und dasselbe Maß an Aufsicht brauchen, wobei die Neulinge etwas mehr und die Erfahrenen etwas weniger brauchen.

Demgegenüber spielen auf Stärken aufgebaute Unternehmen Schach mit ihren Leuten. Sie verstehen, dass jede Figur anders zieht, und wenn sie nicht wissen, welche Figur welche ist, könnten sie am Ende einen Turm wie einen Springer und einen Springer wie einen Turm behandeln, was sowohl den Turm wie den Springer frustrieren wird, sodass der Spieler die Partie verlieren wird. Deshalb legen sie am Anfang sehr hohen Wert darauf, sich Zeit zu nehmen, um die stärksten Züge jeder Figur kennenzulernen. Einige dieser starken Züge sind eine Funktion der Fertigkeiten, des Wissens und der Erfahrung der Figur, aber viele sind auch durch ein bestimmtes Talent oder eine Kombination von Talenten vorgegeben.

Wenn der einzelne Mitarbeiter eingestellt wird, oder wenn eine neue Manager-Mitarbeiter-Beziehung beginnt, muss ein Gespräch über Stärken stattfinden. Die Form dieses Gespräches wird je nach dem Stil des Managers verschieden sein, aber es sollte immer die folgenden Themen abdecken:

• Welches sind die stärksten Talente des Mitarbeiters?
• In welcher Beziehung stehen diese zur Leistung dieser Stelle? Welchen Stil bewirken sie?
• Welche Fertigkeiten kann der Mitarbeiter erlernen, oder welche Erfahrungen kann er machen, um diese Talente zu echten Stärken aufzubauen?
• Wie möchte der Mitarbeiter geführt werden? Welches war das beste Lob, das er je erhalten hat? Wird er seinem Vorgesetzten erzählen, wie er sich fühlt, oder wird der Vorgesetzte wahrscheinlich immer fragen müssen? Ist er ein sehr unabhängiger Mensch, oder möchte er regelmäßige Absprachen mit seinem Vorgesetzten? Und so weiter. Wenn Ihr Unternehmen das *StrengthsFinder-Profil* anwendet, werden sich hier die Managementmaßnahmen als nützlich erweisen.

Diese Gespräche über Stärken können auch andere Gebiete berühren, wie etwa die persönliche Situation des Mitarbeiters oder seine beruflichen Ziele, aber diese vier Gebiete sollten der Hauptfokus sein.

Neben einigen praktischen Einsichten für den Manager wird der wichtigste Nutzen aus diesen Gesprächen für den Mitarbeiter das Bewusstsein sein, dass das Unternehmen Interesse an seinen Stärken zeigt. Wenn Sie einen talentierten Mitarbeiter halten wollen, zeigen Sie ihm nicht nur einfach, dass Sie sich um ihn kümmern, nicht nur einfach, dass Sie ihm helfen wollen zu wachsen, sondern, was noch wichtiger ist, dass Sie ihn *kennen*, dass Sie ihn im wahrsten Sinne des Wortes anerkennen oder dass Sie es zumindest versuchen. In der heutigen zunehmend anonymen und schnelllebigen Arbeitswelt wird die Wissbegierde Ihres Unternehmens es hinsichtlich der Stärken Ihrer Mitarbeiter von anderen abheben.

Diese Anerkennung bedeutet nicht, dass Sie ihm mehr geben werden. Im Gegenteil, sie bedeutet, dass Sie mehr von ihm fordern und ihn stärker herausfordern werden. Sie wollen mehr von ihm, einfach weil Sie wissen, wo sein größtes Potenzial zur Höchstleistung liegt. Und jetzt weiß er, dass Sie es wissen. *Sein Bewusstsein, dass Sie seine Stärken kennen, ist die beste Weise, ihn seine Reise zur optimalen Leistung antreten zu lassen.*

Nun haben Sie Ihre Messgrößen, die das Ziel seiner Reise, seine Leistung messen. Sie haben Ihre ausgewogene Bewertungstabelle, um seine Reise zu verfolgen. Und Sie haben die Anfänge einer Beziehung, die auf seinem Bewusstsein aufgebaut ist, dass Sie etwas über seine Stärken wissen wollen. Um Ihr Leistungsmanagementsystem zu vervollständigen, brauchen Sie einen Mechanismus, der diese Aspekte verbindet. Sie brauchen einen Weg, seine Stärken an Widerständen vorbeizulenken, um Leistung zu erreichen.

Abgesehen von den verdienstvollen Bemühungen vieler Personal- und Ausbildungsabteilungen ist der Vorgesetzte des Mitarbeiters der bei weitem einflussreichste Partner auf seiner Reise. Deshalb ist der beste Mechanismus für das Lenken des Mitarbeiters auf seinem Weg zur Leistung: *regelmäßige, vorhersehbare und produktive Gespräche mit seinem unmittelbaren Vorgesetzten.* Wenn Sie neben allen anderen von uns beschriebenen Schritten sicherstellen können, dass sich Ihre Führungskräfte mit jedem ihrer Mitarbeiter mindestens eine Stunde pro Quartal zu einem Gespräch über Leistung treffen, werden Sie mit ziemlicher Sicherheit die Anzahl der Mitarbeiter verdoppeln, die entschieden zustimmen, dass sie ihre Stärken jeden Tag einsetzen. Das hört sich fast zu einfach an, und in mancher Hinsicht ist es das auch. Es gibt viele Maßnahmen, die Sie ergreifen können, um diese Gespräche zu kultivieren. Sie können zum Beispiel die Methoden Ihrer besten Fachleute in jeder Schlüsselaufgabe untersuchen, diese unterschiedlichen Methoden in einem formellen Weiterbildungsführer erfassen und dann Ihre Manager anregen, sich auf sie zu beziehen, wenn sie sich darum bemühen, einen Mitarbeiter zu beraten. Oder Sie können, wie wir es in *Erfolgreiche Führung gegen alle Regeln* beschrieben haben, Ihre Manager schulen, sich bei jedem Gespräch auf drei grundlegende Fragen zu konzentrieren:

• Was wird der Hauptfokus des Mitarbeiters in den nächsten drei Monaten sein?
• Welche neuen Entdeckungen (oder Lernthemen) plant er?
• Welche neuen Partnerschaften (oder Beziehungen) hofft er aufzubauen?

Verfahren wie diese können gewiss hilfreich sein, aber unter dem Strich ist es so, dass selbst ohne diese Feinabstimmungen regelmäßige, vorhersehbare Gespräche mit dem Vorgesetzten außerordentlich wirkungsvoll sind. Es gibt dafür viele Gründe. Sie schaffen eine ständige Anregung, Leistung zu erbringen: bei dem Mitarbeiter, kurzfristige Ziele zu erreichen, und bei der Führungskraft, Wertschöpfung zu schaffen. Sie bringen die Führungskraft näher an das Tagesgeschäft, was es leichter macht, sich in den Mitarbeiter hineinzudenken, und leichter, frühzeitig Hinweise auf unerwartete Änderungen des Marktes zu erhalten. Sie geben der Führungskraft die Details, die sie braucht, um die subtilen Unterschiede zwischen ihren einzelnen Mitarbeitern zu erkennen. Sie sind das Forum, auf dem allgemeine Ausbildung auf die bestimmten Bedürfnisse jedes Mitarbeiters zugeschnitten wird. Und natürlich dienen sie zum Aufbau der Beziehung zwischen Mitarbeiter und Vorgesetztem.

Tatsächlich gibt es in der heutigen Arbeitswelt ein so hohes Maß an Dynamik und Individualität, dass es buchstäblich unmöglich ist, ein Unternehmen, das auf Stärken basiert, ohne diese Gespräche zu schaffen. Alles andere, was Sie von der Zentrale aus tun, parallele Validitätsstudien durchführen, Talentprofile bilden, Messsysteme gestalten, wird beeinträchtigt, wenn Ihre Manager sich nicht regelmäßig und zu abgesprochenen Terminen mit jedem ihrer Mitarbeiter unterhalten. Diese Gespräche sind ein Kernprogramm starker Unternehmen.

Ein System zur Karriereförderung, das auf Stärken basiert

Ihre letzte Hürde vor dem Aufbau eines Unternehmens, das auf Stärken basiert, ist folgende: Sie können die Stärken Ihrer Leute nicht nutzen, wenn Sie sie auf Posten befördern, die nicht zu ihren Stärken passen.

Wir kennen die Gefahren der Überbeförderung seit mindestens 30 Jahren: Das Buch *Das Peter-Prinzip*, das beschreibt, wie die meisten Menschen bis auf ein Niveau ihrer Inkompetenz befördert werden, wurde in den späten 60er Jahren publiziert. Warum tun wir es also immer noch? Weil wir den Mitarbeitern die Chance geben wollen, zu wachsen? Weil wir nicht wollen, dass die Leute bei ihrer Aufgabe stagnieren? Weil wir ihnen eine Karriere bieten wollen? Weil wir sie für ihre geleistete Arbeit belohnen wollen? Ohne Zweifel werden wir von all diesen vernünftigen Gedanken beeinflusst. Doch keiner muss zwangsläufig die Beförderung der Person mit sich bringen. Die Menschen können lernen, ihre Karrieren aufzubauen und Lob für gute Arbeit zu erhalten, ohne befördert zu werden. Und deshalb bleibt die Frage: Wenn es um Entwicklung geht, um Aufbau der Karriere oder Lob, warum greifen wir so oft zu der Maßnahme, die Person auf der Leiter hochzuschieben? Wenn wir nicht an den Kern dieser Frage herankommen, wird in 30 Jahren das Peter-Prinzip noch genauso tief in den Unternehmen verwurzelt sein wie heute. Millionen von Mitarbeitern werden sich als Fehlbesetzung fühlen, und die Unternehmen werden deshalb umso schwächer sein.

Wir erklären es uns so: Die meisten Unternehmen befördern weiterhin ihre Leute aus einer gefährlichen Kombination einer großartigen Einsicht und eines großen Irrtums. Die großartige Einsicht ist das intuitive Verständnis, dass das Streben nach Prestige vielleicht die stärkste aller menschlichen Motivationen ist. Wie Frank Fukuyama in seinem Buch *The End of History and the Last Man* beschrieb, haben durch alle Jahrhunderte viele unserer weisesten Denker das »Bedürfnis, als würdige und bedeutende Persönlichkeit anerkannt zu werden« als die Essenz des menschlichen Wesens identifiziert: »Platon sprach von Thymos oder ›Geistigkeit‹, Machiavelli von dem Wunsch des Menschen nach Ruhm, Hobbes von seinem Stolz oder Angeberei, Rousseau von seiner *amour-propre*, Alexander Hamilton von der Liebe zum Ruhm und James Madison von Ambition, Hegel von Anerkennung und Nietzsche von dem Menschen als ›dem Biest mit roten Wangen‹.« Keiner dieser Denker wollte damit sagen, dass wir alle selbstsüchtige Egoisten sind. Sie stellten einfach fest, dass tief in unserer Psyche jeder von uns als ein Individuum angesehen werden möchte, das Respekt verdient und dass dieses Bedürfnis so stark ist, dass wir Leib und Leben aufs Spiel setzen werden, um es zu befriedigen.

Die meisten von uns brauchen nicht Hegel, Nietzsche oder Platon, um sich davon zu überzeugen. Die meisten Menschen haben intuitiv diesen Wunsch. In all unseren Wechselbeziehungen, von den Zankereien im Sandkasten bis zu den nobelsten Schlachten der Menschheit gegen die Unterdrückung, erkennen wir die moralische Autorität der Stimme an, die sagt: »Behandle mich mit dem Respekt, den ich als menschliches Wesen verdiene.« Diese Einsicht erklärt, warum wir instinktiv wissen, dass Voreingenommenheit falsch ist, dass der natürliche menschliche Zustand Freiheit ist, und dass die beste Weise, jemanden anzuerkennen, darin besteht, ihm oder ihr mehr Prestige zu verleihen.

Wir haben Recht, so zu denken. Stellen Sie sich vor, was einem Unternehmen zustieße, das diese Einsicht missachtet und damit versäumt, das Bedürfnis jedes Menschen nach Prestige zu befriedigen. Schauen Sie sich an, was mit dem Kommunismus geschehen ist. Der Untergang des Kommunismus war letztendlich unvermeidbar, weil er der Gemeinschaft, aber niemals der Einzelperson, Respekt zollte, und weil er sich so selbst, einem Menschen nach dem anderen, die Vitalität und den Esprit raubte. Dasselbe kann über jene jüngeren Experimente gesagt werden, die versuchen, Hierarchie aus Unternehmen zu entfernen und flache, sich selbst führende Teams zu bilden, in denen niemand die Leitung hat und jeder den Titel »Kollege« trägt. Wunderbar in der Theorie, versagen sie jedoch in der Praxis genau deshalb, weil sie das Streben des Individuums nach Prestige vereiteln.

Wenn unsere eine große Einsicht die ist, dass alle menschlichen Wesen nach Prestige streben, und dass dieses Streben gelenkt, nicht ignoriert oder unterdrückt werden muss, was ist dann unser entscheidender Irrtum? Unser großer Irrtum ist zu denken, dass alle menschlichen Wesen dieselbe Art von Prestige anstreben, das Prestige, das in der Macht liegt. Bis vor etwa 20 Jahren wäre dies kein Irrtum gewesen. In hochautoritären Gesellschaften, in denen die Freiheit jeder Person zu entscheiden, zu urteilen und zu wählen, von den Launen des Menschen über ihr abhängt, ist das einzige Prestige, das sich zu haben lohnt, das Prestige, das mit der Macht über andere kommt. Bis vor 20 Jahren waren die meisten Unternehmen mit zentralisierten Leitungs- und Kontrollkulturen hochautoritäre Gesellschaften. Kein Wunder, dass jeder so schnell die Leiter hochkletterte, wie er konnte. Es war der einzige Weg, der Kontrolle zu entgehen. Es war der einzige Weg, respektiert zu werden.

Heute bewegen sich viele Unternehmen von Leitung und Kontrolle weg und in Richtung zu gleichberechtigten Führungsformen. Sie müssen es, denn in unserer Wissensgesellschaft, wo spezielles Expertenwissen und persönliche Kundenbeziehungen gepriesen werden, sind die Chancen, dass die Mitarbeiter mehr über ihr bestimmtes Gebiet oder ihre Kunden wissen als ihre Vorgesetzten, größer, und damit verliert die Bedrohung, dass der Manager Macht über ihre Entscheidungen und Urteile hat, viel von ihrer Kraft. Wer verdient in dieser Art Unternehmen mehr Prestige, die geniale Programmiererin oder ihr Chef? Der Vollblutverkäufer oder sein Verkaufsleiter? Die ideenreiche Verkaufsstellenleiterin oder ihr Bezirksleiter?

Die Antwort ist, dass in einer Wissenswirtschaft und auf einem angespannten Arbeitsmarkt jeder, der in seiner Funktion ausgezeichnete

Leistung bringt, sei es der einzelne Mitarbeiter, der Abteilungsleiter, der Manager oder der Geschäftsführer, Prestige verdient. *Es sollten verschiedene Arten von Prestige verfügbar sein, um die unterschiedlichen sehr guten Leistungen widerzuspiegeln, die das Unternehmen anerkennen möchte.* Unglücklicherweise sind die meisten Unternehmen jedoch einfach nicht darauf eingestellt, verschiedene Arten Prestige zu vergeben. Während sie die Notwendigkeit anerkennen, die Leute zu qualifizieren, sind sie noch immer auf nur eine Ausrichtung des Prestiges fixiert, auf das Prestige, das sich aus der Macht über einen anderen ergibt. Da sie nur eine Art des Prestiges sehen, gibt es auch nur einen Weg, es zu erlangen: gut arbeiten, aufsteigen, mehr Macht erhalten. Besser arbeiten, noch höher aufsteigen, noch mehr Macht bekommen. Wenn eine Hierarchie einfach ein System für die Zuteilung verschiedener Prestigearten an unterschiedliche Menschen ist, dann ist der Mangel dieser Unternehmen nicht, dass sie zu hierarchisch, sondern dass sie zu demokratisch sind. Sie leiden unter einem Mangel an Prestige.

Ein Unternehmen, das auf Stärken basiert, muss diesen Fehler vermeiden. Es muss verschiedene Arten sinnvollen, allgemein verfügbaren Prestiges entwickeln. In der Ausführung scheint dies ein komplexes, detailliertes Unterfangen zu sein, aber im Prinzip schlagen wir vor, dass Sie nur zwei grundlegende Schritte unternehmen müssen. Erstens *muss Ihr Unternehmen mehr Leitern bauen.* Um dies zu tun, nehmen Sie jede Schlüsselaufgabe und definieren Sie drei grundlegende Sprossen auf der Leiter: gut, großartig und erstklassig. Sie werden wahrscheinlich nicht diese Ausdrücke gebrauchen, aber unabhängig von dem, was Sie auf Ihre Etiketten schreiben, die höchste Sprosse sollte den Gipfel der Leistung der spezifischen Aufgabe darstellen. Stellen Sie auch sicher, dass Sie detaillierte Leistungskriterien und nicht einfach Titel festlegen, die der Mitarbeiter erreichen muss, wenn er von einer Sprosse zur nächsten steigen will. Nutzen Sie die ausgewogene Bewertungstabelle, die wir bereits beschrieben haben, um das für jede Sprosse erforderliche Leistungsniveau zu bestimmen. Die Anzahl der Sprossen und die notwendigen Leistungsniveaus werden natürlich von Aufgabe zu Aufgabe variieren, aber letztlich ist der Zweck dieser Maßnahme, einem neuen Mitarbeiter in jeder Position sagen zu können: »Dies ist das Tiger-Woods-Leistungsniveau in Ihrer Aufgabe, und dies ist genau das, was Sie tun müssen, um es zu erreichen.«

Worauf der Mitarbeiter erwidern könnte:»Okay, aber wenn ich dieses Tiger-Woods-Leistungsniveau erreiche, werde ich dann im Unternehmen respektiert?« Die Antwort sollte natürlich»Ja« lauten, oder der Mitarbeiter wird sich nicht die Mühe machen zu klettern. Und so ist der zweite Schritt beim Aufbau eines Karrierefördersystems, das auf Stärken basiert, *den Mitarbeitern Anreize zum Besteigen der Sprossen zu geben*. Offenkundig ist der beste Weg, dies zu tun, das Prestige neu zu verteilen, sodass sie mehr Prestige bekommen, je höher sie klettern. Dies bedeutet, dass Sie Ihre Titelstruktur ändern müssen. Warum kann Ihr bester Verkaufsstellenleiter, Ihre beste Stationsschwester, Ihr bester Verkäufer und selbst Ihr Kundendienstmann nicht einen besseren Titel haben? Dies mag zunächst eigenartig klingen, aber warum sollten sie nicht einen Titel tragen, der dieses Prestigeniveau beinhaltet? Wenn Ihre objektive Bewertungstabelle aufzeigt, dass sie beständig die glänzenden Ergebnisse bringen, die Ihr Unternehmen braucht, warum soll man ihnen das Prestige einfach nur deshalb vorenthalten, weil sie keine Macht über andere Leute haben? Man könnte sagen, dass diese Titel nicht an Aufgaben unterer Ebenen gebunden werden sollten, weil es gegen die Branchennormen verstößt. Das ist richtig, aber warum? Die meisten Branchennormen sind nicht auf Stärken aufgebaut, und Sie wollen wahrscheinlich nicht, dass Ihr Unternehmen dadurch eingeengt wird.

Sie werden auch Ihre Vergütungsstruktur ändern müssen, um diese Veränderungen des Prestiges widerzuspiegeln. Wie wir in *Erfolgreiche Führung gegen alle Regeln* beschrieben haben, ist dafür eine große Bandbreite am wirksamsten. Dies bedeutet, breite Lohnmargen zu schaffen, bei denen der Mitarbeiter auf der höchsten Sprosse auf der Aufgabenleiter 30, 40 oder sogar 50 Prozent mehr verdienen kann als sein Kollege, der gerade mit dem Aufstieg beginnt.

Wenn Sie fürchten, dass dies Ihre Lohnkosten in die Höhe treiben wird, denken Sie daran, dass sich Ihre Margen überschneiden können. Wenn Sie beschließen, dass vom Konzept her nichts daran falsch ist, dass ein guter und erfahrener Kundendienstmann mehr verdient als ein junger Manager, dann können Sie den Lohn des Kundendienstlers anheben und den des Managers nicht. Ihre Lohnerhöhungen werden nicht wie Kaskaden die Hierarchie hinauflaufen.

Außerdem können Lohnanreize, die Sie einigen Ihrer Mitarbeiter zahlen, damit sie beinahe perfekte Fachleute in ihrer Aufgabe werden, die besten der Welt, wenn Sie so wollen, am Ende dazu führen, dass Sie weniger Leute haben, die mehr arbeiten und mehr bezahlt bekommen. Obwohl einige Mitarbeiter mehr verdienen werden, werden Ihr Personalbestand und damit Ihre Lohnkosten abnehmen.

Sie können auch beschließen, einen Teil dieser Margen als »Zulagen« statt als Grundlohn zu gestalten. Da nur etwa 40 Prozent der Mitarbeitervergütungen als Grundlohn berechnet werden, werden Ihre Lohnanstiege nicht dramatisch sein. Tatsächlich könnten Sie, wenn Sie sinnvolles Prestige für so viele Aufgaben wie möglich vergeben, Ihre Lohnkosten beträchtlich senken. In seinem neuesten Buch, *Genome: the Autobiography of a Species in 23 Chapters*, beschreibt Matt Ridley den Zusammenhang zwischen Stellenstatus und Gesundheit: »In einer groß angelegten, langfristigen Studie über 17 000 britische Angestellte des Öffentlichen Dienstes kam man zu einer fast unglaublichen Schlussfolgerung: Der Status der Arbeit einer Person war eine bessere Voraussage der Wahrscheinlichkeit einer Herzattacke als Fettleibigkeit, Rauchen oder hoher Blutdruck. Jemand in einer unteren Stelle, wie ein Hausmeister, hatte ein fast viermal so großes Risiko einer Herzattacke wie ein Staatssekretär, der höchste öffentliche Angestellte, an der Spitze des Gruppe. In der Tat, selbst wenn der Staatssekretär übergewichtig oder Raucher war oder unter Bluthochdruck litt, hatte er immer noch ein geringeres Risiko, in einem bestimmten Alter eine Herzattacke zu erleiden als ein dünner, nicht rauchender Hausmeister mit niedrigem Blutdruck. Genau dasselbe Ergebnis ergab sich aus einer Studie über eine Million Angestellte der *Bell Telephone Company* in den 60er Jahren.«

Dies bedeutet, dass die Gesundheit Ihrer Mitarbeiter in einer engen Beziehung zu dem Grad des Prestiges steht, den Sie ihrer Aufgabe beimessen. Je mehr Anerkennung Ihr Unternehmen anbietet, desto gesünder werden Ihre Mitarbeiter sein. Weniger Prestige bedeutet kränkere Angestellte. In Ridleys Worten: »Ihr Herz ist Ihrer Besoldungsgruppe ausgeliefert.« *Gallups* Untersuchung weitet diesen Zusammenhang zwischen einem Unternehmen, das auf Stärken basiert, und der Gesundheit seiner Mitarbeiter noch aus. In unserer jüngsten Meta-Analyse von 198 000 Mitarbeitern in fast 8 000 Unternehmensbereichen hatten die Mitarbeiter, die entschieden zustimmten, dass sie die Chance hatten, jeden Tag das zu tun, worin sie am besten waren, weniger Krankentage, beanspruchten weniger Krankengeld und hatten weniger Unfälle bei der Arbeit.

Das oben Gesagte verleiht Ihrer Verantwortung beim Aufbau eines auf Stärken basierenden Unternehmens noch mehr Gewicht. Wenn Sie ein produktiveres Unternehmen, ein höheres Niveau der Kundentreue schaffen, Ihre talentiertesten Mitarbeiter halten wollen, spielen Sie die Stärken jedes Mitarbeiters aus. Aber genauso wichtig ist es für die Sicherheit und Gesundheit Ihrer Mitarbeiter, ihre Stärken auszuspielen und ihnen das Prestige zu geben, das sie verdienen.

★ ★ ★

Die meisten Organisationen sind ein Puzzle, das in einem abgedunkelten Raum zusammengefügt wurde. Jedes Teil wird unbeholfen an seine Stelle gedrückt, und dann werden die Kanten gerieben, sodass sie sich einpassen. Aber ziehen Sie die Vorhänge auf, lassen Sie ein wenig Licht in den Raum, dann sehen Sie die Realität. Acht von zehn Teilen sitzen an der falschen Stelle.

Acht von zehn Mitarbeitern haben das Gefühl, dass sie eine Fehlbesetzung sind. Acht von zehn Mitarbeitern haben niemals die Chance, ihr Bestes zu geben. Sie leiden darunter, ihr Unternehmen leidet, und ihre Kunden leiden. Ihre Gesundheit, ihre Freunde und ihre Familie leiden.

Aber das muss nicht so sein. Wir können die Vorhänge noch weiter öffnen und einen Scheinwerfer auf die Stärken jeder Person richten. Wir können ihr einen Vorgesetzten geben, der von diesen Stärken fasziniert ist, und ein Unternehmen aufbauen, das sie bittet, diese Stärken auszuspielen und das es anerkennt, wenn sie es tut. Wir können ihr zeigen, wie gut sie ist und sie bitten, nach mehr zu streben. Wir können ihr helfen, ein erfolgreiches Leben zu führen.

Während die Wissensgesellschaft Fahrt bekommt, sich der globale Wettbewerb steigert, neue Technologien schnell zu Massengütern werden und die arbeitende Bevölkerung altert, werden die richtigen Mitarbeiter mit jedem Jahr wertvoller. Diejenigen von uns, die große Unternehmen führen, müssen anspruchsvoller und leistungsfähiger werden, wenn es darum geht, Nutzen aus unseren Mitarbeitern zu ziehen. Wir müssen die bestmögliche Anpassung zwischen den Stärken der Mitarbeiter und den Funktionen, die sie für uns bei ihrer Arbeit spielen sollen, finden. Nur dann werden wir so stark sein, wie es angemessen ist. Nur dann werden wir gewinnen.

Anhang
Fachbericht über den StrengthsFinder

»Welche wissenschaftliche Untersuchung untermauert das StrengthsFinder-Profil, und welche Forschung ist zu seiner Verbesserung geplant?«

Von

THEODORE L. HAYES, PH.D., SENIOR RESEARCH DIRECTOR,

The Gallup Organization

Es gibt viele fachliche Gesichtspunkte, die bei der Bewertung eines Instruments wie dem StrengthsFinder berücksichtigt werden müssen. Eine Reihe von Fragen dreht sich um die Informationstechnologie und die expandierenden Möglichkeiten aufgrund Internet-gestützter Anwendungen für diejenigen, die sich mit menschlichen Verhaltensweisen beschäftigen. Bei einem anderen Schwerpunkt geht es um Psychometrie, also um das wissenschaftliche Studium des menschlichen Verhaltens durch Messungen. Es gibt viele amerikanische und internationale Normen für die in der Entwicklung von Tests angewandte Psychometrie, die der StrengthsFinder erfüllen muss, wie zum Beispiel AERA/APA/NCME (1999). Der vorliegende Bericht befasst sich mit einigen Fragen, die sich aus jenen Normen ergeben, sowie mit fachlichen Fragen, die eine Führungskraft hinsichtlich des Einsatzes des StrengthsFinder in ihrem Unternehmen haben könnte.

Für Leser, die primäres Quellenmaterial zu Rate ziehen möchten, sind einige fachspezifische Referenzen angeführt. Diese Materialien sind in Hochschulbibliotheken oder im Internet zu finden. Wir ermutigen den Leser, wegen einer eingehenderen Diskussion mit *Gallup* Kontakt aufzunehmen oder auf die am Ende des Berichts zitierten Quellen zurückzugreifen.

Was ist StrengthsFinder? StrengthsFinder ist ein Beurteilungsverfahren der normalen Persönlichkeit aus der Perspektive der positiven Psychologie, das auf dem Einsatz des Internets basiert. Es ist das erste speziell für das Internet entwickelte Verfahren. Im StrengthsFinder gibt es 180 Fragen, die dem Anwender gestellt werden. Jeder Punkt führt ein Paar potenzieller Selbstaussagen auf wie »Ich lese Anleitungen sorgfältig« und »Ich packe am liebsten die Sachen direkt an«. Die Beschreibungen sind wie zwei entgegengesetzte Pole eines Kontinuums angeordnet. Der Teilnehmer wird dann gebeten auszuwählen, welche Aussage des Paares ihn am besten beschreibt, und auch, in welchem Umfang diese gewählte Alternative zutrifft. Der Teilnehmer erhält 20 Sekunden für die Antwort auf eine gestellte Frage, bevor das System zum nächsten Punkt übergeht. Die Entwicklungsforschung von StrengthsFinder zeigte, dass die 20-Sekundenmarke zu einer zu vernachlässigenden Rate von fehlenden Antworten führte. Die Fragenpaare sind in 34 Talent-Leitmotive gruppiert.

Auf welcher Persönlichkeitstheorie basiert StrengthsFinder? StrengthsFinder basiert auf einem allgemeinen Modell der positiven Psychologie. Es erfasst persönliche Motivation (Streben), interpersonelle Fähigkeiten (Beziehung), Selbstdarstellung (Wirkung) und Lernstil (Denken).

Was ist positive Psychologie? Positive Psychologie ist ein Rahmen oder ein Paradigma, das sich der Psychologie aus der Perspektive der gesunden, erfolgreichen Lebensfunktion nähert. Die Themen umfassen Optimismus, positive Emotionen, Spiritualität, Glück, Zufriedenheit, persönliche Empfindung und Wohlbefinden. Diese und ähnliche Themen können auf der individuellen oder auf der Ebene einer Arbeitsgruppe, Familie oder Gemeinschaft untersucht werden. Einige Wissenschaftler, die sich mit positiver Psychologie beschäftigen, sind als Therapeuten tätig. Ein wesentlicher Unterschied zu herkömmlichen Therapien ist, dass Therapeuten sich üblicherweise darauf konzentrieren, Dysfunktionen zu *beseitigen*, während positive Psychologen sich auf die *Erhaltung oder Förderung* der erfolgreichen Verhaltensweisen konzentrieren. Eine 2000 erschienene Sonderausgabe der Zeitschrift *American Psychologist* gibt eine Übersicht über die positive Psychologie durch einige ihrer angesehensten akademischen Wissenschaftler.

Soll StrengthsFinder ein arbeitsbezogenes, ein klinisches Instrument oder keines von beiden sein? StrengthsFinder ist eine allgemeine Beurteilung auf der Basis positiver Psychologie. Seine Hauptanwendung erfolgte in der Arbeitswelt, aber es ist auch eingesetzt worden, um Individuen in sehr verschiedenen Zusammenhängen zu verstehen: Familien, Führungsteams und persönliche Entwicklung. Er ist *nicht* für die klinische Beurteilung oder die Diagnose von psychiatrischen Störungen vorgesehen.

Warum ist StrengthsFinder nicht auf den »Big Five«-Persönlichkeitsfaktoren aufgebaut, die in den Forschungszeitschriften seit über 20 Jahren etabliert sind? Die »Big Five«-Persönlichkeitsfaktoren sind Neurotizismus (spiegelt emotionale Stabilität wider), Extraversion (Neigung, die Gesellschaft anderer zu suchen), Offenheit (Interesse an neuen Erfahrungen, Ideen und so weiter), soziale Verträglichkeit (Sympathie, Harmonie) und Gewissenhaftigkeit (Regelbefolgung, Disziplin, Integrität). Ein beträchtlicher Teil der wissenschaftlichen Forschung hat gezeigt, dass das Funktionieren der menschlichen Persönlichkeit in den Begriffen dieser fünf Dimensionen zusammengefasst werden kann. Diese Forschung ist in allen Kulturen und Sprachen durchgeführt worden (zum Beispiel McCrae und Costa, 1987; McCrae, Costa, Lima et al., 1999; McCrae, Costa, Ostendorf et al., 2000).

Der Hauptgrund, weshalb StrengthsFinder nicht auf dem Big-Five-Modell aufgebaut ist, ist, dass dieses Modell ein Messmodell, kein konzeptionelles Modell ist. Es wurde aus der Faktoranalyse abgeleitet. Es war von keiner Theorie untermauert, und es besteht aus den höchst allgemein vereinbarten minimalen Zahlen von Persönlichkeitsfaktoren, aber konzeptionell ist es nicht zutreffender als ein Modell mit vier oder sechs Faktoren (Block, 1995; Hogan, Hogan und Roberts, 1996). StrengthsFinder könnte auf die Big Five reduziert werden, aber damit wäre nichts gewonnen. Tatsächlich würde die Reduktion des StrengthsFinder-Ergebnisses auf die fünf Dimensionen weniger Informationen bergen, als sie durch irgendeine derzeitige Messung der Big Five produziert würden, da jene zusätzlich zu den fünf großen Dimensionen auch Unterteilungen verzeichnet.

Warum verwendet StrengthsFinder genau diese 180 Fragenpaare? Diese Paare spiegeln *Gallups* Untersuchungen wider, die über drei Jahrzehnte erfolgreiche Menschen auf systematische, strukturierte Weise erforschten. Sie wurden aus einer quantitativen Prüfung der Punktefunktion abgeleitet, aus einer Inhaltsprüfung der Repräsentanz der Themen und Punkte innerhalb der Themen, mit Blick auf die Konstruktgültigkeit der gesamten Beurteilung. Angesichts der Breite der menschlichen Leistung, die wir beurteilen wollen, ist der Fundus der Punkte groß und vielfältig. Bekannte Persönlichkeitsbeurteilungen haben 150 bis zu 400 Punkte.

Werden die StrengthsFinder-Punkte ipsativ gezählt, und falls ja, begrenzt das die Zählung der Punkte? Ipsativität ist ein mathematischer Ausdruck, der sich auf einen Aspekt einer Datenmatrix, etwa einen Satz von Ergebnissen, bezieht. Eine Datenmatrix wird als ipsativ bezeichnet, wenn die Summe der Ergebnisse für jeden Teilnehmer eine Konstante ist. Allgemeiner gesagt, bezieht sich Ipsativität auf einen Satz von Ergebnissen, die eine bestimmte Person definieren, der aber zwischen den Personen nur in sehr begrenzter Weise vergleichbar ist. Wenn Sie zum Beispiel Ihre Lieblingsfarben nach der Reihe ordnen und jemand anderes ordnet seine Lieblingsfarben ebenfalls, könnte man nicht die *Intensität* der Bevorzugung einer bestimmten Farbe aufgrund der Ipsativität vergleichen; nur die *Einstufung* als solche könnte verglichen werden. Aus den 180 StrengthsFinder-Punkten werden weniger als 30 Prozent ipsativ gewertet. Diese Punkte werden über den gesamten Bereich der StrengthsFinder-Talent-Leitmotive verteilt, und kein Talent enthält mehr als einen Punkt, der in einer Weise gemessen wird, die eine ipsative Datenmatrix erzeugen würde (Plake, 1999).

Wie werden die Talent-Ergebnisse bei StrengthsFinder berechnet? Die Ergebnisse werden auf der Basis des Durchschnitts der Intensität der Selbstbeschreibung berechnet. Der Teilnehmer erhält drei Antwortoptionen für jede Selbstbeschreibung:»trifft ganz genau auf mich zu«,»trifft auf mich zu« und»weder-noch«. Eine urheberrechtlich geschützte Formel weist jeder Antwortkategorie einen Wert zu. Die Werte für die Punkte in dem Talent werden gemittelt, um ein Talent-Ergebnis abzuleiten. Die Ergebnisse können als Durchschnitt, als Standardergebnis oder als Prozentzahl ausgewertet werden.

Wurde moderne Testergebnistheorie (zum Beispiel IRT) bei der Entwicklung von StrengthsFinder verwendet? StrengthsFinder wurde entwickelt, um das gesammelte Wissen und die Praxiserfahrung von *Gallup* in der Nutzung von Stärken, die auf Talenten basieren, anzuwenden. Deshalb wurden anfangs Punkte auf der Basis traditioneller Gültigkeitsbeweise (Konstrukt, Inhalt, Kriterium) gewählt. Dies ist eine universell anerkannte Methode für die Entwicklung von Beurteilungen. Methoden zur Anwendung von IRT auf Bewertungen, die sowohl heterogen wie homogen sind, werden erst jetzt erforscht (zum Beispiel Waller, Thompson und Wenk, 2000). Weiterentwicklungen des StrengthsFinder werden sehr wohl IRT-Methoden zur Verbesserung des Instruments nutzen.

Welche Konstruktgültigkeitsarbeit verbindet StrengthsFinder mit den Maßen normaler Persönlichkeit, abnormaler Persönlichkeit, berufsbezogenen Interesses und Intelligenz? StrengthsFinder ist eine zusammenfassende Beurteilung der interpersonellen Talente auf der Basis positiver Psychologie. Deshalb wird es ohne Zweifel korrelationale Verbindungen zu diesen Maßen in etwa demselben Umfang geben, in dem die Persönlichkeitsmaße mit anderen allgemeinen Maßen verbunden sind. Letztendlich ist dies eine empirische Frage, die der zukünftigen Forschung überlassen bleibt.

Können sich die StrengthsFinder-Ergebnisse ändern? Dies ist eine wichtige Frage, auf die es sowohl fachliche wie konzeptionelle Antworten gibt.

Fachliche Antworten: Es wird erwartet, dass die mit StrengthsFinder gemessenen Talente eine Eigenschaft zeigen werden, die man als »Zuverlässigkeit« bezeichnet. Zuverlässigkeit hat mehrere Definitionen. Eine Definition der Zuverlässigkeit, die fachlich als interne Konsistenz bekannt ist, ist das Verhältnis des Ergebnisses, das auf die Aspekte des Talents selbst zurückzuführen ist, und nicht auf irrelevante Einflüsse wie Stimmung, Ermüdung und so weiter. Hohe interne Konsistenz zeigt, dass die Punkte eines Talents untereinander ein konsistentes Ergebnis aufweisen und nicht andere Einflüsse widerspiegeln. Die Forscher von *Gallup* ermittelten vor kurzem anhand der Daten von mehr als 50 000 Teilnehmern die interne Zuverlässigkeit der StrengthsFinder-Talent-Leitmotive. Da die Anzahl der Punkte pro StrengthsFinder-Talent-Leitmotiv variieren – es gibt zwischen vier und 15 Punkten pro Talent – wurde die durchschnittliche Korrelation zwischen den Punkten für jedes Talent angepasst, um die interne Konsistenz eines Talents mit 15 Punkten widerzuspiegeln. Diese Analyse zeigte, dass die durchschnittliche interne Konsistenz 0,785 betrug. Die maximal mögliche interne Konsistenz ist 1, und eine Faustregel gibt ein Zuverlässigkeitsziel von 0,80 vor. Somit weisen die StrengthsFinder-Talent-Leitmotive eine akzeptable interne Konsistenz auf.

Eine zweite Definition der Zuverlässigkeit, bekannt als Test-Retest, ist der Umfang, in dem die Ergebnisse im Verlaufe der Zeit stabil bleiben. Fast alle StrengthsFinder-Talent-Leitmotive weisen eine Test-Retest-Zuverlässigkeit über ein sechs Monate langes Intervall von 0,60 und 0,80 auf; ein maximales Test-Retest-Zuverlässigkeitsergebnis von 1 würde anzeigen, dass alle StrengthsFinder-Teilnehmer *genau* dasselbe Ergebnis in zwei Beurteilungen erhielten.

Konzeptionelle Antworten: Während eine Bewertung des vollen Umfangs dieser Stabilität natürlich eine empirische Frage ist, sind auch die konzeptionellen Ursprünge der Talente einer Person relevant. *Gallup* hat die Lebenstalente von Fachleuten, die Höchstleistungen erbringen, in einer langen Reihe von Forschungsstudien erforscht und dabei die qualitativen und quantitativen Methoden über viele Jahre kombiniert. Die Teilnehmer umfassten Jugendliche ab zehn Jahren hin bis zu Erwachsenen von etwa 75 Jahren. In jeder dieser Studien war der Brennpunkt die Identifizierung langfristiger, mit Erfolg verbundener Muster des Denkens, Fühlens und Verhaltens. Der Tenor der verwendeten Interviewfragen war sowohl prospektiv wie retrospektiv, also »Was möchten Sie in zehn Jahren tun?« und »In welchem Alter schlossen Sie Ihren ersten Verkauf ab?«. In anderen Worten, der zu erforschende Zeitrahmen unserer ursprünglichen Studien über die Höchstleistung auf dem Arbeitsplatz war langfristig, nicht kurzfristig. Viele der entwickelten Punkte gaben nützliche Voraussagen der Arbeitsstabilität, was darauf hinwies, dass die gemessenen Attribute von dauerhafter Natur waren. Studien, die die Arbeitsleistung über Zeitspannen von zwei bis drei Jahren verfolgten, stärkten das Verständnis der *Gallup Organization* dafür, was erforderlich ist, damit ein Stelleninhaber beständig leistungsfähig ist, statt nur beeindruckende kurzfristige Höchstleistungen zu erzielen. Die Auffälligkeit der Dimensionen und der Fragen, die sich auf Motivation und Werte bezogen, trug in einem Großteil der Lebenstalent-Forschung ebenfalls zur Entwicklung des StrengthsFinder-Instruments bei, das jene dauerhaften menschlichen Eigenschaften identifizieren kann.

In diesem frühen Stadium der Anwendung von StrengthsFinder ist noch nicht klar, wie lange die dominierenden Merkmale eines Individuums, die so ermittelt wurden, andauern werden. Im Allgemeinen werden es jedoch wahrscheinlich eher Jahre als Monate sein. Wir könnten vielleicht ein Minimum von fünf Jahren und Obergrenzen von 30 bis 40 Jahren und länger projizieren. Es gibt zunehmende Anzeichen (zum Beispiel Judge, Higgins, Thoresen und Barrick, 1999), dass manche Aspekte der Persönlichkeit über viele Jahrzehnte des Lebens voraussagbar sind. Einige StrengthsFinder-Talent-Leitmotive mögen sich als dauerhafter als andere erweisen. Querschnittstudien verschiedener Altersgruppen werden die ersten Einsichten in mögliche altersbezogene Veränderungen in normativen Verhaltensmustern ergeben. Erklärungen für offensichtliche, gemessene Veränderungen in Talenten sollten deshalb zunächst bei Messfehlern gesucht werden, anstatt als Anzeichen einer echten Änderung der zugrunde liegenden Eigenschaft, Emotion oder Erkenntnis interpretiert zu werden. Die Teilnehmer selbst sollten auch aufgefordert werden, eine Erklärung für offensichtliche Diskrepanzen zu geben.

Variieren die StrengthsFinder-Leitmotiv-Ergebnisse nach Hautfarbe, Geschlecht oder Alter? *Gallup* hat StrengthsFinder-Talent-Leitmotive in der gesamten Bevölkerung untersucht. Diese Studien zielen darauf ab, alle möglichen Teilnehmer im Allgemeinen widerzuspiegeln, nicht Bewerber um oder Inhaber einer bestimmten Position. Die Ergebnisunterschiede zwischen den großen demographischen Gruppen tendieren auf der Ebene dieser weltweiten Talent-Datenbank durchschnittlich unter 0,04 Punkten (das heißt vier Hundertstel eines Punktes).

Damit sind diese Unterschiede in den Ergebnissen praktisch belanglos. Zum Beispiel könnte eines der wichtigsten verkaufsbezogenen Talente *Leistungsorientierung* sein. In Leistungsorientierung erzielen Männer ein um 0,031 Punkte höheres Ergebnis als Frauen, farbige Einzelpersonen aus Minderheiten erzielen um 0,048 Punkte bessere Ergebnisse als weiße Einzelpersonen der Mehrheit, und Personen unter 40 Jahren erzielen um 0,033 Punkte höhere Ergebnisse als die über 40-Jährigen. Ein wichtiges Talent für Führungsaufgaben könnte *Arrangeur* sein. Bei diesem Talent erzielen Frauen ein um 0,21 Punkte höheres Ergebnis als Männer, weiße Mehrheitsangehörige erzielen ein um 0,16 Punkte höheres Ergebnis als farbige Personen aus Minderheiten, und Personen unter 40 Jahren erzielen ein um 0,53 Punkte niedrigeres Ergebnis als die über 40-Jährigen. Schließlich glauben viele Menschen, dass *Einfühlungsvermögen* ein wichtiges Talent für das Lehren im Besonderen und für menschliche Beziehungen im Allgemeinen ist. Bei diesem Talent erzielen Frauen 0,248 Punkte mehr als Männer, weiße Personen der Mehrheit erzielen ein um 0,30 Punkte höheres Ergebnis als farbige Individuen aus Minderheitsgruppen, und Menschen unter 40 Jahren erzielen ein um 0,14 Punkte höheres Ergebnis als die über 40-Jährigen.

Statistisch gesprochen können bei mehr als 50 000 Teilnehmern in der aktuellen StrengthsFinder-Datenbank selbst einige dieser kleinen Ergebnisunterschiede als »statistisch signifikant« angesehen werden. Dies ist einfach eine Funktion des Stichprobenumfangs. Es ist wichtig anzumerken, dass der durchschnittliche in einer als »d-prime« bezeichneten Einheit ausgedrückte Umfangsunterschied zwischen Männern und Frauen bei allen Talenten 0,099 ist (das heißt, die durchschnittliche Korrelation zwischen Talent-Unterschied und Gruppenzugehörigkeit liegt unter 0,05). Die durchschnittliche d-prime-Effekt-Umfangsdifferenz zwischen Weißen und Farbigen ist 0,133 (das durchschnittliche Korrelationsäquivalent liegt unter 0,7), und die durchschnittliche d-prime-Effekt-Umfangsdifferenz zwischen den Teilnehmern unter 40 Jahren und den mindestens 40-Jährigen beträgt 0,5 (das durchschnittliche Korrelationsäquivalent liegt unter 0,03). Auch sind viele dieser kleinen Unterschiede günstig für jene, die man als »geschützte« Gruppen ansehen könnte – Farbige, Frauen und die über 40-Jährigen. Schließlich weisen selbst signifikante Unterschiede nicht darauf hin, dass eine Gruppe ein »besseres« Talent-Ergebnis als eine andere hat, nur darauf, dass wir auf der Ebene der Datenbank erwarten könnten, Trends in den Ergebnissen bestimmter Gruppen zu sehen.

Bei der Prüfung dieser Ergebnisse kommen die Forscher von *Gallup* zu vier Schlussfolgerungen.

Erstens: Die durchschnittlichen Unterschiede zwischen Talent-Ergebnissen für »geschützte« Gruppen gegenüber Mehrheitsgruppen sind sehr klein, typischerweise unter 0,04 Punkten, was ein d-prime-Unterschiedsergebnis unter 0,10 ergibt. Somit gibt es keinen offensichtlichen oder gemessenen systematischen Fehler in den Ergebnisverteilungen zwischen diesen Gruppen. Es besteht eine Überschneidung von 98 bis 100 Prozent zwischen Ergebnisverteilungen für vergleichbare Gruppen.

Zweitens: Die Ergebnisunterschiede sind äußerst klein und nur in wenigen Fällen statistisch signifikant. Dies ist auf die Tatsache zurückzuführen, dass mehr als 50 000 Teilnehmer das StrengthsFinder-Profil ausgefüllt haben und damit fast jeder Ergebnisunterschied übermäßig stark dargestellt wird. Selbst wenn es signifikante Unterschiede gibt, ist die geschützte Gruppe typischerweise begünstigt.

Drittens: Kein einzelnes Talent ist besser als ein anderes. Sie repräsentieren einfach das Potenzial für verschiedene Arten der Stärken. Der Aufbau von Stärken ist kein Nullsummenspiel.

Viertens und zusammenfassend ist zu sagen, dass belanglos kleine Unterschiede auf der Ebene der weltweiten Datenbank sich nicht in bedeutende praktische Unterschiede auf der Ebene des Individuums umsetzen.

Wie kann StrengthsFinder für Personen, die entweder wegen Behinderung oder aus wirtschaftlichen Gründen nicht in der Lage sind, das Internet zu nutzen, angewendet, gemessen und ausgewertet werden? Im Hinblick auf die wirtschaftlichen Gründe sind mögliche Lösungen der Zugang zum Internet in einer Bibliothek oder Schule. Es sollte angemerkt werden, dass einige Organisationen, mit denen *Gallup* zusammenarbeitet, keinen allgemeinen Internet-Zugang haben. In diesen Fällen war es ebenso wie bei den benachteiligten Gruppen im Allgemeinen die Lösung, einen Sonderzugang an wenigen zentralen Stellen zu schaffen.

Im Hinblick auf Behinderungen gibt es eine Reihe von Vorkehrungen. Generell wird es am sinnvollsten sein, den Timer, der das Tempo des StrengthFinder regelt, auszuschalten. Darüber hinaus wäre es bei anderen Gegebenheiten von Fall zu Fall erforderlich, mit *Gallup* Kontakt aufzunehmen, bevor man das Profil durcharbeitet.

Welches Bildungsniveau ist für StrengthsFinder erforderlich? Welche Alternativen gibt es für diejenigen, die diese Anforderungen nicht erfüllen? StrengthsFinder ist für Personen vorgesehen, die der 8. bis 10. Klasse entsprechend lesen können (das heißt, die meisten 14-Jährigen). Erprobungen von StrengthsFinder in Studien über Jugendgruppenführer haben weder signifikante noch beständige Probleme bei zehnjährigen Teilnehmern erwiesen. Ein mögliche Alternative ist zum Beispiel das Abschalten des Timers, damit man ein Wörterbuch zu Rate ziehen oder nach der Bedeutung eines Wortes fragen kann.

Ist StrengthsFinder für Personen geeignet, die nicht Englisch sprechen? Es gibt sehr deutliche Hinweise darauf, sowohl bei *Gallup* wie bei anderen Forschungsorganisationen, dass Persönlichkeitsdimensionen wie die vom StrengthsFinder gemessenen jenseits kultureller Grenzen liegen. Was sich ändert, ist das Niveau des Ergebnisses, nicht die Art des Talents. StrengthsFinder steht in zahlreichen Sprachen zur Verfügung.

Welche Rückmeldung erhält ein Kandidat vom StrengthsFinder? Die Rückmeldung richtet sich nach dem Grund, aus dem die Person das StrengthsFinder-Profil durcharbeitet. Manchmal erhält der Teilnehmer nur einen Bericht mit einer Liste seiner fünf dominierenden Talente, jene, in denen diese Person die höchsten Ergebnisse erzielte. In anderen Situationen kann die Person auch auf die verbleibenden 29 Talent-Leitmotive zurückgreifen, und für jedes Talent in einem persönlichen Informationsgespräch mit einem Berater von *Gallup* oder in einem Gruppengespräch mit seinen Kollegen Ratschläge erhalten.

Quellenangaben

Die folgenden Quellenangaben werden für jene Leser aufgeführt, die an bestimmten Einzelheiten dieses Fachberichts interessiert sind. Die Liste der Quellen erhebt keinen Anspruch auf Vollständigkeit, und obwohl viele fortgeschrittene statistische Verfahren verwendet werden, sollte sich der Leser nicht davon abschrecken lassen, sie zu konsultieren.

American Educational Research Association, American Psychological Association, National Council on Measurement in Education *(AERA/APA/NCME), Standards for Educational and Psychological Testing.* Washington, DC, 1999.

American Psychologist, Positive Psychology [special issue]. Washington, DC, 2000.

Block, J., *A Contrarian View of the Five-Factor Approach to Personality Description.* In: *Psychological Bulletin 117,* 1995, S. 187–215.

Hogan, R., J. Hogan und B. W. Roberts, *Personality Measurement and Employment Decisions: Questions and Answers*. In: *American Psychologist 51*, 1996, S. 469-477.

Hunter, J. E. und F. L. Schmidt, *Methods of Meta-Analysis: Correcting Error and Bias in Research Findings*. Newbury Park, CA, 1990.

Judge, T. A., C. A. Higgins, C. J. Thoresen und M. R. Barrick, *The Big Five Personality Traits, General Mental Ability, and Career Success across the Life Span*. In: *Personnel Psychology 52*, 1999, S. 621-652.

Lipsey, M. W. und D. B. Wilson, *The Efficacy of Psychological, Educational, and Behavioral Treatment*. In: *American Psychologist 48*, 1993, S. 1181-1209.

McCrae, R. R. und P. T. Costa, *Validation of the Five-Factor Model of Personality across Instruments and Observers*. In: *Journal of Personality and Social Psychology 5*, 1987, S. 81-90.

McCrae. R. R., P. T. Costa, M. P. de Lima et al., *Age Differences in Personality across the Adult Lifespan: Parallels in Five Cultures*. In: *Developmental Psychology 35*, 1999, S. 466-477.

McCrae. R. R., P. T. Costa, F. Ostendorf et al., *Nature over Nurture: Temperament, Personality and Life Span Development*. In: *Journal of Personality and Social Psychology 7*, 2000, S. 173-186.

Plake, B., *An Investigation of Ipsativity and Multicollineality Properties of the StrengthsFinder Instrument* [technical report]. Lincoln, NE, 1999.

Waller, N. G., J. S. Thompson und E. Wenk, *Using IRT to Separate Measurement Bias from True Group Differences on Homogeneous and Heterogeneous Scales: An Illustration with the MMPI*. In: *Psychological Methods 5*, 2000, S. 125-146.

Danksagung

Dieses Buch ist das Ergebnis vieler Jahre Forschung nach Talenten und Stärken. Wir müssen den vielen Mitarbeitern der *Gallup Organization* auf der ganzen Welt danken, deren Einsichten die Forschung förderten und schließlich zu den hier präsentierten Erkenntnissen führten.

Insbesondere danken wir Jim Clifton und Larry Emond, die halfen, den Inhalt dieses Buches zu konzipieren, Dr. Connie Rath und Dr. James Sorensen, die ihre Überzeugung vom Talent auslebten, den Forschungskenntnissen von Dr. Gale Muller, Dr. Dennison Bhola und Dr. Ted Hayes, die die Konzepte aufstellten, Dr. Kathie Sorensen, die unsere Anstrengungen leitet, Menschen zu helfen, ihre Stärken zu entwickeln, Dr. Rosemary Travis, die eine große Anzahl der in diesem Buch zitierten Interviews über Stärken durchführte, Tom Rath und Jon Conradt, die die Technologie schufen, die das StrengthsFinder-Profil schnell, solide und zuverlässig unterstützt, Jurita Anschutz, die die Web-Seite schuf, Antoinette Southwick, Sharon Lutz und Penelope Baker, die die Kontakte aufbauten und alle Arrangements perfekt abwickelten, Bette Kurd, die unseren Interviewpartnern so aufmerksam zuhörte, und Alec Gallup, der möglicherweise das Manuskript öfter gelesen hat als die beiden Verfasser zusammen.

Wir haben auch vielen Freunden außerhalb der Gallup-Familie zu danken: Richard Hutton für seine Kunst des Geschichtenerzählens, unseren Freunden bei *William Morris*, Joni Evans und Jennifer Sherwood, die uns auch weiterhin durch die Bücherwelt führen, unserem Lektor bei *Free Press*, Fred Hills, und seiner Kollegin Veera Hiranandani für ihre Urteilsfähigkeit und ihre Disziplin, Mitch und Linda Hart für ihre Stärke und Unterstützung und natürlich unseren Familien.

Um uns bei unserer Arbeit an diesem Buch zu unterstützen, baten wir Hunderte von Leuten, das StrengthsFinder-Profil durchzuarbeiten und dann ihre Signatur-Talente an ihrem Arbeitsplatz zu beschreiben. Ihre Bereitschaft, ihre Zeit zu investieren, unsere Fragen zu ertragen und ihre Erfolge und ihre Kämpfe darzulegen, machte unser Buch erst möglich. Dank an euch alle.

Register